无机及分析化学实验

龚　宁　单丽伟　许河峰　主编
王进义　主审

科学出版社

北　京

内 容 简 介

　　本书是"十二五"普通高等教育本科国家级规划教材《无机及分析化学》（第四版）的配套实验教材，是为满足现代信息化技术背景下的教学需求而编写的新形态教材。本书主要内容包括实验基础知识、基础实验、拓展实验和设计性实验。为便于教学，书中的实验操作及仪器使用视频、拓展阅读、科学家小传等内容可以通过扫描相关二维码查看。本书还配套电子教案、思考题解析及相关测试等资料，使用本书作为教材的老师可联系出版社索取。

　　本书可作为高等学校农林类、理科类、工科类、生物类和医学类等相关专业本科生的无机及分析化学实验教材，也可供其他相关人员参考。

图书在版编目（CIP）数据

　　无机及分析化学实验 / 龚宁，单丽伟，许河峰主编. —北京：科学出版社，2020.12

　　ISBN 978-7-03-067032-8

　　Ⅰ. ①无…　Ⅱ. ①龚…　②单…　③许…　Ⅲ. ①无机化学-化学实验-高等学校-教材 ②分析化学-化学实验-高等学校-教材　Ⅳ. ① O61-33 ②O65-33

　　中国版本图书馆 CIP 数据核字（2020）第 238875 号

责任编辑：赵晓霞　孙　曼 / 责任校对：杨　赛
责任印制：师艳茹 / 封面设计：迷底书装

科 学 出 版 社　出版
北京东黄城根北街 16 号
邮政编码：100717
http://www.sciencep.com
北京市金木堂数码科技有限公司印刷
科学出版社发行　各地新华书店经销
*
2020 年 12 月第 一 版　开本：787×1092　1/16
2024 年 12 月第十次印刷　印张：13 1/4
字数：300 000
定价：45.00 元
（如有印装质量问题，我社负责调换）

《无机及分析化学实验》
编写委员会

主　编　龚　宁　单丽伟　许河峰

编　委　(按姓名汉语拼音排序)

龚　宁　侯婷婷　黄瑞华　景占鑫　李红娟

李晓舟　刘　波　刘艳萍　蒲　亮　单丽伟

帅　琪　王海强　王建萍　王文己　许河峰

杨淑英　杨玉琛　余瑞金　张　忠　张鞍灵

张院民　郑胜礼

绘　图　张怡琳

主　审　王进义

前　　言

　　"无机及分析化学实验"课程是我国高等学校农林类、生物类和医学类等专业开设的一门重要的专业基础课。它不仅承担着传授化学理论、训练实验技能的任务，而且可以培养学生的化学思维能力和实事求是、勇于探索创新的科学精神，提高学生的实验探究和团队协作能力。

　　随着现代信息化技术与教学的融合度不断加深，教学模式已发生了巨大的变化，为满足现代信息化技术背景下的教学需求，基于近几年编写组成员混合式教学所积累的教学经验，特编写了《无机及分析化学实验》新形态教材。

　　本书在保留无机及分析化学经典实验的基础上，结合现代信息化技术，同时融入编者多年教学经验及教学改革成果，具有如下特色：

　　(1) 操作演示视频、拓展阅读等以数字化资源呈现，读者可通过扫描二维码查看。

　　(2) 增加物质结构部分的虚拟仿真实验。通过实践，学生能直观体验原子、分子结构相关知识，弥补了物质结构理论缺乏配套实验的缺憾，解决了教学中长期存在的难题。

　　(3) 编导了我国科学家小传、农村饮水工程等与实验课教学内容相关的课程思政内容。在实验教学的同时，帮助学生了解国情民生，树立正确的人生观、价值观与世界观。

　　(4) 实验操作视频有大量细节性操作的放大特写镜头，如滴定管、移液管的握法，酸式滴定管活塞涂油与固定，容量瓶瓶塞的固定，半滴停靠，天平水平调节等，便于学生重复观看学习。

　　(5) 突出了理论和实践结合。将教学难点以"案例分析"和备注的形式呈现，将教学中反复强调的问题作为素材，供学生课后讨论，以培养学生自主学习和探究问题的能力。

　　(6) 满足不同学生、不同专业的多元化需求。在拓展实验中，选择了在农学、生物学科研领域内应用较为广泛的荧光分析、热重分析、水热合成、自动水质分析等现代无机及分析化学实验技术内容，以及相关背景知识。

　　(7) 提高学生的环保意识。录制了实验室废水处理及排放的相关视频。

　　参加本书编写的有西北农林科技大学龚宁、单丽伟、王文己、王建萍、王海强、帅琪、刘波、刘艳萍、余瑞金、李红娟、李晓舟、郑胜礼、杨玉琛、杨淑英、张忠、张院民、张鞍灵、黄瑞华、蒲亮，广东海洋大学许河峰、侯婷婷、景占鑫。最后由龚宁和单丽伟完成了本书的统稿和整理工作。

　　在本书实验操作视频录制过程中得到了西北农林科技大学信息化管理处(网络与教育

技术中心)、教务处、化学与药学院各位老师的大力支持与帮助,书中所有插图由张怡琳绘制,科学出版社赵晓霞编辑对所有内容精心审阅,在此对他们表示衷心的感谢!

　　由于编者水平有限,书中难免存在不当或疏漏之处,恳请广大读者提出批评指正意见,编者不胜感激。

编　者
2020 年 5 月

目　　录

第1章 绪 论

1.1 课程学习的目的和要求

1.1.1 学习无机及分析化学实验的目的

无机及分析化学实验是高等学校理、工、农林、生物、医学等相关专业学生学习的第一门化学实验课。通过该课程的学习，学生以亲身实践获得感性知识，加深对无机及分析化学基本理论、基础知识的理解；另外，经过化学实验基本操作和基本技能的训练，掌握实验安全基本知识、数据的记录与处理、实验基本操作和基本技能，培养学生的动手、观察、思考、记忆和团队协作能力。

另外，通过对实验现象的细致观察与记录，正确测定与处理实验数据，准确阐述实验结果等环节的训练，培养学生的归纳、分析、表达、总结能力，以及严谨的科学态度和良好的实验素养，为学习后续课程、参与实际工作和科学研究打下良好的基础。

实验课也实现了学生吃苦耐劳、严谨认真、仔细观察、合理安排时间等方面素质的培养和训练。

1.1.2 无机及分析化学实验课基本要求

要达到上述目的，不仅要有端正的学习态度，还需要有正确的学习方法。学习无机及分析化学实验课必须做好如下几个环节。

1. 预习

实验前的预习是做好实验的重要环节。预习时，需阅读实验教材和理论教材中的有关内容，明确实验目的，熟悉实验内容及其相关原理、操作步骤和仪器设备的操作规程、数据处理方法、实验物品的特性及其他应注意的地方，了解实验中的注意事项，初步估计每一个反应的预期结果，回答实验思考题，写好预习报告。

2. 实验

接受教师指导，按规定的方法、步骤和试剂用量进行操作；细心观察，如实详细记录；实验结果需指导教师签字认可，如果发现实验现象和理论不符合，应认真检查其原因，并细心地重做实验；实验中遇到疑难问题，及时请教师解答。实验中应保持肃静，严格遵守实验室工作规则。做完实验，需请指导教师将实验记录审阅签字后，方可离开。

3. 实验报告

实验完毕后，要及时独立完成实验报告，并在离开实验室前或指定时间交给教师评阅。

写实验报告是对所完成实验的概括和总结，是一次从实践到理论的升华过程，必须认真对待。实验报告要求记录清楚、结论明确、文字简练、书写整洁。实验报告一般包括以下内容：

(1) 实验名称和日期。

(2) 实验目的。

(3) 实验原理。简要地用文字、公式和化学反应方程式说明，如标定和滴定反应的方程式、基准物和指示剂的选择、试剂浓度和分析结果的计算公式等。

(4) 实验步骤。简明扼要地写出实验步骤，可用框图或流程图形式简要表达。

(5) 数据记录。如实、细致、及时地做好实验记录，这样做既可以训练真实、正确地反映客观事实的能力，又便于检查实验成功或失败的原因，培养实事求是的科学态度和严谨的学风。

(6) 实验数据处理。应用文字、表格、图形将数据表示出来，根据实验要求计算出分析结果、实验误差大小。

(7) 问题讨论。对实验教材中的思考题、实验中观察到的现象，以及结果产生误差的原因进行讨论和分析，以提高自己分析问题和解决问题的能力，积累实验经验。

上述各项内容的繁简取舍，应根据各个实验的具体情况而定，以清楚、简练、整齐为原则。实验报告中的有些内容，如原理、表格、计算公式等，要求在实验预习时准备好，其他内容则可在实验过程中以及实验完成后填写、计算和撰写。

1.1.3　实验报告书写格式

1. 制备与提纯实验

实验_____　氯化钠的提纯

日期：_____　实验室号：_____　成绩：_____

一、实验目的(预习时填写)

二、实验原理(预习时填写，写明实验设计的理论依据及相关化学反应方程式)

三、实验用品(预习时填写)

　　1. 主要仪器

　　2. 主要试剂

四、实验内容与步骤(预习时填写)

　　书写要求：写明整个操作过程，注意专业术语的应用。

　　1. 粗食盐的提纯

　　2. 产率计算

五、实验数据记录(指导教师签字_____)

粗盐质量/g	
精制食盐质量/g	

六、实验结果报告

产率(%)：_____。

七、思考题
八、实验操作经验与反思

2. 性质实验

实验_____　电解质溶液

日期：_____　实验室号：_____　成绩：_____

一、实验目的(预习时填写)

二、实验原理(预习时填写，写明实验设计的理论依据及相关化学反应方程式)

三、实验用品(预习时填写)

1. 主要仪器

2. 主要试剂

四、实验内容与步骤(指导教师签字_____)

书写要求：

(1) 操作内容：写明整个操作过程，预习时填写。

(2) 现象：实验时填写，记录在实验过程中观察到的现象，注意专业术语的应用。

(3) 解释：需要写出必要的化学反应方程式。

(4) 结论：指明实验所验证的理论或规律。

1. 同离子效应	现象
操作内容：	
解释：	
相关化学反应方程式：	
结论：	

......

五、思考题
六、结果分析及讨论

3. 定量分析实验

实验_____　酸碱溶液的配制及比较滴定

日期：_____　　实验室号：_____　　成绩：_____

一、实验目的(预习时填写)

二、实验原理(预习时填写)

应包含滴定反应方程式、基准物、指示剂、分析结果的计算关系式、标准溶液、滴定剂浓度等基本信息。

三、实验用品(预习时填写)

1. 主要仪器

2. 主要试剂

四、实验内容与步骤(预习时填写)

要求写明整个操作过程，注意专业术语的应用。

五、实验数据记录(指导教师签字_____)

HCl、NaOH 溶液比较滴定：

项目	平行实验		
	Ⅰ	Ⅱ	Ⅲ
NaOH 体积初读数/mL			
NaOH 体积终读数/mL			
NaOH 用量/mL			
HCl 体积初读数/mL			
HCl 体积终读数/mL			
HCl 用量/mL			

六、实验结果报告

HCl、NaOH 溶液比较滴定：

项目	平行实验		
	Ⅰ	Ⅱ	Ⅲ
$V(HCl)/V(NaOH)$			
$V(HCl)/V(NaOH)$平均值			
相对平均偏差/%			

七、思考题

八、实验数据处理过程和讨论

1.2　实验室工作规则

在化学实验室内，有各种化学药品和各种仪器，潜藏着发生爆炸、着火、中毒、灼伤、割伤、触电等事故的危险。因此，每位实验者必须特别重视安全，遵循实验室工作规则，降低事故的发生概率。

(1) 为及时应对实验室出现的危急状况，应熟记应急电话号码、应急通道的位置；熟知离自己最近的水龙头、紧急洗眼器、紧急冲淋器的位置；熟知消防器材的位置及使用方法；熟知电源总开关、自来水总阀、燃气总阀的位置。

(2) 为保证个人安全，未经许可，不得随意进入实验室，特别注意不要单独在实验室做任何实验；实验前需预习相关实验并写好实验预习报告才能进入相关实验室。

(3) 实验前需对个人使用的实验物品进行仔细核对和检查，确认是否有缺损，如有缺损应报告指导教师，及时补齐。

(4) 经指导教师同意后方可开始实验。实验过程中，需注意实验安全，按照实验操作步骤进行操作，中途不得擅自离开，如需短时离开，可委托他人代为照看，并说明实验注意事项。实验中若发生意外或异常，应立刻停止实验，按照处置预案处理，减少事故造成的损失，并及时报告指导教师。

(5) 仪器使用前需了解仪器性能、操作规程和注意事项，实验中必须经指导教师同意后方可使用仪器，使用仪器时需按照仪器操作规程操作。若仪器有异常，应及时报告指导教师，不得随意处理。

(6) 实验结束后，需经指导教师检查数据和分析结果，不符合要求者需重做。检查通过后，清洗、整理仪器，清点实验用品，按要求摆列整齐，打扫实验台及实验室内卫生，关闭水源、电闸和气源，经指导教师检查同意，洗净双手后方可离开实验室。实验室内物品不得带出实验室。

(7) 值日生做好全实验室的卫生安全工作，检查水、气阀门和电闸是否关闭，关好门窗，经指导教师检查后，方可离开实验室。

第 2 章　化学实验室安全知识

2.1　基础化学实验安全守则

(1) 进入实验室必须穿实验服。不得穿拖鞋、背心、短裤等暴露面积较大的衣物，以免发生皮肤被药物灼伤的事故。长头发必须束起来，以免沾染化学试剂或发生其他意外。

(2) 注意自我防护，根据实验需要，佩戴防护眼镜、防护口罩、防护面罩、乳胶手套、棉纱手套等。

(3) 严格按照操作规范及化学品安全使用要求进行实验。

(4) 保持实验室安静、整洁，严禁打闹喧哗，严禁进行与实验无关的活动。

(5) 实验室内禁止进食，禁止抽烟，不得将水杯或饮料瓶置于实验区。

(6) 实验时应保持实验室和桌面清洁整齐，禁止乱丢杂物。废液必须倒入废液缸，以防污染环境。废纸、火柴梗、碎玻璃等则倒入垃圾箱，严禁倒入水槽，以防堵塞。

(7) 使用或产生有毒气体，以及有恶臭、易挥发、易燃物质的实验，应远离火源并在通风橱中进行，必要时佩戴防护面罩或口罩。

(8) 按规定存取使用危险品和有毒试剂。剩余物必须倒入指定回收容器，以免发生危险。

(9) 使用药品时，应按规定量取用，如果书中未规定用量，应注意尽量少用，以免污染环境。

(10) 禁止随意混合各类化学药品。

(11) 严格按照操作规程使用电器，不得用湿手开启或关闭电闸或开关，仪器漏电需暂停使用，以免触电。

(12) 禁止长时间明火加热溶液，明火加热时，人不能离开，以免发生火灾。

2.2　常见危险品存放注意事项

1. 遇水燃烧物

钾、钠、碳化钙、磷化钙、硅化镁、氢化钠等与水剧烈反应，产生可燃性气体并放出大量热，需放在坚固的密闭容器中，存放于阴凉干燥处。少量钾、钠应放在盛煤油的容器中，使钾、钠全部浸没在煤油里，容器封闭，阴凉处存放。

2. 强氧化剂

过氧化钠、过氧化钡、过硫酸盐、硝酸盐、高锰酸盐、重铬酸盐、氯酸盐等与还原剂接触易发生爆炸，需与酸类、易燃物、还原剂分开存放于阴凉通风处。使用时要注意切勿混入木屑、炭粉、金属粉、硫、硫化物、磷、油脂、塑料等易燃物。

3. 强腐蚀性物质

浓酸(如硝酸、硫酸、盐酸、磷酸、甲酸、乙酸等)、固态强碱或浓碱溶液(如氢氧化钠、硫化钠、乙醇钠、二乙醇胺、二环己胺、水合肼等)、氯乙酰氯、氯磺酸、液溴、苯酚、五氧化二磷、三氯化铝等有强腐蚀性，应放于带盖(塞)的玻璃或塑料容器中，存放在低温、阴凉、干燥处，避免阳光照射，远离火种、热源及氧化剂、易燃品。

4. 易燃品

易燃气体：氢气、甲烷、一氧化碳等遇明火易燃烧，与空气的混合物达到爆炸极限范围，遇明火、火星、电火花均能发生猛烈的爆炸。存放时必须密封(如盖紧瓶塞)以防止倾倒和外溢，并远离火种(包括易产生火花的器物)。

易燃液体：汽油、苯、甲苯、乙醇、乙醚、乙酸乙酯、丙酮、乙醛、氯乙烷、二硫化碳等，易挥发，遇明火易燃烧，其蒸气与空气的混合物达到爆炸极限范围，遇明火、火星、电火花均能发生猛烈的爆炸。存放时必须密封(如盖紧瓶塞)以防止倾倒和外溢，存放在阴凉通风的专用橱中，并远离火种(包括易产生火花的器物)和氧化剂。

易燃固体：硝化棉、萘、樟脑、硫黄、红磷、镁粉、锌粉、铝粉等，着火点低，易点燃，其蒸气或粉尘与空气混合达一定程度，遇明火或火星、电火花能剧烈燃烧或爆炸；与氧化剂接触易燃烧或爆炸。保存时需存放于阴凉处，并远离火种和氧化剂。

5. 自燃品

白磷(白磷同时又是剧毒品)与空气接触易因缓慢氧化而引起自燃，应放在盛水的容器中，全部浸没在水下，加塞，保存于阴凉处。使用时注意不要与皮肤接触，防止由体温引起其自燃而造成难以愈合的烧伤。

6. 有毒药品

氰化钾、氰化钠等氰化物，三氧化二砷、硫化砷等砷化物，升汞及其他汞盐，汞和白磷等均为剧毒药品，人体摄入极少量即能中毒致死。其中液体汞存放时，为防止蒸发，需要用甘油、5% Na_2S 溶液、水覆盖。上述药品必须锁在固定的铁橱中，专人保管，购进和支用都要有准确无误的记录。

可溶性或酸溶性重金属盐以及苯胺、硝基苯等有毒药品需妥善保管。使用时要严防摄入和接触身体。

2.3　化学中毒和化学灼伤事故的预防

(1) 严禁尝药品，禁止用手直接取用任何化学药品。有毒药品(如重铬酸钾、钡盐、铅盐、砷化物、汞及其化合物、氰化物等)，取用和使用时注意佩戴橡胶或乳胶手套，防止药品触碰伤口或误入口内。实验后，马上清洗仪器用具，实验废液及清洗废液均需倒入指定容器，切勿倒入下水道。实验完毕后，立即用肥皂反复洗手。

(2) 制备和使用有毒、有刺激性、恶臭的气体，如氮氧化物、Br_2、Cl_2、H_2S、SO_2、HCN、NH_3、HCl 等，或湿法消解试样，均应在通风橱内进行。为防止眼睛被刺激性气体伤害，使用上述药品时注意佩戴防护眼镜。

(3) 使用氰化物时禁止触碰酸(氰化物与酸作用放出无色略有苦杏仁味的剧毒 HCN 气体)。

(4) 使用强腐蚀性药品(如浓酸、强碱、铬酸洗液、液溴、氢氟酸)时，切勿将试剂洒在衣服或皮肤上。必要时需佩戴乳胶手套、防护眼镜和口罩，防止灼伤或强酸、强碱、玻璃屑等异物进入眼内。

(5) 稀释浓酸时，应将浓酸缓慢倒入水中，并不断搅拌。切勿将少量的水注入浓酸、强碱、铬酸洗液中，以免局部过热，使试剂溅出，引起灼伤。溴、氢氟酸灼伤后的伤口极难愈合，使用时应特别小心。

(6) 加热、浓缩液体时不能正面俯视，加热试管内的液体时不得对着自己或他人，以免液体溅出，发生烫伤或进入眼内发生危险。不得用鼻子直接嗅气体，而是面部与容器保持一定距离，用手向鼻孔轻轻扇入少量气体，再嗅。

(7) 在室温较高时，若开启具有内塞的挥发性酸碱、液溴、碘、有机溶剂试剂瓶，需在自来水下直立冲淋 5～10 min，或在自来水中直立浸泡 30 min，然后在通风橱中小心缓慢地打开内塞。

(8) 禁止加热敞口容器中的低沸点溶剂，如乙醚、乙醇、丙酮等。

2.4　实验中一般伤害的救护及意外事故的处理

2.4.1　急救药箱的准备

在实验室备有急救药箱，以便事故发生时急救，平时不允许随意挪动。急救药箱内备用物品如下：

(1) 药品：紫药水、云南白药、3%碘酒、烫伤药膏、消炎粉、无水乙醇、医用凡士林、1%双氧水、碳酸氢钠饱和溶液、硼酸饱和溶液、2%乙酸溶液、5%氨水、5%硫酸铜溶液、10% $KMnO_4$ 溶液、氧化锌等。

(2) 医用材料：创可贴、消毒棉、绷带、棉签、纱布、橡皮膏等。

(3) 医用工具：剪刀、医用镊子等。

2.4.2　意外事故的应急处理措施

在实验中如果不慎发生意外事故，不要慌张，应沉着、冷静，迅速处理。

1. 烫伤

被火焰、蒸气、红热的玻璃或铁器等烫伤时，根据烫伤程度做不同处理。若出现红肿的轻微烫伤，立即将伤处用大量冷水冲洗降温 30 min 后，再涂抹烫伤药膏。若起水泡，不宜挑破，在伤处涂烫伤药膏或将碳酸氢钠粉末调成糊状涂抹。若水泡破裂，则需用 10% $KMnO_4$ 溶液或紫药水涂搽，并用纱布包扎及时送医院治疗。

2. 物理性创伤

被碎玻璃划伤或刺伤时，伤口不能用手接触、不能用水洗，先用消毒棉签将伤口清理干净，若有玻璃碎片需小心挑出，小伤口先用生理盐水或硼酸溶液冲洗，并用 1%双氧水消毒后涂上紫药水，再用纱布包扎或贴上创可贴。如果伤口较大，流血较多，应用力按压并撒上云南白药止血，立即到医院医治。玻璃或异物溅入眼中，千万不要按揉，应不转动眼球、不眨眼，任其流泪，速往医院救治。

3. 化学试剂灼伤

使用具有腐蚀性的化学试剂时，注意自我防护，勿接触衣服、皮肤，严防溅入眼中造成失明。皮肤不慎沾上腐蚀性试剂后，应立即用干净的软布擦去，再用大量水冲洗 5～10 min，然后根据试剂性质进一步处理，具体如下：

(1) 被磷灼伤：用 1%硝酸银、5%硫酸银溶液洗涤伤处，然后进行包扎，勿用水冲洗。

(2) 强酸腐蚀：用碳酸氢钠饱和溶液或 10%药用稀氨水、肥皂水冲洗伤处，再用水冲洗后涂上甘油。若酸溅入眼中，先用大量水冲洗，然后用碳酸氢钠饱和溶液冲洗，严重者送医院治疗。

(3) 浓碱腐蚀：用柠檬酸或硼酸饱和溶液洗涤伤处，再用水冲洗后涂上甘油。

(4) 液溴腐蚀：用甘油或乙醇洗涤伤处。

(5) 氢氟酸腐蚀：用碳酸氢钠饱和溶液冲洗伤处，然后用甘油氧化镁涂在纱布上包扎。

(6) 苯酚腐蚀：用 4 体积 10%的乙醇与 1 体积三氯化铁的混合液冲洗伤处。

4. 毒物入口

给中毒者服肥皂水、芥末等催吐剂，或内服鸡蛋白、牛奶以缓和刺激，随后用手伸入喉部，引起呕吐。磷中毒，必须将 1%硫酸铜溶液加入一杯温开水内服，引起呕吐，然后入院治疗。

5. 吸入毒气

中毒很轻时，通常只要把中毒者移到空气新鲜的地方，解松衣服(但要注意保温)，使其安静休息，必要时给中毒者吸入氧气，但切勿随便使用人工呼吸。若吸入溴蒸气、氯气、氯化氢等，可吸入少量乙醇和乙醚的混合物蒸气解毒。吸入溴蒸气，也可用嗅氨水的办法减缓症状。吸入少量硫化氢者，立即送到空气新鲜的地方；中毒较重的，应立即送到医院治疗。

6. 触电事故

首先应切断电源，或用绝缘物挑开电线。如果触电者在高处，则应先采取保护措施，以防触电者摔伤。然后将触电者移到空气新鲜的地方休息，在必要时，进行人工呼吸，并送医院治疗。

2.5　着火事故处理常识

实验室内有许多易燃易爆的物品，若不规范操作或有意外情况出现都会导致火灾甚至发生爆炸事故，实验者必须掌握有关防火、防爆的各种知识和技能。

如果实验室发生火灾，为防止火势扩散，应立刻移走可燃物，切断所有电源，停止通风，采用相应手段进行灭火；若火势已经蔓延，应切断电源，疏散人员，立即通知消防安全部门，同时清理通道，便于消防人员进出。

如果实验者的衣物不慎着火，应立即用湿布或石棉布压灭，切不可慌张乱跑。

如果电器着火，应立即切断电源，可用沙子或干粉灭火器扑灭。在未切断电源前，绝对不可用水或泡沫灭火器灭火，必须使用 CCl_4 灭火器。

与水发生剧烈反应的化学药品不能用水扑救，如钾、钠、钙粉、镁粉、铝粉、白磷、电石、过氧化钠、过氧化钡、磷化钙等，它们与水反应放出氢气、氧气等，将引起更大火灾，应用湿布、石棉或沙子覆盖；小范围的有机化合物、钾、钠等化学物质着火可用沙子盖灭。CCl_4 灭火器不能用于扑灭钾、钠、白磷着火，因 CCl_4 会强烈分解，甚至爆炸。电石、CS_2 着火也不能使用 CCl_4 灭火器，会产生光气之类的毒气。

比水密度小的有机溶剂，如苯、石油等烃类、醇、醚、酮、酯类等着火，不能用水扑灭，否则会扩大燃烧面积；比水密度大且不溶于水的有机溶剂，如 CS_2 等着火，可用水扑灭，也可用泡沫灭火器、CO_2 灭火器扑灭。乙醇等有机溶剂泼洒在桌面上着火燃烧，用湿布、石棉或沙子盖灭，火势大可以用 CO_2 灭火器扑灭。

使用灭火器时需从火的周围向中心扑灭，常用灭火器需根据具体情况选择不同类型，见表 2-1。

表 2-1　常用灭火器的性能和特点

灭火器类型	药液成分	适用范围
CO_2 灭火器	液态 CO_2	电器设备，小范围的油类、可燃气体、乙醇和忌水的化学药品，不适合固体类物质
泡沫灭火器	$NaHCO_3$ 和 $Al_2(CO_3)_3$	小范围油类起火
CCl_4 灭火器	液态 CCl_4	小范围的电器设备，汽油、丙酮、苯等有机溶剂着火，忌用于 K、Na、白磷、电石、CS_2 着火
干粉灭火器	$NaHCO_3$ 及适量的润滑剂和防潮剂	油类、有机溶剂、可燃气体、电器设备、精密仪器、纸类等起火初期，不适合固体类物质

2.6　实验废弃物处理

化学实验室的"三废"中含有大量有毒有害物质，为保护环境，这些废弃物需集中收集和统一处理。

一般废气需经过吸附、吸收、氧化、分解等装置处理后高空排放。

废液及废的有机试剂不得倒入下水道，应分类倒入相应的回收瓶中。特殊的有毒废弃物需经过专门处理。

1. 废的铬酸洗液

废液在 $110 \sim 130 ℃$ 下加热搅拌浓缩,除去水分后冷却至室温,缓慢加入固体 $KMnO_4$,至溶液呈深褐色或微紫色(切勿过量),然后加热至 SO_3 产生,停止加热;稍冷后用玻璃砂芯漏斗过滤,除去沉淀;滤液冷却后析出红色沉淀 CrO_3,加入适量的浓 H_2SO_4 使沉淀溶解后即可重复使用。

2. 含汞废液

含汞废液的处理,需将溶液的 pH 调至 $8 \sim 10$,加入过量 Na_2S 后充分搅拌,再加入 $FeSO_4$。目的是使 Na_2S 把 Hg 转变成 HgS,然后使其与 FeS 共沉淀而分离除去。

3. 含砷废液

向其中加入 Na_2S,使之生成 As_2S_3 沉淀,也可加铁盐,用石灰乳调节溶液为碱性,使之与 $Fe(OH)_3$ 生成共沉淀去除。

4. 含氰化物废液

向其中加入 $FeSO_4$,使其变成 $Fe(CN)_2$ 沉淀除去。

固体废弃物不能与一般垃圾相混,应分类置于相应的回收桶中。碎玻璃及尖锐的废弃物必须放入专用废物箱,少量的有毒废渣集中后转移至指定地点,集中处理。

2.7　与实验室安全相关法规简介

2.7.1　GHS

《化学品分类及标记全球协调制度》(Globally Harmonized System of Classification and Labelling of Chemicals,GHS),其内容主要包括两部分:一是按照物质和混合物建立分类物质和混合物的协调准则,即危险分类,包含物质和混合物的物理危害、健康危害和环境危害。二是建立协调的危险信息公示,包括标签和化学品数据说明书(MSDS/SDS)。该化学品数据说明书即化学物质或混合物的综合安全信息,包括化学品危险性信息、作业场所暴露途径信息、安全防范措施建议,以及有效识别和降低使用风险的信息等。目前,欧盟、美国、日本、中国等国家和地区相继实施 GHS。

2.7.2　我国的相关法规

1. 《化学品分类和危险性公示　通则 》(GB 13690—2009)

该通则由中华人民共和国国家质量监督检验检疫总局(现为国家市场监督管理总局)和中国国家标准化管理委员会共同发布,旨在与联合国《化学品分类及标记全球协调制度》相匹配,并对 MSDS/SDS 规范作出要求。该通则规定了有关 GHS 的化学品分类及其危险公示，适用于化学品生产场所和消费品标志。

2. 《化学品分类和标签规范》(GB 30000—2013 系列)

《化学品分类和标签规范》是我国目前最新出台的关于危险化学品分类的系列标准，该系列国家标准从物理危害、健康危害、环境危害三方面对 28 项危险类别进行全面分类说明。

物理危害类标准包括：爆炸物、易燃气体、气溶胶、氧化性气体、加压气体、易燃液体、易燃固体、自反应物质和混合物、自燃液体、自燃固体、自热物质和混合物、遇水放出易燃气体物质和混合物、氧化性液体、氧化性固体、有机过氧化物、金属腐蚀物。

健康危害类标准包括：急性毒性、皮肤腐蚀刺激、严重眼睛损伤及眼睛刺激性、呼吸道或皮肤过敏、生殖细胞突变性、致癌性、生殖毒性、特异性靶器官系统毒性(一次接触)、特异性靶器官系统毒性(反复接触)、吸入危害。

环境危害类标准包括：对水环境的危害、对臭氧层的危害等。

如需查询具体化学品的理化参数、燃爆性能、对健康的危害、安全使用储存、泄漏处置、急救措施以及有关的法律法规等内容，可登录 MSDS 官网(中文 MSDS 网址：www.somsds.com)进行查询。

3. 《工业用化学产品采样安全通则》(GB/T 3723—1999)

对工业用化学产品采样的安全作出了规定，旨在帮助采样操作人员确保采样安全。

4. 《实验室玻璃仪器　玻璃烧器的安全要求》(GB 21549—2008)和《教学仪器设备安全要求玻璃仪器及连接部件》(GB 21749—2008)

规定了以玻璃为主要材料的实验室和教学仪器设备和连接部件的安全要求和使用安全要求。

第 3 章　无机及分析化学实验基础知识与基本操作

3.1　化学试剂的分类、取用和存放

3.1.1　常用试剂的分类

化学试剂的门类很多,世界各国对化学试剂的分类和分级的标准不尽一致。国际标准化组织(ISO)近年来已陆续建立了很多种化学试剂的国际标准。我国化学药品的等级是按杂质含量的多少来划分的,见表 3-1。

表 3-1　我国化学药品等级的划分

等级	名称	符号	适用范围	标签颜色
一级	优级纯	GR	纯度很高,适用于精密分析工作和科学研究工作	绿色
二级	分析纯	AR	纯度仅次于一级品,适用于一般定性定量分析工作和科学研究工作	红色
三级	化学纯	CP	纯度较二级差些,适用于一般定性分析工作	蓝色
四级	实验试剂 医用生物试剂	LR BR	一般化学制备	黄色或棕色

按实验的要求,分别选用不同规格的试剂,既不能随意降低规格而影响测定结果的准确度,也没必要超越具体条件盲目追求高纯度而造成浪费。

3.1.2　实验用水

水是实验室最常用的溶剂或试剂,不同实验对水的要求不尽相同。

1. 实验用水的种类

实验用水的种类有蒸馏水、去离子水、反渗水和超纯水等。

(1) 蒸馏水:自来水经蒸馏后得到,去除了自来水中大部分非挥发性污染物,是一种实验室常用水。新鲜的蒸馏水是无菌的,存放过久易繁殖细菌。

(2) 去离子水:自来水经过离子交换树脂,去除了水中可溶性阴、阳离子后得到,也是实验室中常用的一种水。但是可溶性有机分子难以除去,存放过久细菌也比较容易繁殖。

(3) 反渗水(RO 水):自来水通过反渗透膜,水中阴阳离子、细菌、病毒、胶体、有机化合物等杂质被截留去除。

(4) 超纯水(UP 水)：电阻率达到 18.2 MΩ·cm 的水称为超纯水，水中几乎不含杂质，主要用于研制超纯材料或特定生物学实验。

2．水质的评价指标

(1) 电阻率：衡量水的导电性指标，其值与水中无机离子含量有关，无机离子含量越少，电阻率数值越高，单位为 MΩ·cm。

(2) 总有机碳(TOC)：反映水中有机化合物的含量，单位为 $mg \cdot L^{-1}$, $\mu g \cdot L^{-1}$。

(3) 内毒素：革兰氏阴性细菌的脂多糖细胞壁碎片，单位为 $EU \cdot mL^{-1}$。

3．实验室用水的规格

实验室用水的级别与主要指标见表 3-2。

表 3-2　实验室用水的级别与主要指标

评价指标	一级	二级	三级
pH(25℃)	—	—	5.0~7.5
电导率/($\mu S \cdot cm^{-1}$)	≤0.1	≤1.0	≤5.0
可氧化物质含量 (以 O 计)/($mg \cdot L^{-1}$)	—	<0.08	<0.4
吸光度(254 nm，1 cm 光程)	≤0.001	≤0.01	—
蒸发残渣 [(105±2)℃]/($mg \cdot L^{-1}$)	—	≤1.0	≤2.0
可溶性硅(以 SiO_2 计)/ ($mg \cdot L^{-1}$)	<0.01	<0.02	
用途	要求严格的分析实验，如液相色谱分析	痕量分析	一般化学分析

3.1.3　试剂的保管

试剂如果保管不当，会变质失效，不仅造成浪费，甚至会引起事故。一般的化学试剂应保存在通风良好、干净、干燥的房间里，以防止被水分、灰尘和其他物质污染，应根据试剂的不同性质采取不同的保管方法。

剧毒试剂，如氰化钾、氰化钠、氢氟酸、氯化汞、三氧化二砷(砒霜)等，应由专人妥善保管，经一定手续取用，并严格做好记录，以免发生事故。

极易挥发并有毒的试剂可放在通风橱内，当室内温度较高时，可放在冷藏室内保存。

容易腐蚀玻璃的试剂，如氢氟酸、含氟盐(氟化钾、氟化钠、氟化铵)和苛性碱(氢氧化钾、氢氧化钠)，应保存在聚乙烯塑料瓶或涂有石蜡的玻璃瓶中。

见光会逐渐分解的试剂(如过氧化氢、硝酸银、焦性没食子酸、高锰酸钾、草酸、铋酸钠等)，与空气接触易逐渐被氧化的试剂(如氯化亚锡、硫酸亚铁、硫代硫酸钠、亚硫酸钠等)，以及易挥发的试剂(如溴、氨水、乙醇等)，应放在棕色瓶内且置冷暗处。

吸水性强的试剂,如无水碳酸盐、苛性钠、过氧化钠等应严格密封(如蜡封)。

相互易作用的试剂(如挥发性的酸与氨、氧化剂与还原剂)应分开存放。易燃的试剂(如乙醇、乙醚、苯、丙酮)与易爆炸的试剂(如高氯酸、过氧化氢、硝基化合物)应分开储存在阴凉通风、不受阳光直射的地方。

3.1.4　试剂的取用

1. 液体试剂的取法

取下瓶塞将其倒置在实验台上,一手拿容器,另一手拿试剂瓶,注意将试剂瓶的标签对着手心,慢慢倒出所需量的试剂。

若容器是试管或量筒,倒完后,将试剂瓶口在容器上靠一下,再使瓶子竖直,以免留在瓶口的试剂沿瓶口流到外壁。若容器是烧杯,则需用玻璃棒引流,使试剂顺着玻璃棒流入烧杯,倒毕,将瓶口顺着玻璃棒向上提一下再离开,使瓶口残留的溶液顺着玻璃棒流入烧杯。倒完试剂后,瓶塞须立刻盖回原来试剂瓶上,将试剂瓶放回原处,并将其标签朝外。

从滴瓶中取试剂时,先提起滴管,使管口离开液面,捏紧滴管上部的橡胶帽,赶出空气后,再伸入试剂瓶中吸入试剂,然后使滴管悬空在靠近试管口的上方,并将试剂滴入试管中,如图 3-1 所示。禁止将滴管伸入试管中,以免滴管的管端碰到试管壁而黏附其他溶液,从而污染滴瓶内的试剂。滴管口不能朝上或平放,以防管内溶液流入橡胶帽内腐蚀橡胶帽并污染滴瓶内的试剂。滴瓶的滴管专用,使用后应立即将滴管插回原来的滴瓶中,勿张冠李戴,污染试剂。

图 3-1　滴管滴加液体试剂

图 3-2　固体试剂的取用

2. 固体试剂的取法

固体试剂一般都用药匙取用。药匙用塑料或不锈钢制成,两端分别为大小两个匙,取大量固体用大匙,取少量固体用小匙。若取用的固体要加入小试管里,也必须用小匙或纸条,如图 3-2 所示。使用的药匙必须保持干燥和洁净,且专匙专用。试剂取用后应立即将瓶塞盖严,并放回原处。

要求称取一定质量的固体试剂时,可将其放在干净的称量纸上,再根据要求在顶载天平或分析天平上进行称量。具有腐蚀性或易潮解的固体不能放在纸上，而应放在玻璃容器(小烧杯或表面皿)内进行称量。

3.1.5　试纸的使用

用石蕊试纸、pH 试纸检验溶液的酸碱性时，先将试纸剪成小条，放在干燥清洁的表面皿上，再用玻璃棒蘸取要检验的溶液，滴在试纸上，然后观察试纸的颜色，切不可将试纸投入溶液中检验。

用石蕊试纸、乙酸铅试纸与碘化钾淀粉试纸试验挥发性物质的性质时，将一小块试纸润湿后粘在玻璃棒的一端，然后用此玻璃棒将试纸放到试管口，如有待测气体逸出，则试纸变色。

3.2　无机及分析化学实验常用仪器及其基本操作

3.2.1　常用玻璃仪器的洗涤

为了使实验结果准确，必须将玻璃仪器洗涤干净，根据污物的性质及沾污程度选择适当的洗涤方法。

1. 仪器洗涤原则及洗净标准

洗涤原则：少量多次，即用少量水或洗涤剂多次洗涤玻璃仪器。

玻璃仪器用自来水洗干净后，最后需用少量去离子水顺壁清洗 2~3 次，洗去残留的 Ca^{2+}、Mg^{2+}、SO_4^{2-}、Cl^- 等离子。

判断玻璃仪器是否洗净，可加水于容器中，倾去水后，如果内壁附着的水既不聚成水滴，也不成股流下，而是均匀分布形成一层水膜，表示仪器已洗干净。

洗净的玻璃仪器应在洁净、防尘的环境中整齐、分类存放，不要用毛巾、布、纸或其他东西去擦拭，以免沾污仪器。洁净的仪器在储存一定时间后，使用前应重新洗涤。

2. 洗涤方法的选择

1) 水洗

一般用水洗涤器皿，可将水溶性物质溶解除去，也可以洗去附在仪器上的灰尘和促使不溶物脱落。

操作方法：洗涤试管或烧瓶时，先注入仪器体积 1/4 的水，稍稍用力振荡，把水倒掉，连洗数次，如果内壁附有不易洗掉的物质，可以选择用形状和大小合适的干净毛刷刷洗，刷子在盛水的仪器中转动或上下移动，但不能用力过猛，否则容易把玻璃仪器弄破。

2) 去污粉、合成洗涤剂洗

洗涤玻璃仪器时，遇到顽固性油污和有机化合物需用去污粉、合成洗涤剂清洗玻璃仪器内、外壁。

操作方法：先将玻璃仪器用自来水润湿，再用毛刷蘸取少许洗涤剂，将玻璃仪器内外刷洗一遍，然后用自来水边冲边刷，直至洗净。最后用少量去离子水清洗 2～3 次。

用上述方法仍难洗净或者不宜用刷子刷洗的玻璃仪器，如移液管、刻度吸管、滴定管、容量瓶等，可以根据污物的性质，选用适宜的洗涤液或铬酸洗液洗涤。

3) 铬酸洗液洗

铬酸($K_2Cr_2O_7$ 的浓 H_2SO_4 溶液)洗液具有很强的氧化性，对油污和有机化合物的去除能力很强。仪器严重沾污或所用仪器内径很小、容积精确、仪器形状特殊、不能用刷子刷的精密仪器，如滴定管、容量瓶、移液管、砂芯漏斗等，可用铬酸洗液洗。

操作方法：先把仪器内的水尽可能倒干净(防止稀释饱和铬酸洗液，降低其氧化性)，然后向仪器内加入 1/5 容量的洗液，再将仪器倾斜，斜着缓缓转动，使仪器的内壁全部被洗液润湿，来回转动几次后，遇到顽固污渍需用铬酸洗液浸泡一段时间。然后，将洗液倒回原洗液瓶，并将仪器倒置，静置一段时间，尽可能回收洗液[洗液可重复使用，另外 Cr(VI)有毒，避免污染环境]。残留的洗液用滴管加少量自来水清洗仪器两遍，洗涤水倒入废液缸，切勿倒入下水道，以免污染环境。再用大量自来水清洗三遍，最后用少量去离子水清洗三遍。

注意事项：

(1) 因为 Cr(VI)有毒，尽量避免使用铬酸洗液，使用时也尽量避免水稀释洗液，使其丧失效力。

(2) 洗液可重复使用，配好的洗液为深褐色，多次使用后若转为绿色，说明 $K_2Cr_2O_7$ 被还原为 $Cr_2(SO_4)_3$，洗液失去氧化能力，洗液失效，不能再继续使用。

(3) 铬酸洗液腐蚀性很强，不能用毛刷蘸取。Cr(VI)有毒，不能倒入下水道，可用 $FeSO_4$ 使 Cr(VI)还原为无毒的 Cr(III)后再排放。

(4) 铬酸洗液的配制：将 25 g $K_2Cr_2O_7$ 固体放入烧杯，加 50 mL 去离子水溶解，在不断搅拌下，慢慢加入 450 mL 浓 H_2SO_4。洗液呈深红褐色，具有强酸性、强氧化性，对有机化合物、油污等的去除能力特别强。

3. 特殊污物的洗涤

仪器上若有难以被洗液清洗的化学试剂，可根据污染物的化学性质，用合适的化学试剂与之反应，将黏附在器壁上的物质转化为水溶性物质，然后用水洗去(表 3-3)。

表 3-3　特殊污物与相应洗涤用试剂

特殊污物主要组分	清洗所用试剂
碳酸盐	稀盐酸
M(OH)$_m$ 沉淀	稀盐酸
PbAc$_2$	乙酸溶液
AgCl、AgBr	硫代硫酸钠溶液
Ag	稀硝酸

特殊污物主要组分	清洗所用试剂
MnO$_2$(大量)	浓盐酸或草酸溶液
MnO$_2$(少量)	5%的硫酸亚铁溶液+10%的盐酸或 0.5%的草酸，或酸性硫酸亚铁或稀 H$_2$O$_2$ 溶液
磷钼蓝	0.2 mol · L^{-1} KMnO$_4$ 溶液浸泡后，再用饱和草酸铵溶液浸泡或用铬酸洗液
邻二氮菲合铁(Ⅱ)	稀盐酸
硫化物沉淀	稀硝酸
硫化钡	10%硒酸钠溶液
硫黄(硫单质)	煮沸的石灰水
I$_2$	Na$_2$CO$_3$ 或 NaOH 溶液
铁锈斑点	稀盐酸
有机化合物蒸发后残留的沉淀	煮沸有机溶剂或 NaOH 溶液

4. 特殊用途仪器的洗涤

进行分光光度分析时，所用的比色皿是光学玻璃与磨砂玻璃用黏胶粘贴而成的。为保证光学玻璃的通透性，比色皿绝对不能用毛刷刷洗，应避免使用铬酸洗液浸泡，否则会造成黏胶失效，杯体散架；另外还会使比色皿对紫外光的吸收增加。

进行痕量金属分析时，所用的玻璃仪器需用(1∶1)～(1∶9)HNO$_3$ 溶液浸泡24 h 后，再进行常规洗涤。

进行荧光分析时，所用玻璃仪器应避免使用洗衣粉洗涤，因洗衣粉中含有荧光增白剂，会影响分析结果。

3.2.2　玻璃仪器的干燥

1. 加热干燥

玻璃仪器常用电热干燥箱、气流烘干器等进行干燥。先把玻璃仪器中的水倒净，然后放入电热干燥箱中或倒置在气流烘干器出气杆上烘干。电热干燥箱温度一般控制在 60℃左右(黏附有机溶剂的玻璃仪器不能放入电热干燥箱中，以免失火或发生爆炸)。蒸发皿、烧杯等可以在石棉网上小火加热进行干燥，试管也可直接用小火烤干。

2. 晾干和吹干

不急用的仪器，在洗净后，可以放置在洁净的实验柜内自然晾干。有些玻璃仪器也可以用电吹风吹热风进行干燥。

一些精密仪器，若加热干燥会影响仪器的精密度，常将易挥发的有机溶剂

(如乙醇等)加到仪器中，转动仪器，使水与有机溶剂混溶，然后倒出，少量残留在仪器中的有机溶剂很快挥发而达到干燥。

3.2.3　玻璃量器的使用

1. 量筒

量筒没有"0"的刻度，一般起始刻度为总容积的 1/10。例如，10 mL 量筒最低刻度为 1 mL，500 mL 量筒最低刻度为 50 mL。量取液体时，要根据所量的体积来选择大小恰当的量筒，否则会造成较大的误差。量筒的误差较大，一般在精度要求不很严格时使用，不需估读。

量筒的刻度是指 20℃时的体积，因此量筒不能加热，也不能用于量取过热的液体，更不能在量筒中进行化学反应或配制溶液。

向量筒里注入液体时，用左手拿量筒，右手拿试剂瓶，瓶口紧挨量筒口，使液体缓缓流入(图 3-3)。待注入液体的量比所需量稍少时，将量筒放平，静置1～2 min，待附着在内壁上的液体流下后，改用胶头滴管滴加至所需量。

读数时，把量筒放在平整的桌面上，将刻度面对观察者，视线与量筒内液体的弯月面的最低处保持水平，再读出所取液体的体积(图 3-4)。俯视时，视线斜向下，视线与筒壁的交点在水面上，所读到的数据偏高，实际量取溶液值偏低。仰视时，视线斜向上，视线与筒壁的交点在水面下，所读到的数据偏低，实际量取溶液值偏高。

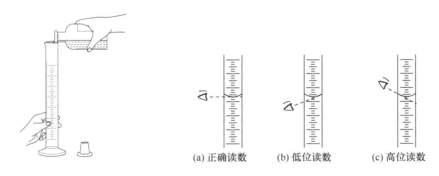

(a) 正确读数　　　(b) 低位读数　　　(c) 高位读数

图 3-3　量筒量取液体　　　　　　图 3-4　量筒读数方法

2. 移液管和吸量管

1) 移液管简介

移液管属于量出式量器，常用来准确移取一定体积的溶液。移液管是一根中间膨大的细长玻璃管，其上端管颈处有条标线，标识所移取液体的准确体积。常用的移液管规格有 5 mL、10 mL、25 mL 和 50 mL 等。一种规格的移液管只能移取同一体积溶液。

2) 移液管的使用

使用移液管前，首先要检查一下移液管容积、准确度等级、标线位置等标记。其次，观察管口和尖端处是否有破损，如有破损则不能使用。完好的移液管需进行清洗和待移取溶液润洗后才能移液，具体操作如下：

a. 洗涤和润洗

移液管在使用前，先分别用洗涤液、自来水及去离子水洗涤，再用少量被移取的液体润洗。右手的拇指及中指捏住移液管管径标线以上位置，将移液管插入被移取的溶液中，使管尖伸入液面 1 cm 左右，管尖在整个移液过程中都要如此(太浅会产生吸空，溶液会进入洗耳球内，太深又会在移液管外黏附过多溶液)。左手拿洗耳球，将排除空气的洗耳球尖端插入管径口，并使其密封，慢慢松开捏洗耳球的手指，让洗耳球恢复原状，待吸入液体体积为移液管容量 1/3 左右时，用右手食指按住管口，取出移液管，左右手分别拿移液管两端，将移液管平持，松开食指，转动移液管，使液体与管口以下的内壁充分接触，再将移液管直立，让液体从管的下端放出并弃去，如此反复操作 3 次或 3 次以上。

b. 移液

用移液管移取液体时，将管尖插入待吸溶液中1～2 cm 处，管尖在整个移液过程中都要如此，如图 3-5(a)所示。慢慢松开捏洗耳球的手指，将液体慢慢吸入管中，待溶液上升到标线以上 1～2 cm，移开洗耳球，并立即用右手食指按住管口，将移液管上提竖直离开液面[图 3-5(b)]，左手持试剂瓶，将移液管举高至标线与视线齐平处，大拇指和中指轻轻转动移液管，使管内液体的弯月面慢慢下降到标线处，移液管内应充满液体，注意下端处不能有气泡[图 3-5(c)]，此时视线、液面、标线应在同一水平面上，立即用食指压紧管口(若管尖挂有液滴，可使管尖与试剂瓶壁接触使液滴落下)。竖直提出移液管,插到承接溶液的容器中，并使管尖与容器壁接触，管身保持垂直，承接溶液的器皿倾斜45°，放开食指

移液管的
使用

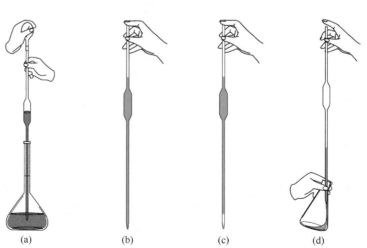

(a)　　　(b)　　　(c)　　　(d)

图 3-5　从容量瓶中移取溶液的操作

让液体沿瓶壁慢慢流下，如图 3-5(d)所示。待管内液体流完后，再停留 15 s 后将移液管移去，此时残留在管末端的液滴不必使其流出，因校准时已考虑了管末端残留溶液的体积(如果管身标示为"吹"的移液管可将尖嘴内的残留液体吹出)。

用过的移液管清洗干净后，必须放在移液管架上。

3) 吸量管

通常将标有精细刻度的直形玻璃管称为吸量管，又称为刻度移液管，它是带有分度线的量出式玻璃量器。同一规格的吸量管可以精确地移取量程范围内不同体积的液体。常用的吸量管有 1 mL、2 mL、5 mL 和 10 mL 等规格。吸量管的使用方法与移液管相仿，所移取的体积通常可准确到 0.01 mL。

吸量管常见的有完全流出式和不完全流出式两类，其刻度线有"零点在上"(靠近管口)和"零点在下"(靠近尖端)两种形式。

"零点在上"式吸量管，其任一刻度线相应的容量定义为：20℃时，从零点排放到该刻度线液体的体积。使用时，液体由零点流下，当液体弯月面降到刻度线上方几毫米处，按紧管口停止排液 15 s，再将液面调至刻度线，最后将吸量管移去。

"零点在下"式吸量管，其任一刻度线相应的容量定义为：20℃时，从刻度线排放到尖端时，所流出液体的体积。使用时让液体从刻度线自由流完后静置 15 s，再将吸量管移去。

3. 容量瓶

1) 容量瓶简介

容量瓶主要用于准确配制一定体积和一定浓度的溶液。常用容量瓶有 50 mL、100 mL、250 mL、500 mL、1000 mL 等规格，要根据配制溶液的体积选用相应规格的容量瓶。容量瓶的瓶颈上刻有标线，一种型号的容量瓶只能配制同一体积的溶液，当瓶内液体在瓶身所标识的温度下达到标线处时，其体积即为瓶上所注明的容积数。使用中，为防止瓶塞污染，一般用橡皮圈将其系在瓶颈上。容量瓶只能用于配制溶液，不能储存溶液，因为某些试剂会腐蚀瓶体，从而影响容量瓶的精度。

容量瓶的
使用

2) 容量瓶配制溶液

a. 查漏

在容量瓶内装入半瓶水，塞紧瓶塞，用左手五指托住容量瓶底，右手食指顶住瓶塞，将其倒立(瓶口朝下)，观察容量瓶瓶塞缝隙处是否漏水，若不漏水，将瓶直立且将瓶塞旋转 180°后，再次倒立检查。若两次检查均不漏水，方可使用。

b. 洗涤

先用洗涤液清洗顽固污物，再用自来水冲洗，最后用少量去离子水清洗内壁 3 次。

c. 溶液的配制

用固体溶质配制溶液，先将准确称量好的固体溶质放入烧杯中，用少量去离子水溶解，如果是经加热溶解或溶解过程放热的溶液，需要冷却到室温，然后把溶液转移到容量瓶里。因容量瓶是在 20℃下校正的，若注入温度较高或较低的溶液，瓶体将热胀冷缩导致所量体积不准确。

转移溶液时，将玻璃棒悬空伸入容量瓶，棒的下端应靠在瓶颈内壁上，烧杯紧靠玻璃棒，将杯中的溶液沿玻璃棒小心地注入容量瓶中[图 3-6(a)]。在此过程中，避免玻璃棒靠在容量瓶口，防止液体流到容量瓶外或沾在磨砂口处。

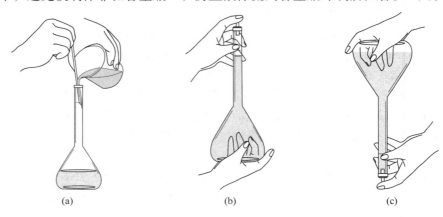

(a)　　　　　　　　(b)　　　　　　　　(c)

图 3-6　容量瓶的使用操作

为保证溶质能全部转移到容量瓶中，要用少量溶剂吹洗烧杯和玻璃棒，并把溶液全部转移到容量瓶里，重复上述操作 3 次。

d. 定容

向容量瓶内加入溶剂直到容积 3/4 左右时，摇动容量瓶使溶液初步混匀，再加溶剂至液面离标线大约 1 cm 处，拿起容量瓶，改用滴管小心滴加溶剂至液体的弯月面与标线正好相切，观察时注意视线、弯月面和标线在同一水平面上。塞紧瓶塞，并用一只手指压紧瓶塞，另一只手托住瓶底[图 3-6(b)]，将容量瓶倒转，使气泡上升到顶，并加以摇荡[图 3-6(c)]，再将瓶直立，使气泡上升到顶，再将容量瓶倒转，如此反复 10 次左右，以保证瓶内溶液混合均匀。

静置后，弯月面略微低于标线是因容量瓶内极少量溶液浸润瓶塞缝隙处，但这并不影响配制溶液的浓度，勿再向瓶内添水。

e. 收藏

容量瓶使用后应及时洗涤干净，塞上瓶塞，如长期不用，需在瓶塞与瓶口之间夹一纸片，防止瓶塞与瓶口粘连。

4. 滴定管

1) 滴定管的简介

滴定管是滴定分析中最基本的测量仪器，是滴定时用作精确量度液体的量器，"0"刻度线在滴定管上端，与量筒刻度相反。常用滴定管的容量限度为 50 mL，最小刻度为 0.1 mL，而读数可估计到 0.01 mL。

滴定管分为酸式滴定管与碱式滴定管两种，如图 3-7 所示，滴定时，需根据溶液的酸碱性来选择酸式或碱式滴定管。

酸式滴定管控制溶液流出的开关是玻璃旋塞，旋转玻璃旋塞(切勿将旋塞横向移动，以致旋塞松开或脱出，使液体从旋塞旁边漏失)，可使液体沿旋塞中间的小孔流出。玻璃旋塞为非标准旋塞，不可互换，一旦打碎整支滴定管将不可使用。若要量度能腐蚀橡胶的液体，如 $KMnO_4$ 溶液、$AgNO_3$ 溶液等，则必须使用酸式滴定管。

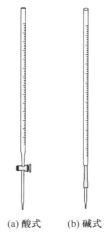

图 3-7　滴定管

碱式滴定管控制溶液流出的开关则是装在橡皮管中的

图 3-8　碱式滴定管挤捏方向

玻璃珠，用大拇指与食指稍微挤捏玻璃珠旁侧的橡皮管，使之形成一缝隙，液体即可从缝隙流出(图 3-8)。若要量取对玻璃有腐蚀作用的液体(如碱液)，只能用碱式滴定管。需避光的溶液，如 $AgNO_3$ 溶液、$Na_2S_2O_3$ 溶液等，需用棕色滴定管。

2) 滴定管的使用

a. 涂油

酸式滴定管使用前，首先应检查玻璃旋塞是否旋转自如，否则需要对旋塞进行涂油。具体操作如下：把滴定管平放在桌面上，将固定旋塞的橡皮圈取下，再取出旋塞，用吸水纸将旋塞和塞套内壁擦干。用手指蘸少量凡士林涂于旋塞孔的两侧，且离孔不要太近，沿圆周涂上薄薄一层，把旋塞放回塞套内顶紧，向同一方向转动旋塞，使凡士林分布均匀，直到玻璃旋塞全部透明为止(图 3-9)。最后用橡皮圈将旋塞固定在塞套内，防

滴定管的使用

止滑出。凡士林切忌涂得太多，否则易使旋塞孔或滴定管下端管尖堵塞。

图 3-9　酸式滴定管涂油

如果旋塞孔内有油垢堵塞，可用金属丝轻轻剔去。如果管尖被油脂堵塞，可先用水充满全管，然后将管尖置于热水中，待油脂熔化，再打开旋塞，将其冲走。

b. 检漏

关闭酸式滴定管旋塞，装入自来水至"0"刻度线附近，直立滴定管 2 min 左右，仔细观察管内液面是否下降，滴定管下端尖嘴有无水滴漏下，旋塞缝隙中有无水渗出。然后将旋塞旋转 180°，再等待 2 min 继续观察，如不漏水方可使用。

碱式滴定管在使用前，应检查橡皮管是否破裂或老化及玻璃珠大小是否合适，无渗漏后才可使用，否则需更换橡皮管或玻璃珠。

c. 洗涤

无明显油污的滴定管，可直接用自来水冲洗干净后，再用适量去离子水淋洗 3 次。有少量顽固油污时，可用铬酸洗液洗涤。加入洗液前应将管内的水尽量除去，酸式滴定管的旋塞关闭，碱式滴定管用大小合适的滴管胶帽套在下口处。倒入 10~15 mL 铬酸洗液于管中，手持滴定管两端，慢慢倾斜并转动，使洗液润湿滴定管内壁，然后直立静置几分钟，使洗液从管壁回流至滴定管底端，再打开旋塞或胶帽，尽可能将洗液放回原瓶中，以免污染环境。洗液放出后，先用少量自来水清洗，清洗液倒入废液桶，以防污染环境。再用大量自来水冲洗干净，最后用适量去离子水淋洗 3 次。

d. 润洗

为确保滴定管中的溶液与试剂瓶中的浓度一致，装溶液前需进行润洗。关闭酸式滴定管的旋塞，将试剂瓶中的溶液直接装入滴定管中约 10 mL，不能借用烧杯、漏斗、滴管等其他仪器转移。横持滴定管并慢慢转动，使溶液与管内壁充分接触，然后从滴定管尖嘴处放出约 1/3，以洗涤尖嘴部分，最后将剩余溶液从管口倒出，重复操作至少 3 次。

e. 装液与排气泡

将滴定管旋塞关闭，直接将溶液从试剂瓶注入滴定管至"0"刻度线以上，开启旋塞或挤压玻璃珠，使溶液充满滴定管下端。

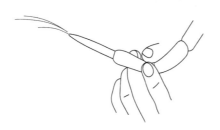

酸式滴定管，开启旋塞时需将管身倾斜约 30°，左手迅速打开旋塞使溶液冲出。碱式滴定管，注意检查橡皮管内的气泡是否排出。可把橡皮管稍弯向上(图 3-10)，然后挤压玻璃珠，气泡可被逐出。

排完气泡后，补加溶液至"0"刻度线以上，再调节弯月面至"0"刻度线或稍下处，记录该读数，将滴定管用蝴蝶夹固定在滴定台，可进行滴定。

图 3-10 碱式滴定管排气泡

f. 读数

滴定前后均需准确读数并记录。常用滴定管的容积为 50 mL，最小刻度为 0.1 mL，需读至小数点后两位，如 20.43 mL。

在滴定管装满或放出溶液后，必须等 1~2 min 使附着在内壁的溶液流下来再读数。读数时，需将滴定管从滴定台上取下，右手食指和拇指捏滴定管上端，使管身自然下垂。视线与弯月面保持水平，偏高或偏低读数都不正确(图 3-11)。若所装溶液颜色太深，弯月面不清晰时，视线与液面两侧最高点平齐。

　　g. 滴定

　　滴定管固定在滴定台上时，刻度应面对操作者，酸式滴定管的旋塞柄向右。用酸式滴定管滴定时，左手从滴定管旋塞处向右伸出，拇指在管前，食指及中指在管后，三指控制旋塞柄，无名指及小指向手心弯曲，手心空握，防止将旋塞顶出(图 3-12)。右手拿锥形瓶，滴定管的尖嘴深入瓶内 1 cm，锥形瓶底比滴定台高 2～3 cm，边滴边使瓶内溶液以同一方向不断旋转，使溶液均匀混合(图 3-13)。

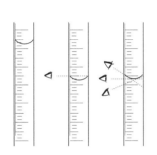

图 3-11　滴定管读数

图 3-12　酸式滴定管握塞
方式

图 3-13　酸式滴定管滴定
方式

　　滴定时，速度不应太快，以每秒 3～4 滴为宜。在接近滴定终点时，应加入一滴或半滴后用洗瓶吹出少量去离子水洗锥形瓶内壁，摇匀，再滴加一滴或半滴，摇匀，直至溶液变色且不再变化即为终点。

　　用碱式滴定管滴定时，左手控制滴定管，其拇指和食指挤捏玻璃珠旁侧的橡皮管，使之形成一缝隙，液体即可从缝隙流出。控制溶液滴出速度，其他操作与酸式滴定管一致。不要捏玻璃珠及其下部的橡皮管，不要使玻璃珠上下移动，以免空气进入。

　　每次滴定须从"0"刻度线或稍下处开始，以确保测定结果的精密度。滴定至终点后，须等附着在滴定管内壁的溶液流下，液面完全稳定后再读数。

3.2.4　常用容量仪器的校正方法

　　定量分析中要用到各种容量仪器，如滴定管、移液管和容量瓶，它们的容积在生产过程中已经检验，其所刻容积有一定的精确度，可满足一般分析的要求。但也常有质量不合格的产品流入市场，如果不预先进行校正，就可能给实验结果带来误差。因此，在滴定分析中，特别是在准确度要求较高的分析工作中，必须对容量仪器的容积进行校正。

1. 量器使用中的常用名称及其含义

(1) 标准温度：量器的容积与温度有关，规定一个共同的温度 293 K。

(2) 标识容积：量器上标出的标线和数字(293 K)。

(3) 量器的容量允差：允许存在的最大差值(293 K)。

(4) 流出时间：通过排液嘴，水从最高标线自然流出至最低标线所需时间。

(5) 等待时间：水自然流出至标线以上约 5 mm 处时需要等待的时间。

2. 量器的校正方法

量器的实际容积与标识容积并不完全一致，因而要校正，常有相对校正、绝对校正两种方法。

(1) 绝对校正原理：在分析天平上，称量一定温度下被校正量器中所容纳或放出纯水的质量，再根据该温度下纯水的密度即可计算出被校正容器的实际容积。

测量液体体积的基本单位是毫升(mL)。1 mL 是指在真空中 1 g 纯水在最大密度时(3.98℃)所占的体积。换句话说，在 3.98℃和真空中称量所得的水的质量克数，在数值上等于它的体积毫升数。由于玻璃的热胀冷缩，所以在不同温度下，玻璃容器的容积也不同，由于所规定的温度 3.98℃太低，我国一般用 20℃作为标准温度，规定使用玻璃容器的标准温度为 20℃，各种容器上标出的容积，称为在标准温度 20℃时容器的标准容积。

在实际校正工作中，容器中水的质量是在室温下和空气中称量的，因此必须考虑如下三个方面的影响：①空气浮力使质量改变的校正；②水的密度随温度而改变的校正；③玻璃容器本身容积随温度而改变的校正。

综合上述影响，可得出在 20℃容积为 1 mL 的玻璃容器，在不同温度时所盛水的质量，见表 3-4。

表 3-4　不同温度下 1 mL 纯水在空气中的质量(用黄铜砝码称量)

温度/℃	d_t/(g·mL^{-1})	温度/℃	d_t/(g·mL^{-1})	温度/℃	d_t/(g·mL^{-1})
10	0.99839	19	0.99734	28	0.99544
11	0.99833	20	0.99718	29	0.99518
12	0.99824	21	0.99700	30	0.99491
13	0.99815	22	0.99680	31	0.99464
14	0.99804	23	0.99660	32	0.99434
15	0.99792	24	0.99638	33	0.99406
16	0.99778	25	0.99617	34	0.99375
17	0.99764	26	0.99593	35	0.99345
18	0.99751	27	0.99569		

根据表 3-4 可用下式计算容器的校正值：

$$V_{20} = \frac{m_t}{d_t}$$

式中：V_{20} 为在 20℃时容器的真实容积；m_t 为在空气中 t℃时水的质量；d_t 为 t℃时在空气中用黄铜砝码称量 1 mL 水(在玻璃容器中)的质量。

例如，某支 25 mL 移液管在 25℃放出的纯水质量为 24.921 g，则该移液管在 20℃的实际容积为

$$V_{20} = \frac{24.921}{0.99617} = 25.02(\text{mL})$$

即这支移液管的校正值为 25.02–25.00 = +0.02(mL)。

仪器校正不当和使用不当都是产生实验误差的主要原因。校正时必须仔细、正确地进行操作，使校正误差减至最小。凡要使用校正值的，其校正次数不得少于两次。两次校正数据的偏差应不超过该容器容积所允许偏差的 1/4，以平均值为校正结果。

(2) 相对校正原理：在某些情况下，人们无须知道两种容器的准确容积，而是需要知道二者的容积是否为准确的整倍数关系，这时可用容积相对校正法。经常配套使用的移液管和容量瓶，采用相对校正法更为重要。例如，用 25 mL 移液管移取去离子水至洁净干燥的 100 mL 容量瓶中，到第 4 次后，观察瓶颈处水的弯月面下缘是否刚好与刻线上缘相切。若不相切，应重新作一记号为标线，以后此移液管和容量瓶配套使用时就用校正的标线。

3. 常见量器的校正

1) 容量瓶的校正

将待校正的容量瓶洗净、干燥，取烧杯盛放一定量去离子水，将容量瓶及去离子水同时放于天平室中 0.5～1 h，使水温与空气的温度一致，记下去离子水的温度。称量带塞干燥空容量瓶的质量，称准至 1 mg(注：250 mL 容量瓶的体积为 250.0 mL，容量允差为 ±0.15 mL，相当于 0.15 g 纯水质量，即为 150 mg 数量级，故称至 1 mg 位准确度足够)。加去离子水至刻度后，用干净滤纸擦干瓶内壁刻度线之上及瓶外的水珠，盖上瓶塞，称量"瓶+水"的总质量(称准至 1 mg)，减去空容量瓶质量即得容量瓶中水的质量。从表 3-4 查出该温度下相应的 d_t 值，按公式算出容量瓶的真实容积。

当容量瓶校正结果与原刻度不符时，可利用氢氟酸能够腐蚀玻璃的原理给容量瓶刻上校正刻度。具体方法是：用纸条沿容量瓶中水的凹面成切线贴成一圆圈，然后倒去水，在纸圈上涂上石蜡，再沿纸圈在石蜡上刻一圆圈，沿圆圈涂上氢氟酸，使氢氟酸与玻璃接触。2 min 后，洗去过量的氢氟酸并除去石蜡，即可见容量瓶上的新刻度。

根据国家规定，不同容积容量瓶允许的误差范围见表 3-5。

表 3-5　不同容积容量瓶允许的误差范围(容量允差)

体积/mL	允许误差/mL	体积/mL	允许误差/mL
250	± 0.15	10	± 0.02
100	± 0.10	5	± 0.02
50	± 0.05	2	± 0.015
25	± 0.03		

2) 移液管的校正

将去离子水置于实验室内 0.5～1 h，使水温与空气的温度一致，记录去离子水的温度。

取一干燥洁净的具塞锥形瓶，称量其质量，准确至 1 mg(注：25 mL 移液管移取溶液的体积为 25.00 mL，容量允差为±0.03 mL，相当于 0.03 g 纯水质量，即为 30 mg 数量级，故称至 1 mg 位准确度足够)。取已洗净干燥的待校正移液管，按照移液管的使用方法，吸取去离子水至刻度，将去离子水放入上述具塞锥形瓶中(注：要保证液体量取的准确性，需特别注意液面的调节；微松食指使液面缓缓下降，才能控制液面随需而停；眼睛视线与液面水平，液面最低点与刻线相切；溶液自然流出后，等待 15 s)，称量"瓶+水"质量(称准至 1 mg)，减去空具塞锥形瓶质量，得到由移液管转移到具塞锥形瓶中水的质量。从表 3-4 中查出该温度下的 d_t，按公式算出移液管的真实容积。

根据国家规定，不同容积移液管允许的误差范围详见表 3-6。

表 3-6　不同容积移液管允许的误差范围(容量允差)

体积/mL	允许误差/mL	体积/mL	允许误差/mL
50	± 0.05	10	± 0.02
25	± 0.03	5	± 0.015
20	± 0.03	2	± 0.01

3) 滴定管的校正

将去离子水置于实验室内 0.5～1 h，使水温与空气的温度一致，记录去离子水的温度。

取一干燥洁净的具塞锥形瓶，称量质量，准确至 1 mg。将已洗净待校正的滴定管(洗至滴定管内壁不挂水珠，以免产生液体量取体积误差)，装入温度平衡好的去离子水，并将液面调节至 0.00 刻度处，旋开滴定管旋塞，控制水流速为每秒 3～4 滴，使其流出至具塞锥形瓶中，待液面下降到 5 mL 以上 5 mm 处，关闭旋塞(操作时注意使活塞小头不与手掌接触，避免顶松活塞而漏水)。放完溶液后，等待 30 s，再调整液面至 5 mL，读数、记录滴定管内溶液体积，准确至 0.01 mL(根据滴定管大小及管径均匀情况，每次可放 5.00 mL 或 10.00 mL)。称量"瓶+水"的质量(称准至 1 mg)，减去空具塞锥形瓶质量，即为放出水的质量。根据放出水的质量，从表3-4中查出相应温度所对应的 d_t，即可算出滴定管 0.00～5.00 mL 刻度之间的真实容积。

按上述方法继续校正 0.00～10.00 mL、0.00～15.00 mL、0.00～20.00 mL、…的真实容积，注意每次都从滴定管 0.00 mL 标线开始。

重复校正一次。两次校正所得同一刻度的体积相差不应大于 0.01 mL。算出各体积处的校正值(两次平均值)。以读数值为横坐标，校正值为纵坐标作校正曲线，以备滴定时查取。

根据国家规定，滴定管误差：50 mL 为 ± 0.05 mL，25 mL 为 ± 0.04 mL。

4) 移液管与容量瓶的相对校正

在滴定分析中，容量瓶常常与移液管配合使用，以移取一定比例的溶液，因此需校正容量瓶和移液管之间的体积是否成一定比例。例如，用 25 mL 移液管从 250 mL 容量瓶中吸取的溶液是否准确地为总量的 1/10。校正这种相对关系时，只需用 25 mL 移液管吸去离子水至刻度线后，再注入 250 mL 干燥容量瓶中。这样移取 10 次后，观察水面是否与刻度线重合，如果不重合，可另做一个刻度，使用时以此刻度为准。用此移液管移取一管溶液，即为容量瓶中溶液体积的 1/10。

3.2.5　常用加热仪器与加热方法

常用的可受热仪器有试管、烧杯、烧瓶、锥形瓶、蒸发皿、坩埚等。这些仪器在加热前需检查容器底部是否有纸屑、塑料及试剂等易燃易爆物，以防发生事故。上述可受热仪器虽能承受一定的温度，但不能骤冷或骤热，因此加热前必须将器皿外壁的水擦干，且加热后不能立即与潮湿的物体接触，防止容器炸裂。

1. 常用加热仪器

实验室加热仪器分为明火和无明火两类，酒精灯、酒精喷灯、燃气灯、电炉属于明火加热仪器，电热板、电热套、恒温水浴锅、恒温沙浴锅、烘箱等属于无明火加热仪器。使用加热仪器时，应注意远离易燃易爆物品，严格按照操作规则使用，防止烫伤、触电事故发生。

1) 酒精灯

酒精灯是最简单的明火加热仪器(图 3-14)。使用前需检查酒精灯灯身和灯头处是否完整，灯身外是否有酒精，酒精是否超过容积的 2/3，以及四周是否有易燃易爆物。酒精灯连续使用时间不能太长，以免火焰使酒精灯本身灼热，灯内酒精大量气化形成爆炸混合物。

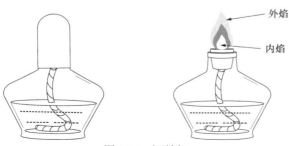

外焰

内焰

图 3-14　酒精灯

　　用火柴点燃酒精灯，忌用另一个已燃酒精灯引燃，熄灭时需用灯罩盖灭，切忌用嘴吹灭。添加酒精需熄灭酒精灯，用漏斗添加，以免酒精洒在桌面或灯身上，发生火灾。

　　2) 电炉

　　常用镍铬合金电阻丝作电炉丝，连续使用时间不宜过长，加热时，为使受热均匀，容器与电炉间需用石棉网隔开，以免炸裂[图 3-15(a)]。

　　3) 平板电炉(电热板)

　　电炉丝为封闭式，加热均匀，但升温速度较慢。加热面板温度很高，小心烫伤，若清理面板需待冷却后进行[图 3-15(b)]。

　　4) 电热套

　　烧瓶等球形容器常用的非明火加热设备，加热温度范围一般小于 400℃。电炉丝用玻璃纤维和石棉包裹，形成一个均匀加热的空气浴，受热面积大，保温效果好，加热效率高，升温速率快且加热均匀。无明火，对易燃液体的加热较为安全[图 3-15(c)]。

　　5) 恒温水浴锅与恒温沙浴锅

　　具有自动恒温功能，其保温效果比平板电炉好。加热时，将容器放入水中或沙中。恒温水浴锅[图 3-15(d)]是以水为传热介质，加热温度范围低于 100℃，使用前需检查里面水位是否合适，加热过程中注意及时补充水，以免水位过低，容器受热不均匀。恒温沙浴锅[图 3-15(e)]是以沙为传热介质，加热温度范围一般低于 300℃，升温较慢。

　　6) 烘箱

　　适用于比室温高 5～300℃范围的恒温烘焙、干燥、热处理，其恒温灵敏度通常为±1℃[图 3-15(f)]。易燃、挥发物不能放进烘箱，以免发生爆炸。

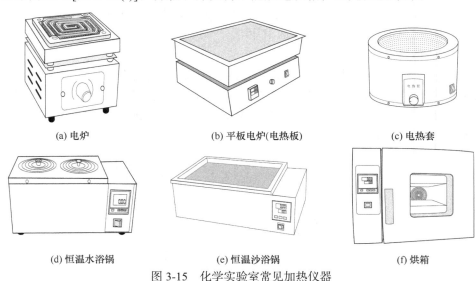

(a) 电炉　　　　　　　　　(b) 平板电炉(电热板)　　　　　　　(c) 电热套

(d) 恒温水浴锅　　　　　　　(e) 恒温沙浴锅　　　　　　　(f) 烘箱

图 3-15　化学实验室常见加热仪器

2. 液体加热方法

加热液体时，所装液体不宜超过试管容量的 1/3、烧杯容量的 1/2、烧瓶容量的 1/3。加热方式有直接加热与间接加热两种。

(1) 直接加热：一般可直接在火焰上加热试管中的液体，加热时，应用试管夹夹试管的中上部，试管口应向上稍微倾斜，勿将试管口对着人，以免溶液溅出烫伤人(图 3-16)。同时不停地上下移动，先加热液体的中上部，再慢慢往下移动，使液体各部分均匀受热，不要集中加热某一部分，否则液体局部受热骤然产生蒸气，液体会冲出管外。

若用酒精灯或电炉加热烧杯、烧瓶等玻璃仪器中液体时，必须放在石棉网上，否则容易因受热不均而破裂。平板电炉加热则不需要。

图 3-16　加热试管内的液体

(2) 间接加热：常用水浴、沙浴等。水浴温度低于 100℃，沙浴温度低于 300℃。恒温沙浴锅与恒温水浴锅均有控温探头及电子温度控制器，当温度高于所设置温度时，控制器会切断电源，停止加热；温度低时，控制器会接通电源继续加热。

3.2.6　溶解、结晶与固液分离

1. 固体的溶解

当固体物质颗粒较大时，可用研钵研细。加热可以加快溶解速度，加热溶解时，要注意搅拌，搅拌时要注意玻璃棒不要触及容器底部及器壁，防止溶液迸溅。加热后要用去离子水冲洗烧杯内壁，防止内壁上沾染试剂。

在试管中溶解固体，用振荡试管的方法加速溶解，不能上下振荡，严禁用手指堵住管口振荡。

2. 结晶与重结晶

1) 浓缩

溶液很稀而待结晶的物质溶解度较大时，必须加热浓缩到一定程度(晶膜出现)时冷却，方可析出晶体。

2) 结晶

析出晶体的颗粒大小与结晶条件有关。溶液浓度较大，溶液急速冷却或剧烈摇动，析出的晶体颗粒小，表面积大，吸附的杂质较多，纯度较低。因此，溶液应缓慢冷却、静置，得到颗粒较大的晶体。但是，晶体颗粒也不能太大，否则晶体中包含大量的母液，产物纯度过低。当看到有较大晶体形成时，立刻轻轻摇动使之形成均匀的小晶体。结晶过程中的搅拌也使晶体颗粒变小。若浓缩过程中形成过饱和溶液，可摩擦器壁或投入晶种，使之结晶。

3) 重结晶

纯度不够且溶解度随温度变化显著的物质可进行重结晶。将待纯化的物质溶解在一定量的溶剂中，形成饱和溶液。不溶性杂质可趁热过滤去除，滤液冷却，纯化晶体析出，可溶性杂质则留在母液中。若重结晶达不到要求，可再次结晶。

3. 固液分离及沉淀洗涤

溶液与沉淀分离的方法有三种：倾析法、过滤法、离心分离法。

1) 倾析法

沉淀反应完成后，静置沉降后，将玻璃棒顺着烧杯嘴横放在烧杯口上，玻璃棒前端处于烧杯嘴向前伸出 2～3 cm 处，用食指卡住玻璃棒，将上层清液尽量倾入另一容器中。洗涤沉淀时，向沉淀中加入一定体积的水，充分搅拌后静置沉降，再如上操作将上层清液倾出。

2) 过滤法

过滤法是沉淀与溶液分离时最常用的方法。溶液的黏度、温度、过滤时的压力及沉淀物的性质、状态，滤纸的孔径大小都会影响过滤速度。溶液黏度大，过滤速度慢，减压过滤比常压过滤快。

a. 普通过滤

普通过滤

普通过滤又称常压过滤，最常用的过滤器是贴有滤纸的漏斗，利用重力作用，溶剂穿过滤纸，使沉淀物截留在滤纸上，达到固液分离的目的。

按照滤纸用途分为定性、定量两种，按滤纸孔隙的大小分为快速、中速、慢速三种，按直径大小分为 7 cm、9 cm、11 cm、12.5 cm、15 cm。

根据实验要求选择不同规格的滤纸。一般的固液分离选择定性滤纸，重量分析则需使用定量滤纸。根据晶体类型选择滤纸种类，较细晶形沉淀，易透过滤纸，则需选慢速滤纸，如 $BaSO_4$；无定形沉淀，不易过滤，选孔隙大的快速滤纸，如 $Fe(OH)_3$；根据沉淀量的多少确定所用漏斗的大小及滤纸的规格。

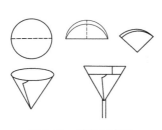

图 3-17　滤纸的折法

过滤时，先将滤纸对折两次(方形滤纸需剪成扇形)，拨开一层即成圆锥形，折好的滤纸，一面是三层，一面是一层，恰能与漏斗 60° 内角相密合(图 3-17)。标准漏斗内角为 60°，若漏斗不标准，应适当改变滤纸折叠的角度，使之与所用漏斗匹配。滤纸边缘应略低于漏斗边缘，然后将三层滤纸的外边两层撕去一个小角，将滤纸按在漏斗内，用少量去离子水润湿滤纸，再用玻璃棒轻压滤纸，赶走滤纸与漏斗间的气泡，使其紧贴在漏斗壁上。

将漏斗放置于漏斗架上，其下端斜口长的一侧与接收容器器壁紧靠，可防止滤液溅出，且利于加快过滤速度。

过滤时，提前将待过滤体系静置一段时间。左手拿烧杯，右手持玻璃棒并尽量垂直，棒的下端靠在滤纸的三层处，将上层清液沿着玻璃棒缓慢倾入漏斗中。倾入溶液时，应注意使液面低于滤纸边缘约 1 cm，以免小沉淀颗粒因毛细作用超过滤纸上沿，沾染到漏斗上，造成损失。倾注暂停时，烧杯沿着玻璃棒慢慢向上提一段，再竖直烧杯，并将玻璃棒放入烧杯中，以免烧杯嘴上的液体沿杯壁流到杯外造成损失。然后将沉淀转移到滤纸上，完毕后，用少量去离子水吹洗玻璃棒及烧杯内壁，使附着在烧杯壁上的沉淀集中于烧杯底，洗涤液也必须全部滤入接收容器中(图 3-18)。

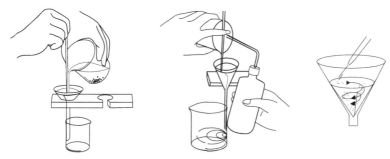

图 3-18 过滤操作

b. 减压过滤

为了加快过滤速度，常用减压过滤法。过滤装置由抽滤瓶 1、布氏漏斗 2 和真空抽气泵 3 组成，如图 3-19 所示。

布氏滤斗中间是具有许多小孔的瓷板，以便溶液通过滤纸从小孔流出。将布氏漏斗插入单孔橡胶塞内，与抽滤瓶相连接，注意应将下端斜口长的一侧与抽滤瓶的支管相对，避免溶液抽入橡皮管中。抽滤瓶的支管用橡皮管与抽气泵相连接。将滤纸贴在瓷板上，滤纸的大小应能盖住瓷板上的所有小孔为宜。再由洗瓶挤出少量去离子水润湿滤纸，开启

减压过滤

图 3-19 抽滤装置

抽气泵抽吸，使滤纸紧贴在漏斗内的瓷板上，避免固体颗粒从孔洞中漏出。然后在抽气阀门开启的情况下，用倾析法将待过滤溶液沿玻璃棒倒入布氏漏斗中央，每次倒入的溶液量不得超过布氏漏斗容积的 2/3，待溶液倒完后，再将烧杯中的沉淀转移到漏斗的中间部分。若固体需要洗涤时，可先关闭抽气泵，将少量溶剂淋到固体上，静置片刻，再将其抽干。

当滤液面接近抽气支管时，打开抽气泵上的放气阀，使抽滤瓶负压消失后，取下漏斗，将抽滤瓶的支管向上，从抽滤瓶的上口倒出滤液，再安装好仪器继续抽滤。在抽滤过程中，不得突然关闭抽气泵，否则滤液倒灌，损坏抽气泵。

过滤完后，从漏斗中取出固体前，应先打开抽气泵的放气阀，使抽滤瓶负压消失后，关闭抽气泵。将漏斗从抽滤瓶上取下，将漏斗的颈口朝上，轻轻敲打漏斗边缘，使固体连同滤纸一起落入预先准备好的容器中。

经过抽滤得到的晶体表面吸附有少量溶剂，必须干燥除去，以得到纯净的产品。通常采用烘干法使其干燥，用玻璃棒轻敲滤纸使粘在滤纸上的晶体全部脱落，收集在洁净的容器内。

3) 离心分离法

少量溶液与沉淀的混合物可用离心机[图 3-20(a)]进行离心沉降分离，操作简单而迅速。离心时，溶液中的沉淀颗粒受离心力作用，在离心管底部聚集，从而达到分离目的。

离心时，将盛有溶液和沉淀混合物的离心管放入离心机的试管套筒内，盖上盖子，然后慢慢转动旋钮，逐渐加快转速。离心时间及离心速度因沉淀性质而定，结晶致密的，离心 1～2 min 即可，无定形和疏松沉淀，可适当提高转速和离心时长。

停止离心操作时，关闭转速旋钮，让离心机自然减速，待停止转动再打开盖子(用手触摸离心机外壳，感受没有震动即可)，以防止离心机高速旋转带来危险。

离心管质量不均衡会引起震动，造成转动轴的磨损，几支离心管应对称放置，如图 3-20(b)中 1-4 位、2-5 位、3-6 位或 1-3-5 位、2-4-6 位。处于对称位的离心管及其内容物的质量要相等，以保持平衡。若只有一支试管离心，则需在离心管对面位置放一支同样质量的试管与之平衡。

离心机的使用

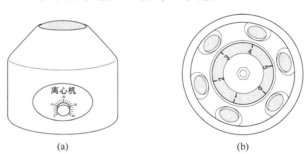

| (a) | (b) |

图 3-20　离心机外观图(a)和揭盖俯视图(b)

离心操作完毕后，从套管中取出离心管，再取一小滴管，先捏紧其橡皮头，然后插入试管中，尖端切忌接触沉淀。然后慢慢放松橡皮头，吸出溶液，移去。这样反复数次，尽可能把溶液移去，留下沉淀。

如要洗涤试管中存留的沉淀，可由洗瓶挤入少量去离子水，用玻璃棒搅拌，再进行离心后，按上述方法将上层清液去除，如此重复洗涤沉淀 2～3 次。

3.3　常用精密仪器及其使用方法

3.3.1　电子分析天平

1. 电子分析天平简介

电子分析天平根据电磁力平衡原理称量物体质量，称量时，几秒钟内即达到平衡，显示读数。电子分析天平具有称量速度快、性能稳定、操作简便和灵敏度高的特点。此外，还具有自动校准、自动调零、自动去皮、自动显示称量结果、超载指示、故障报警等功能，且具有质量电信号输出功能，可与打印机、计算机联用，统计称量的最大值、最小值、平均值及标准偏差等。

使用电子分析天平时，需考虑天平的称量范围(最大载荷)，以保证天平不因超载而损坏。同时，要考虑天平的灵敏度(感量)是否满足称量的要求，以保证称量结果的准确度。

天平的灵敏度(E)是天平的基本性能指标之一，它是指在天平称量盘上增加 1 mg 质量所引起读数的变化值大小，读数变化越大，灵敏度越高。

化学实验室常用电子天平按天平的最小感量分为 1 mg、0.1 mg、0.01 mg 三个规格，一般把感量≤0.1 mg 的天平称为分析天平。化学实验室常用电子天平最大的载荷一般为 100～200 g。

2. 电子分析天平的使用

电子分析天平种类繁多，但其使用方法大同小异，仪器参数和具体操作可参看各仪器的使用说明书。

下面以 ATY124 型电子分析天平(图 3-21)为例，简要介绍电子分析天平的使用方法。该型号天平的准确称量范围为 120～0.01 g，精度为 0.1 mg。

电子分析天平
的使用

天平安装后，或因存放时间较长、位置移动、环境变化等，或未获得精确测量，在使用前应按照说明书对天平进行校准。

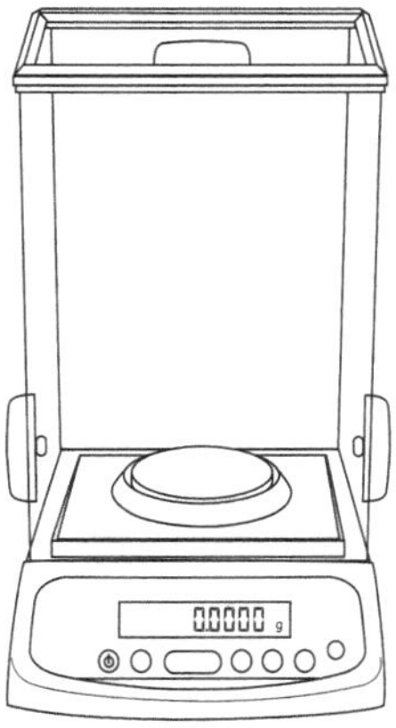

1) 准备工作

a. 清扫天平

打开天平门，用干净的小毛刷清扫天平称量盘和天平玻璃门内部的灰尘，清扫干净后，关上天平门，进行水平调节。

图 3-21　电子分析
天平外观

b. 天平的安放与调水平

天平需安放在稳固的工作台上，以保证仪器的平稳。由于天平自重较小，易发生移动、震动，而引起水平的移动，影响称量的准确性。使用前，必须观察天平水平仪的水泡是否位于圆圈的中心，否则需要进行水平调节，水泡偏移的方向即为位置偏高的方向，调节天平的底脚螺丝，使水泡移至圆圈中心。

2) 称量

图 3-22　电子分析天平面板

a. 预热

连通电源，轻按开关键(图 3-22)，天平开始自检，屏幕上显示一系列信息，最后显示 0.0000 g，则天平零点已调好。无操作放置 30 min 后，天平达到系统稳定，再开始进行称量。

b. 去皮

观察天平屏幕上读数是否为 0.0000 g，否则需按"O/T"键，待显示 0.0000 g 和左侧的黑色小短线后，说明仪器稳定，轻轻打开天平侧门，将称量纸或表面皿、小烧杯等承载容器轻轻放在天平称量盘中间，关闭天平侧门。显示屏上显示出质量读数及黑色小短线时，再次按下"O/T"键，待再次显示 0.0000 g 和黑色小短线后，说明天平自动消除承载容器的质量，即完成去皮。

c. 称样

将药品缓慢加入容器中，待显示器显示称量物的净质量达到所需质量，停止加样，关闭天平侧门，待黑色小短线出现，记录数据。轻轻将天平称量盘上的所有物品取出，天平显示负值，再次按下"O/T"键，天平显示 0.0000 g。

3) 关机

实验全部结束后，按开关键，关闭显示器，切断电源，并将天平内部及称量盘用小毛刷打扫干净，关闭天平门，拔下电源插头。若短时间内还使用天平，可不必切断电源。

3. 称量方法

1) 直接称量法

在空气中能稳定存在的粉末状或小颗粒样品可用直接称量法称量。称量方法如下：

在天平上准确称出容器的质量(容器可以是表面皿、小烧杯、电光纸、硫酸纸等)，然后按"O/T"键直接去皮重。用药匙盛试样，在容器上方轻轻振动，使样品徐徐落入容器，调整试样的量达到所需质量。操作时不能将试剂散落于容器以外的地方，称好的试剂必须定量地由容器直接转入接收容器，此即所谓"定量转移"(注意表面皿等可洗涤数次，称量纸上必须不黏附试样，可复合电子天平零点验证)。当待测样是含油脂或水分较高的试样时，不得使用电光纸和硫酸纸作为容器称取样品。如果取出的试剂超出所需，不能放回原试剂瓶中，应弃去。

2) 差减称量法

有些样品易吸水，氧化，与空气中的 H_2S、CO_2、NH_3 等发生反应，引起质量变化，从而产生分析误差，为避免这些情况的发生，常采用差减称量法称量。首先称量装有试样称量瓶的质量 m_1，再称量倒出部分试样后称量瓶的质量 m_2，二者之差(m_1-m_2)就是试样的质量。称量瓶使用前需清洗干净，在 105℃左右的烘箱内烘干后，放入干燥器内冷却，烘干的称量瓶不能用手直接拿取。

例如，要求称量 1 份 0.44～0.45 g 的试样，在洗净、烘干的称量瓶中，先装入超过实验用量的样品，调整好天平零点后，轻轻推开左边门，左手用一干净的纸条围住称量瓶(图 3-23)，将其放在称量盘中央，关好天平门，称出称量瓶质量 m_1。然后再用纸条将称量瓶取出，在容器(烧杯或锥形瓶)口的上方倾斜称量瓶，用戴着干净称量手套的右手打开瓶盖，用瓶盖轻敲瓶口上缘，渐渐倾出样品，样品逐渐落入容器中(图 3-24)，估计达到 0.44～0.45 g 时，再轻轻敲击瓶口边缘，慢慢竖起称量瓶，使瓶口上沿的样品落入容器中，瓶口磨砂处黏附的样品落回称量瓶内，轻轻盖好瓶盖(操作要在容器上方进行，防止试样损失)，将称量瓶放回称量盘上，称出其质量 m_2，读数并记录 m_1-m_2 的差值。若差值小于 0.44 g，应再次倾样至差值达到 0.44～0.45 g，但次数不能太多；若差值大于 0.45 g，应弃去试样，重新称量。

图 3-23　称量瓶拿法　　　　　　图 3-24　差减称量法倾样

进行分析称量工作不仅需要训练有素，具有较好的基础理论知识、熟练的操作技能，而且要求具有细心、耐心、整洁和严格遵守天平使用操作规程的良好习惯，依据方法概要和实际需要，正确选择称量方式，快速准确地进行试样的称量。

3.3.2　酸度计

酸度计(pH 计)是指用来测定溶液 pH 的仪器，除水溶液外，还可用于测定有色、浑浊、胶体溶液的 pH。其体积小、检测迅速、使用方便，广泛应用于环境监测、化学工业、食品工业、医药生产等领域。

根据测量所需精度选择相应精度级的 pH 计。常见 pH 计按测量精度分为 0.2 级、0.1 级、0.02 级、0.01 级、0.001 级，各级所对应的 pH 最小显示值分别为 0.2、0.1、0.02、0.01、0.001。一般实验室常用的 pH 计的精度为 0.01。

笔式酸度计的使用

1. pH 计基本工作原理

pH 计的种类和形式越来越多，普遍应用的是数显型 pH 计。各类 pH 计的工作原理和使用方法相近。

pH 计是由 pH 玻璃复合电极(简称 pH 电极)和直流放大器构成。pH 电极在不同酸度被测溶液中所产生的直流电势，输入用高输入阻抗集成运算放大器组成的直流放大器，以达到指示被测溶液的 pH 的目的。该仪器除测量溶液酸度之外，也可以测定溶液在该组电极下的电极电势。

pH 计是以玻璃电极作指示电极，Ag-AgCl 电极作参比电极，将电极插入溶液中即构成一个工作电池，用 pH 计测量电池的电动势。电池符号为

(−) Ag，AgCl｜KCl，磷酸盐缓冲溶液 (pH=7)｜玻璃膜｜试液‖KCl(3.0 mol·L⁻¹)｜AgCl，Ag(+)

在一定条件下，电池电动势 E 与溶液 pH 呈线性关系，具体如下：

$$E = \varphi_{参} - \varphi_{玻} = K + 0.0591\text{V} \cdot \text{pH}$$

式中：常数项 K 随溶液的组成、电极类型和使用时间长短等的不同而不同，其准确值不易测出。在实际测量中，一般使用已知 pH 的标准缓冲溶液进行校正(或称定位)，以消去 K 的影响。

图 3-25　pH 计外观

2. pH 计的使用

下面以 pHS-3C 型 pH 计(图 3-25)为例，介绍 pH 计的使用。

1) 仪器准备

开机前，按说明书连接好电极与 pH 计，将复合电极下端的保护外套取下，并且拉下电极上端的橡胶塞，露出上端小孔，检查电极下端的玻璃膜是否完好。将完好的复合电极安装在电极架上，将电极下端插入盛有去离子水的烧杯中，接通电源，打开开关，预热 15min。

2) pH 电极的标定

a. 温度设置

为避免温度变化引起电极响应产生的实验误差，需进行温度设置。用温度计测量 pH = 6.86 的标准缓冲溶液的温度，将复合电极用去离子水冲洗干净，并用洁净吸水纸轻轻吸去电极外的水后，放入上述标准缓冲溶液中，轻轻晃动小烧杯，使电极与溶液充分接触(注意不要碰触电极的玻璃泡)。按下"温度"按钮，调节"▲"或"▼"(图 3-26)，使 pH 计所显示的温度值等于温度计的测量值。按"确定"按钮，完成温度设置。

b. pH 电极的标定(两点标定)

按"pH/mV"按钮，待屏幕右上角显示"pH"，仪器进入 pH 测定状态，待读数稳定后，再按"定位"按钮，仪器显示"Std YES"字样，按"确定"按钮，仪器进入自动标定状态，当仪器显示溶液的 pH 为 6.86，按"确定"按钮，完成 pH = 6.86 的定位。

图 3-26　pH 计面板

pH 计的使用

同理将电极从 pH = 6.86 的标准缓冲溶液中取出，用去离子水清洗干净后，放入 pH = 4.00 标准缓冲溶液中(注：该标准缓冲溶液需根据待测试液的酸碱性进行选择，若为酸性选用 pH = 4.00 的标准缓冲溶液，若为碱性选用 pH = 9.18

的标准缓冲溶液)，稍稍晃动烧杯，使电极与溶液充分接触，待读数稳定后，按"斜率"按钮，仪器进入自动标定状态，当仪器显示溶液的 pH 为 4.00，按"确定"按钮，完成 pH = 4.00 的定位。

pH 标定完成后，pH 计即可使用。若连续使用 pH 计，每天至少要标定一次。

3) pH 测量

用去离子水清洗电极，用吸水纸吸干电极表面的水，将其插入盛有待测溶液的小烧杯中，轻轻晃动烧杯使其均匀，静置，待读数稳定时记录 pH。

4) 仪器整理

测量完毕后，关闭电源，pH 电极需用去离子水冲洗干净后，及时将电极保护套套上，电极保护套内应放少量外参比补充液，以保持电极球泡的湿润，切忌浸泡在蒸馏水中。

3.3.3　分光光度计

分光光度计是化学实验室常用分析仪器之一，根据光源范围分为可见分光光度计和紫外(UV) -可见分光光度计。可见分光光度计用于对可见光有特征吸收的物质分析，而紫外-可见分光光度计用于对可见或紫外光有特征吸收的物质分析。

1. 基本构造

分光光度计的基本构造为光源、单色器、检测室(样品室)、检测器、显示器等几个部分(图 3-27)。仪器型号不同，各部分的构造有所不同。

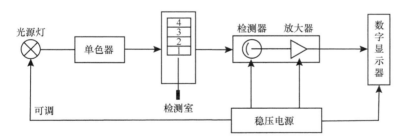

图 3-27　分光光度计基本构造原理

光源发出的复合光通过棱镜或光栅等单色器得到测定所需的单色光，单色光再通过检测室比色皿内的溶液，透射出来的光强度信号被检测器内的光电倍增管检测、放大为电信号，最后通过显示器得到溶液的吸光度值 A 或透光率值 T。

实验室较为常用的 722s 型可见分光光度计，其采用自准式单光束光路，波长范围为 360～800 nm，用碘钨灯作光源。UVmini-1240 型紫外-可见分光光度计的波长范围为 200～1200 nm，用氘灯作光源。

2. 分光光度计使用方法

下面分别以 722s 型可见分光光度计(图 3-28)、UVmini-1240 型紫外-可见分光光度计(图 3-29)和 N₂S 型分光光度计为例介绍三种分光光度计的操作。

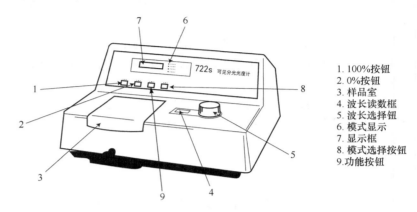

1. 100%按钮
2. 0%按钮
3. 样品室
4. 波长读数框
5. 波长选择钮
6. 模式显示
7. 显示框
8. 模式选择按钮
9. 功能按钮

图 3-28　722s 型可见分光光度计外观图

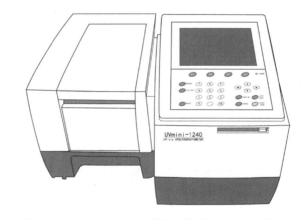

图 3-29　UVmini-1240 型紫外-可见分光光度计外观图

722s 型可见分光光度计的使用

1) 722s 型可见分光光度计的操作步骤

a. 开机预热

插上电源插头，开启电源开关，显示器及指示灯亮。为保证灯及电子部分热平衡，仪器需在打开样品室盖的状态下预热 30 min。

b. 设定测定波长

旋转波长选择钮"5"，使波长读数框"4"内的指针指示测定所需波长。

c. 装溶液

手持比色皿磨砂面,将溶液装入比色皿中,待液面至皿身 3/4 时,停止加液。将装有溶液的比色皿用吸水纸擦干后装入样品室池位中。

d. 调整 $T = 0\%$ 和 $T = 100\%$

仪器预热并显示数字稳定后,手握比色皿磨砂面,将其放入比色皿座架中,比色皿光面对准光路。将参比溶液放在最靠近自己的第一格内，其余溶液依次置于比色皿架上(比色皿透光部分表面不能有指印、溶液痕迹，被测溶液中不能有气泡、悬浮物，否则将影响样品测试的精度)。将样品室盖轻轻盖上，将参比池推入光路，调节"100%"按钮，使数字显示正好为"100.0"。再打开样品室盖，此时光门自动关闭，光电管不受光，调节"0%"按钮，使数字显示为"0.0"。重复上述操作，至仪器读数稳定。

e. 样品吸光度 A 的测定

将模式选择置于"吸光度"，确认空白液置于光路中，且吸光度为"0.000"，轻轻拉动比色皿架拉手，拉杆要移动平稳，使待测溶液进入光路，此时显示数字即为该待测溶液的吸光度值。

f. 关机

测量完毕，将比色皿取出，切断电源。清洗所用比色皿，倒置于吸水纸上待其内部的水流干，再用细软的吸水纸擦干外部，放入盒中。

2) UVmini-1240 型紫外-可见分光光度计的操作步骤

紫外-可见分光光度计的操作较为复杂，不同型号仪器操作流程有所不同，应依据仪器说明书进行操作。这里仅介绍 UVmini-1240 型仪器的基本使用方法。

a. 开机和初始化

打开仪器样品室盖板，取出其中用于干燥的硅胶袋，确保样品室光路无物体阻挡。再关上样品室盖板，打开仪器电源开关。显示屏上出现"初始化"亮条，按下"ENTER"键，仪器即进入自检程序，约 10 min 后，每个项目自检结束，则相应地显示"OK"字样。若检测异常则出现"NG"字样，此时应及时上报指导教师。自检过程中不得打开样品室盖板。仪器自检结束后，屏幕显示"方式菜单"，预热 30 min。

UVmini-1240 型紫外-可见分光光度计的使用

b. 测量参数设置

预热结束后，按控制面板中的"2"选择"光谱"，进入光谱模式，设置测量参数，先将光标移动至选择项目，按下"ENTER"键进行确认(图 3-30)。设定测量模式为"ABS"(吸光度模式)，根据实验所需设定扫描波长范围，设定吸光度记录范围，按控制面板左下侧的数字按钮，输入吸光度值"0.000"，按下"ENTER"键，再输入"0.500"(可根据溶液浓度调整此值)，按下"ENTER"键，则设定吸光度值记录范围为 0.000～0.500；设定扫描速度为中速，扫描次数为 1，显示方式为重叠。然后按"F3"选择"样品室"，进入样品室界面，屏幕提示"未初始化"，按"F1"选择"初始化"进行初始化。待屏幕显示"设置六池组件"后，仪器开始对样品室初始化，待初始化结束后，按"ENTER"键确认，回到光谱模式。

c. 基线校正

手握比色皿磨砂面，将空白溶液、标准溶液和样品溶液分别装入比色皿中，待液面至比色皿高度的 3/4 时，停止加液，将装有溶液的比色皿用吸水纸擦干后分别装入样品室池位中，比色皿光面对准光路，空白溶液装入最靠近自己的 1号池位，其余溶液依次放入各个池位。在样品室界面中，按"F3"选择"移动池"，当屏幕显示池位=1 时，空白溶液处于光路中，按"F1"选择"基线校正"，仪器开始自动校正基线，扫描结束后完成基线校正。

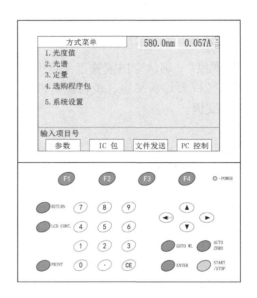

图 3-30　UVmini-1240 型紫外-可见分光光度计控制面板及屏幕

d. 吸收曲线绘制及确定最大吸收波长

按"F3"选择"移动池"，当屏幕显示池位=2 时，将标准溶液处于光路中，按"RETURN"键，返回吸收曲线界面，按"START/STOP"键，待仪器自动绘制出吸收曲线后，按"F2"选择"峰"获得最大吸收波长，然后按"RETURN"键，屏幕显示"是否删除数据"，按"▶"键选择"OK"，从而删除数据。

e. 吸光度的测定

按"ENTER"键，返回至"方式菜单"，按"1"选择"光度值"，按"GOTO WL"输入入射光波长后，按"ENTER"键确认。按"F3"选择"移动池"，当屏幕显示池位=1 时，空白溶液处于光路中，按"AUTO ZERO"键，仪器将吸光度值自动调至"0.000"。再选择"样品室"界面，选择"移动池"调整池位，将标准溶液依次对准光路，按"RETURN"键，获得标准溶液的吸光度值。再依次选择"样品室""移动池"调整池位，先将样品溶液对准光路，按"RETURN"键，获得样品溶液的吸光度值。

f. 标准曲线的制作及吸光度的测定(标准曲线法)

返回"方式菜单"，按"3"进入"定量"模式中，按"2"键选择"定量方法"，选"多点校正曲线法"，输入标准样品数目、校准曲线方程的次数和零截距条件，然后按"RETURN"键返回"参数配置"界面。按"3"键选择"测定次数"，设置重复测量次数，然后按"RETURN"键返回"参数配置"界面。按"4"选"单位"键选择样品浓度单位，然后按"RETURN"键返回"参数配置"界面。按"START"键时出现标准样品浓度(浓度表)输入屏幕，按顺序输入标准样品浓度，完成后，出现"键入"或"测定"吸光度值的选项，选择"测定"。按"F3"选择"移动池"，当屏幕显示池位=1 时，空白溶液处于光路中，点击"AUTO ZERO"键，仪器将吸光度值自动调至"0.000"。再依次选择"样品室""移动池"调整池位，将一系列标准溶液依次对准光路，按"RETURN"键，获得一系列标准溶液的吸光度值。待系列标准溶液的吸光度值输入完成后，在该屏幕下按"F1"键可查看校准曲线，再在当前屏幕下按"F2"键查看标准曲线方程和相关系数是否符合要求，符合后按"RETURN"返回到"参数配置"界面，此时按"F4"保存测量参数和校准曲线。

再将样品溶液对准光路，按"RETURN"键，获得样品溶液的吸光度值及相应浓度。按"F4"键保存测量数据或按"CE"清除当前数据。

3) N₂S 型分光光度计的操作步骤

a. 开机自检

仪器接通电源，显示屏幕出现欢迎界面，稍后仪器进行系统自检，进入初始化状态(注：初始化过程中请勿打开样品室盖)。

b. 参数设置

在屏幕右方主功能区内选"光度测量"，即可进入该模块，优先显示"参数设置"功能界面(图 3-31)，界面内容如下：

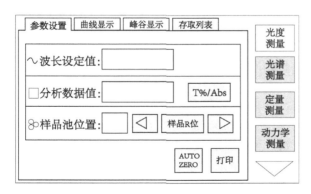

图 3-31　参数设置界面

【波长设定值】：选中波长设定值后的输入框"□"，弹出数字键盘，键入所需测定的波长值，按"ENTER"键确定，仪器自动将波长移动到所需测定的波长值。

【分析数据值】：将会显示实时测试信息。可以通过"T%/Abs"转换键进行切换查看。点击分析数据值后的输入框"□"，会有放大显示数据框，方便查看。

【样品池位置】：将会显示当前样品池位置编号。

【T%/Abs】：显示数值的 T(透射比)与 Abs(吸光度)转换键。

【◁】和【▷】：比色皿架移动键，进行比色皿架的移位。按键一次比色皿架移动一次，初始位为 R，依次为 S1、S2、S3、S4、S5、S6、S7。向左是退回，向右是前进。

【AUTO ZERO】：调零基线。

【样品 R 位】：将比色皿架移动至初始位。

c. 光度测量

先设定测试波长。将所需参数输入，用配对比色皿分别倒入参比样品与待测样品。打开样品室将它们分别放至比色皿架 R、S1，盖好样品室盖，然后按下"AUTO ZERO"键。屏幕提示"调零中"，仪器自动调整 0%(暗电流)及 100%(满度)。自调结束屏幕提示消失，按右方向键，比色皿架移至 S1，此时就可得到所需待测样品数据。

d. 光谱测量

首先进行参数设置，在屏幕右方主功能区内选中"光谱测量"后，即可进入此功能模块。优先显示的是"参数设置"功能界面(图 3-32)，内容如下：

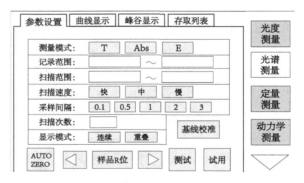

图 3-32　光谱测量界面

【测量模式】：有三种选择，即"T"(透射比)、"Abs"(吸光度)、"E"(能量)。连续按"E"键，调整前置放大器倍率：1、2、3、4。

【记录范围】：该记录范围对应不同的测量模式，可根据需要，在记录范围后的输入框内进行输入和修改相应的数字。选择记录范围后的输入框，弹出数字键盘，直接键入相应数据。左面输入框内为测量下限，右面输入框内为测量上限。其中，T 范围为 $-1.00\%\sim200.0\%$，Abs 范围为 $-0.301\sim4.0000$，E 范围为 $0.000\sim300.0$。

【扫描范围】：按选扫描范围后的输入框，弹出数字键盘，直接键入开始波长和结束波长。波长值的定义顺序：从左至右为起始波长和结束波长。

【扫描速度】：分为三挡，三个按钮，即"快""中""慢"，直接根据需要按相应按钮。

【采样间隔】：分为五挡，五个按钮，即"0.1""0.5""1""2""3"。

【扫描次数】：根据需要选择。按选扫描次数后的输入框，输入扫描次数，其范围为 1～3 次。

【显示模式】：分为"连续"和"重叠"两种模式。连续模式：屏幕上只显示一条谱线。重叠模式：屏幕显示谱线数与扫描次数相同。如果扫描次数大于 2 次，每次扫描完成后需按"测试"键再进行扫描。

3. 分光光度计使用的注意事项

(1) 仪器不能放在阳光直射的地方，避免光电元件不必要的曝光，每次仪器使用完毕后，用防尘套罩住整台仪器。

(2) 仪器放置环境要保持干燥，每次测试前后，都需检查样品室内是否干燥，否则必须用滤纸吸干，因样品溶液蒸发、气化后，其原子或分子就会充满样品室的光路，发生测量错误或影响仪器使用寿命。仪器不用时，需在样品室内放数袋硅胶，以免灯室和检测室受潮、反射镜发霉，影响仪器使用。注意检查干燥剂，当其有一半变色时需及时更换。

(3) 为保证测试的准确性，测试中仪器不能随意挪动位置。测试中大幅度改变测试波长时，需等数分钟后才能正常工作(因波长由长波向短波或短波向长波移动时，光能量变化急剧，光电管受光后响应较慢，需要一段光响应平衡时间)。

(4) 比色皿使用过程中，避免硬的物品划伤透光面，不得用手接触比色皿的透光面，只能用镜头纸或脱脂棉轻轻擦拭。每台仪器所配套的比色皿不能与其他仪器上的比色皿单个调换。每次使用时需校正比色皿，以确定一组比色皿对光的吸收程度一致，以免引起测定误差。

(5) 为延长光源使用寿命，仪器连续使用时间不得超过 3 h，若需长时间使用，最好间歇 30 min。开机期间，不测定样品时，不得闭合样品室盖。刚关闭的光源灯不能立即重新开启，要等其冷却到室温后再开。

3.3.4　电导率仪

电导率是溶液导电能力的表现，其数值在多数情况下和溶液中离子浓度成正比，与测量电极面积及电极间距离无关，通过电导率值可确定溶液中离子总浓度或含盐量。电导率仪则是以电化学测量方法测定溶液电导率的仪器，被广泛应用于石油化工、生物医药、污水处理、环境监测、矿山冶炼等行业。

下面以 DDS-307A 型电导率仪为例，介绍电导率的测定方法。

仪器控制面板如图 3-33 所示。在测量状态下，按"电导率/TDS"键可以切换显示电导率和 TDS[1]；按"温度"键设置当前的温度值；按"电极常数"和"常数调节"键进行电极常数和常数的设置。

[1]　TDS(total dissolve solid，总溶解性固体)，测量单位为 mg·L^{-1}，它表明每升水中溶有多少毫克溶解性固体。TDS 值越高，表示水中含有的溶解物越多。

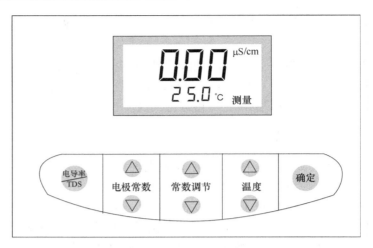

图 3-33　DDS-307A 型电导率仪控制面板

1. 电导率的测定

1) 准备工作

仪器在电导率值为 $0\sim1\times10^5\ \mu S \cdot cm^{-1}$，TDS 值范围为 $0\sim1000\ mg \cdot L^{-1}$ 可以自动调节电导率值的量程，超出此范围则需更换仪器。

将电极用去离子水清洗干净后，用去离子水浸泡数小时，以备用。铂黑系列电导电极的铂金片表面附着有疏松的铂黑层，只能用去离子水进行冲洗，不能擦洗，否则会损坏铂黑层。

按照仪器说明书，将电极与电导率仪连接好。接通电源，打开仪器电源开关，仪器进入测量状态，预热 30 min 后，开始操作。

2) 设置温度

如果配有温度电极，当温度电极放入溶液中时，仪器显示的温度数值即为自动测量溶液的温度值，不需要手动进行温度设置。

如果没有温度电极，需要手动设置温度。方法如下：先用温度计测得被测溶液的温度值，然后按"电导率/TDS"键，仪器进入测量状态，再按"温度"键的"△"或"▽"，调整所显示的温度数值为待测溶液的实际温度，按"确认"键，确认所选择的温度值，完成温度设置。

3) 设置电极常数和常数数值

电导电极的电极常数有 0.01、0.1、1.0、10 四种类型，电极常数值均贴在每支电极的导线上，测量时需根据所标识的电极常数值进行设置。先按"电导率/TDS"键，仪器进入测量状态，再按"电极常数"键，进入电极常数设置状态，屏幕中央显示的是常数数值，右下角显示的数是电极常数类型。按"电极常数"键的"△"或"▽"，右下角数值在 10、1.0、0.1、0.01 之间转换；按"常数调节"键的"△"或"▽"，可调整屏幕中央显示数值大小。例如，某电导电极本身所标识的电极常数为"0.01010"，则选择"电极常数"数值为"0.01"，并按"确认"键；

接着按"常数调节"键的"△"或"▽"，使常数数值显示"1.010"，此时电极常数值为上下两组数值的乘积，即 1.010×0.01=0.01010。按"确认"键，完成电极常数及常数数值的设置。

4) 测定溶液电导率/TDS

按"电导率/TDS"键，仪器进入测量状态。用去离子水将电导电极和温度电极头部清洗干净，再用待测溶液冲洗两遍，将电极插入待测溶液，使溶液与电极充分接触，待屏幕中央显示的数值稳定后，记录数据，即为所测溶液的电导率值和溶液的温度值。

5) 关机

使用完毕，按仪器"开/关"键，关闭仪器。测试完样品后，所用电极应浸没在去离子水中，如果 6 h 以上不用，电极需洗干净后放入空的保护瓶中存放。

2.电极常数标定

电导电极出厂时，每支电极都标有电极常数值，电极在放置一段时间或使用一段时间后，其电极常数有可能变化，为保证测量精度，需对电极常数重新标定。

下面简单介绍标准溶液法对电极进行标定的过程。因为 KCl 溶液的电导率在不同温度和浓度情况下都非常准确和稳定，所以常用 KCl 溶液作为标准溶液。根据电极常数大小，查表 3-7，选择合适的标准溶液和配制方法。配制标准溶液的 KCl 用一级试剂，并在 110℃烘箱中烘 4 h 后取出，在干燥器中冷却后，方可称量。

表 3-7 测定不同电极常数所用 KCl 标准溶液浓度

电极常数/cm⁻¹	KCl 标准溶液 近似浓度/(mol·L⁻¹)	KCl 溶液质量浓度/(g·L⁻¹) （20℃空气中）
0.01	1	74.2457
0.1	0.1	7.4365
1	0.01	0.7440
10	0.001	0.07440[2]

[2] 用 100 mL·L⁻¹ KCl 溶液稀释至 1000 mL。

断开温度电极，将电导电极头部用去离子水冲洗干净，用滤纸擦干电极表面水分，放入 25.0℃恒温的 0.01 mol·L⁻¹ KCl 标准溶液中，手动设置温度为 25.0℃，待显示屏上示数稳定后，即为所测电导率值 $K_测$，按照 $J=K_标/K_测$，计算电极常数 J。其中，$K_测$ 为采用待校正电极测得的溶液电导率，$K_标$ 为标准溶液的标准电导率（表 3-8）。

表 3-8　KCl 标准溶液近似浓度与电导率值的关系

温度/℃	电导率/(S · cm⁻¹)			
	1 mol · L⁻¹ KCl	0.1 mol · L⁻¹ KCl	0.01 mol · L⁻¹ KCl	0.001 mol · L⁻¹ KCl
15	0.09212	0.010455	0.0011414	0.0001185
18	0.09780	0.011163	0.0012200	0.0001267
20	0.10170	0.011644	0.0012737	0.0001322
25	0.11131	0.012852	0.0014083	0.0001465
35	0.13110	0.015351	0.0016876	0.0001765

3. 电导率仪使用注意事项

(1) 根据样品的电导率值选择电导电极的电极常数值范围,同时应定期进行电极常数值标定,若与标识值差别较大,应及时更换电极。

(2) 本仪器在连接温度电极或者手动输入温度后,仪器会按照一定的温补系数将数值换算到 25.0℃的电导率值。但是这个数值和真实 25.0℃下的电导率值可能会有差别,建议尽量在 25.0℃左右测量。如不需补偿,拔去温度电极,测得的数值就是当时溶液的电导率值。

(3) 由于铂黑电极的铂金片表面附着有疏松的铂黑层,在测量时会吸附样品,使用完毕后,一定要将电极冲洗干净,清洗电极时要避免碰触铂黑层。在非工作状态时,电极头部应该浸泡在去离子水中。

(4) 为确保测量精度,电极使用前应用电导率值小于 0.5 μS · cm⁻¹的去离子水(或蒸馏水)冲洗两次,然后用被测试样冲洗后方可测量。电极初次使用前,电极头部需用乙醇浸泡 2 h 以上。

(5) 在测量高纯水的电导率时应避免污染,最好采用密封、流动的测量方式,否则其电导率将很快升高。这是因为空气中的二氧化碳溶入高纯水后,就变成了具有导电性能的碳酸根离子而影响测量值。

第4章　实验误差与数据处理

4.1　测量误差

化学实验常常需要进行定量测定，然后由实验测得的数据经过计算得到分析结果。结果的准确与否关系到实验结论。任何测量中，无论仪器多么精密、测量方法多么完善、测量过程多么精细，测量结果总是带有误差，误差是客观存在的，绝对的准确是没有的。

根据误差的性质可分为系统误差和偶然误差。

4.1.1　系统误差

由固定因素引起，多次测量同一物理量，绝对误差 E_a 的大小和方向不变。根据系统误差的性质和产生原因，可分为以下几类：

(1) 仪器误差：测量仪器本身精度限制，仪器未经校准。

(2) 试剂误差：实验所用试剂的纯度不高，实验所用溶剂含干扰离子等。

(3) 方法误差：实验方法本身存在缺陷造成的测定结果的误差。不同实验方法的操作和原理不同、干扰因素的存在等影响测量结果的准确程度。一般公认标准方法误差最小。

(4) 人为影响：实验操作者主观因素造成。例如，对滴定管读数时习惯性偏高，终点指示剂颜色的判断偏深或偏浅，导致结果偏低或偏高等。

由于系统误差具有单向性，可以测定，一般可以较好地消除此类误差对实验的影响。

4.1.2　偶然误差

此类误差的原因不明确，如实验室内温度、气压以及湿度等的微小波动造成的误差。同一条件下多次测量同一物理量，绝对误差 E_a 的大小和方向具有偶然性，不恒定。可以通过增加测量次数，减小偶然误差对实验的影响。

4.1.3　误差的表示

1. 准确度与误差

准确度表示测定结果与真实值的接近程度，用误差 E 表示。测定结果与真实值之间的差值称为误差。误差分为绝对误差 E_a 和相对误差 E_r。

$$E_a = x - T \ , \quad E_r = \frac{x - T}{T}$$

式中：x 为测定值；T 为真实值。

2. 精密度与偏差

精密度是指多次重复测定同一试样所得的各个测定值间的相互接近程度，一般用偏差来衡量。偏差常用下列几种方式表示：

1) 偏差

偏差可分为绝对偏差、相对偏差、平均偏差和相对平均偏差。

绝对偏差：
$$d_i = x_i - \overline{x} \quad (i = 1, 2, \cdots, n)$$

式中：x_i 为测定值；$\overline{x}$ 为算术平均值。

相对偏差：
$$d_r = \frac{d_i}{\overline{x}}$$

平均偏差：
$$\overline{d} = \frac{|d_1| + |d_2| + \cdots + |d_n|}{n}$$

相对平均偏差：
$$\overline{d}_r = \frac{\overline{d}}{\overline{x}}$$

2) 标准偏差

标准偏差：
$$S = \sqrt{\frac{\sum_{i=1}^{n}(x_i - \overline{x})^2}{n-1}}$$

相对标准偏差：
$$S_r = \frac{S}{\overline{x}}$$

3) 相差

对于只做两次平行测定的实验，可用相差表示精密度：
$$相差 = |x_1 - x_2|$$
$$相对相差 = \left| \frac{x_1 - x_2}{\overline{x}} \right|$$

4) 极差

极差是一组数据中最大值和最小值之差：
$$R = x_{max} - x_{min}$$

相对极差：
$$R_r = \frac{R}{\overline{x}}$$

3. 准确度和精密度

准确度表示测量的准确性，精密度表示测量的重现性。在同一条件下，对样品多次平行测定中，精密度高只表示偶然误差小，不能排除系统误差存在的可能性，即精密度高，准确度不一定高。只有消除系统误差的前提下，才能从精密度高低衡量准确度的高低。如果精密度差，实验的重现性低，则实验数据是不可信的，也谈不上准确度高。

4.2　有效数字及其运算规则

4.2.1　有效数字

在定量分析过程中，任何一个测量值的准确度都受测量仪器精度的限制，因此测量数据必须使用有效数字。所谓有效数字，是指仪器实际能够测到的数字，其中最后一位数字是估计值，其余各位是准确值。有效数字数值的大小表示测量值的大小，其数值的有效数位则表示测量仪器的精密程度。

有效数字的最后一位是估读位，即由仪器最小刻度估读的，其数位表达了所用测量仪器的精度大小。因此，有效数字位数是根据测量仪器和观测的精确程度来决定的。

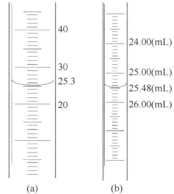

图 4-1　有效数字的读取

例如，在测量液体的体积时，在最小刻度为 0.1 mL 的量筒中测得该液体的弯月面最低处是在 25.3 mL 的位置，如图 4-1(a)所示，其中 25 是直接由量筒的刻度读出，是准确的，而 0.3 mL 是由肉眼估计的，它可能有±0.1 mL 的误差，是可疑的。该液体的液面在量筒中的读数 25.3 mL 均为有效数字，故有效数字为三位。

如果该液体在最小刻度为 0.1 mL 的滴定管中测量时，它的弯月面最低处是在 25.48 mL 的位置，如图 4-1(b)所示，其中 25.4 mL 是直接从滴定管的

刻度读出的，是准确的，而 0.08 mL 是由肉眼估计的，它可能有±0.01 mL 的误差，是可疑的，而该液体的液面在滴定管中的读数 25.48 mL 均为有效数字，故有效数字为四位。

4.2.2　常见仪器读数的记录

由于有效数字中的最后一位数字为估读值，因此记录实验数据时，超过或低于仪器精确程度的数字都是不恰当的。

例如，在台秤上读出的 5.63 g，不能写作 5.6300 g；在分析天平上读出的数值是 5.6300 g，也不能写作 5.63 g，这是因为前者夸大了实验的精确度，后者缩小了实验的精确度。

移液管只有一条刻度线，其精确度如何？例如，25 mL 移液管的精确度为 ±0.01 mL，即读数为 25.00 mL，不能读作 25 mL。同样，容量瓶也只有一条刻度线，例如，50 mL 容量瓶的精确度规定为±0.01 mL，其读数为 50.00 mL。

由上可知，有效数字与数学上的数有着不同的含义，数学上的数仅表示大小，有效数字则不仅表示量的大小，还反映了所用仪器的精确度，各种仪器，由于测量的精确度不同，其有效数字表示的位数也不同，见表 4-1。

表 4-1 常用仪器的读数记录

仪器名称	仪器精确度	读数误差	举例	有效数字
容量瓶(≤50 mL)	0.01 mL	±0.01 mL	25.00 mL	4 位
移液管	0.01 mL	±0.01 mL	25.00 mL	4 位
吸量管	0.01 mL	±0.01 mL	5.00 mL	3 位
滴定管	0.01 mL	±0.01 mL	20.16 mL	4 位
量筒(≤10 mL)	0.1 mL	±0.1 mL	8.7 mL	2 位
100 mL 量筒	1 mL	±1 mL	54 mL	2 位
千分之一电子天平	0.001g	±0.001g	8.006 g	4 位
电子分析天平	0.0001g	±0.0001g	1.5623 g	5 位
pHS-3C 型 pH 计	0.01	±0.01	4.38	3 位
分光光度计	0.001	±0.001	0.483	3 位

4.2.3 有效数位的确定规则

(1) 有效数字中的非零数字都计为有效数位。

(2) 数字"0"若作为普通数字使用时为有效数字，例如，1.8060 g 中"0"均为有效数字；若起定位作用时，则不是有效数字，例如，0.0010 g 中前三个"0"只起定位作用，不是有效数字，而最后一个"0"为有效数字。

(3) 整数的有效数字位数较含糊，在记录数据时，应根据测量精度写成指数形式。例如，4500 g，可能是 2 位、3 位，甚至 4 位有效数字，应根据测量仪器的精度分别记为 4.500×10^3 g(4 位)、4.50×10^3 g(3 位)或 4.5×10^3 g(2 位)。

(4) 对于 pH、pM、$\lg K^{\ominus}$ 等对数值，其有效数字的位数取决于小数部分数字的位数，因其整数部分只代表该数的方次，如 pH = 4.20，换算为 H^+ 浓度时为 $c(H^+)=6.3\times10^{-5}$ mol·L^{-1}，有效数字为 2 位。

(5) 倍数、分数等非测量所得数据，不是有效数字，不考虑其有效数位。

(6) 有效数字不因单位的改变而改变。例如，96.50 kPa 不应写成 96500 Pa，而应写为 9.650×10^4 Pa。

(7) 偏差与误差的计算结果一般保留 1~2 位有效数字即可。

通过下例分析说明有效数字位数的确定及如何正确记录有效数字。

例 4-1 某教师要求学生用万分之一分析天平称量一药片质量，在学生报告的质量记录中有下列数据：

$$2.0300 \text{ g} \quad 0.0020300 \text{ kg} \quad 2.03 \text{ g} \quad 2 \text{ g}$$

上述情况各是几位有效数字？他们的记录是否合理？

解 记为 2.0300 g 和 0.0020300 kg，均为 5 位有效数字，有效数字不因单位的改变而改变，两位同学的记录都正确。

记为 2.03 g，为 3 位有效数字，根据仪器精度，本应是准确数字的"3"成为不确定数，记录错误。

记为 2 g，记录错误，因为"2 g"的有效数位是无法确认的。有可能金属块称准至 2 g 记成一位有效数字，但也可能称了 1.7005 g，记作 2 g。若金属块称准至 2.0000 g，在这种情况下，为避免混淆，应根据测量精度写成 2.0000 g(5 位有效数字)，切忌不能省略数字"2"后面的"0"。

4.2.4　有效数字的计算

1. 有效数字的修约规则(四舍六入五成双)

根据实际要求，将有效数字的位数"1 次修约"为适当有效位数，常遵循"四舍六入五成双"原则。例如，要求保留 n 位有效数字，情况如下：

(1) 第 $n+1$ 位数字小于等于 4 时，后面数字全部舍掉。例如，保留 3 位有效数字：$5.4446 \rightarrow 5.44$。

(2) 第 $n+1$ 位数字大于等于 6 时，则向第 n 位数字进 1。例如，保留 3 位有效数字：$5.4463 \rightarrow 5.45$。

(3) 第 $n+1$ 位数字等于 5 时，有四种情况：

(i) $n+2$ 位为空，第 n 位数字为偶数("0"也看作偶数)时，不进位。例如，保留 3 位有效数字：$5.445 \rightarrow 5.44$。

(ii) $n+2$ 位为空，第 n 位数字为奇数时，则向第 n 位数字进 1。例如，保留 3 位有效数字：$5.435 \rightarrow 5.44$。

(iii) $n+1$ 位后都为"0"，按(i)或(ii)判断。例如，保留 3 位有效数字：$5.4350 \rightarrow 5.44$。

(iv) $n+1$ 位后数字非"0"，第 n 位数字无论奇数或偶数，都向第 n 位数字进 1。例如，21.0254 与 21.035071 取 4 位有效数字时，分别为 21.03 与 21.04。

2. 有效数字的运算规则

1) 加减法

在计算几个数字相加或相减时，所得和或差的有效数字中小数位数应与各加减数中小数位数最少者相同。

例如：　　　$2.0114 + 31.25 + 0.357 = 33.62$

$2.0114^?$　　(右上角标的?代表该数字有误差，为可疑数字)

$31.25^?$

$+　0.357^?$

$\overline{　33.61^?8^?4^? \rightarrow 33.62}$　　(可疑数字的计算必定带有误差，不准确)

三个数字中 31.25 的小数位数最少，小数点后第二位的"5"已带有误差，不够准确，所以计算结果 33.6184 中的"1"已可疑，因此"1"的后面再多保留几位已无意义，也不符合有效数字只保留一位可疑数字的原则。这样相加后，按"四舍六入五成双"的规则处理，结果应是 33.62。

2）乘除法

在计算几个数相乘或相除时，其积或商的有效数字位数，应与各数值中有效数字位数最少者相同，而与小数点的位置无关。

例如：

$$1.202 \times 21 = 25$$

$$
\begin{array}{r}
1.2\ 0\ 2^? \\
\times\ \ \ \ 2\ 1^? \\
\hline
1^?.2^?0^?2^? \\
2\ 4.0\ 4^? \\
\hline
2\ 5^?.2^?4^?2^? \to 25
\end{array}
$$

显然，由于 21 中的"1"是可疑的，积 25.242 中的"5"也可疑，所以保留两位即可，其余按"四舍六入五成双"处理，结果是 25。

因此，乘除法是按照有效位最少的位数来修约。

3）对数

进行对数运算时，对数值的有效数字只由尾数部分的位数决定，首数部分为 10 的幂数，不是有效数字。例如，2345 为四位有效数字，其对数 lg2345 = 3.3701，首数"3"不是有效数字，故尾数部分需保留四位数字，不能记成 lg2345 = 3.370，此时尾数是三位有效数字，与原数 2345 的四位有效数字的有效数位不一致。再如，计算 $c(H^+) = 4.9 \times 10^{-11}$ mol · L^{-1} 溶液的 pH。$c(H^+) = 4.9 \times 10^{-11}$ mol · L^{-1}，是二位有效数字。pH = $-\lg c(H^+)$ = $-$（$\lg 10^{-11}$ + lg4.9）= 11$-$ 0.69 =10.31，该负对数值的首数部分"10"是 10 的幂数，尾数部分"31"的位数决定该数字的有效数位，有效数位仍是两位。反之，由 pH = 10.31 计算氢离子浓度时，也只能记作 $c(H^+) = 4.9 \times 10^{-11}$，而不能记成：$4.898 \times 10^{-11}$。

4.2.5　有效数字计算实例

例 4-2　实验"混合碱组成和含量的测定"中，某学生测得表 4-2 中数据。

表 4-2　混合碱组成和含量的测定

项目	平行实验		
	I	II	III
混合碱的称样量(m)/g	2.7500		
25.00 mL 溶液所含混合碱的质量(m_s)/g	0.27500		
HCl 标准溶液浓度/(mol · L^{-1})	0.1036		
HCl 体积初读数/ mL	0.01		
酚酞指示剂变色时 HCl 体积读数/mL	10.00		
甲基橙指示剂变色时 HCl 体积读数/mL	29.20		

续表

项目	平行实验		
	I	II	III
V_1/mL	9.99		
V_2/mL	19.20		
V_2-V_1/mL	9.21		
$w_{Na_2CO_3}$			
w_{NaHCO_3}			

如表 4-2 中所示第一组滴定，$V_1 = 10.00 - 0.01 = 9.99$(mL)，$V_2 = 29.20 - 10.00 = 19.20$(mL)，$V_2 - V_1 = 19.20 - 9.99 = 9.21$(mL)。

计算 Na_2CO_3 的含量，已知计算公式为

$$w_{Na_2CO_3} = \frac{m_{Na_2CO_3}}{m_{混合碱}} = \frac{c_{HCl} \cdot V_{HCl} \cdot M_{Na_2CO_3}}{m_{混合碱}}$$

$$= \frac{0.1036\ mol \cdot L^{-1}(四位) \times 9.99 \times 10^{-3} L(四位) \times 106.14\ g \cdot mol^{-1}(五位)}{0.27500\ g(五位)}$$

$$= 0.3995(四位)$$

公式计算均为有效数字的乘除法计算，则其中实验数据包括的 HCl 标准溶液的浓度($0.1036\ mol \cdot L^{-1}$)为四位有效数字、混合碱质量(0.27500 g)为五位有效数字，HCl 溶液体积(9.99 mL)为四位有效数字，其为 8、9 开头，有效位数需多算一位，按照有效位数最少修约规则进行修约，结果保留三位有效数字。

此例中需要注意的是，在进行减法计算后一些数据的有效数字位数为三位，如 V_1、V_2-V_1，因此在后续的乘除法运算中，其为 8、9 开头，有效位数需多算一位，这些数据需要按三位有效数字进行计算。Na_2HCO_3 的计算类似。

例 4-3　实验"双氧水中 H_2O_2 含量的测定"中，测定 H_2O_2 含量，某学生测得表 4-3 中数据。

表 4-3　H_2O_2 含量的测定

项目	平行实验		
	I	II	III
H_2O_2 原液取样量/mL		1.50	
H_2O_2 稀释液滴定量/mL		25.00	
$KMnO_4$ 滴定开始体积 V_3/mL	0.00		
$KMnO_4$ 滴定终点体积 V_4/mL	22.00		
$KMnO_4$ 滴定消耗体积(V_4-V_3)/mL	22.00		
原液中 H_2O_2 含量/ $(g \cdot mL^{-1})$			
原液中 H_2O_2 平均含量/ $(g \cdot mL^{-1})$			

已知该学生测得三组平行实验的 $KMnO_4$ 的平均浓度为 $0.02600\ mol \cdot L^{-1}$，计算第一组实验的原液中 H_2O_2 含量：

$$\rho_{H_2O_2} = \frac{5 \times c_{KMnO_4} V_{KMnO_4} \times M_{H_2O_2}}{2 \times V_{H_2O_2} \times \dfrac{25.00\ mL}{250.0\ mL}}$$

$$= \frac{5 \times 0.02600\ mol \cdot L^{-1}(四位) \times 22.00 \times 10^{-3} L(四位) \times 34.015\ g \cdot mol^{-1}(五位)}{2 \times 1.50 \times 10^{-3} L(三位) \times \dfrac{25.00\ mL(四位)}{250.0\ mL(四位)}}$$

$$= 0.324\ g \cdot mL^{-1}(三位)$$

其中，实验数据包括的 $KMnO_4$ 浓度($0.02600\ mol \cdot L^{-1}$)为四位有效数字，体积($22.00\ mL$)为四位有效数字，量取原液 H_2O_2 的体积($1.50\ mL$)为三位有效数字，稀释溶液总体积($250.0\ mL$)为四位有效数字，稀释液滴定体积($25.00\ mL$)为四位有效数字，H_2O_2 的摩尔质量($34.015\ g \cdot mol^{-1}$)为五位有效数字，其余数字均为倍数关系，可视为无限多位有效数字。因此，参与运算的所有数据中，有效数字位数最少的应为量取原液 H_2O_2 的体积 $1.50\ mL$。在计算 $\rho_{H_2O_2}$ 后，修约前数值为 $0.324276\ g \cdot mL^{-1}$，按有效数字位数最少规则修约，应保留三位有效数字，又因为第四位有效数字为 2，小于 5，则直接舍去后面数值，修约后数值为 $0.324\ g \cdot mL^{-1}$。相对平均偏差的计算值一般保留两位有效数字即可，本例中为 0.10%。

4.3　实验数据的记录和处理方法

4.3.1　实验数据的记录

实验数据应按要求记在实验记录本或实验报告本上。学生要有专门的实验数据记录本，标上页数，不得撕去任何一页。绝不允许将数据记在单页纸或小纸片上，或随意记在其他地方。

实验过程中的标准溶液浓度、各种测量数据、有关现象及各种特殊仪器的型号等，应及时、准确而清楚地记录下来，记录实验数据时，要有严谨的科学态度，要实事求是，切忌夹杂主观因素，绝不能随意拼凑和伪造数据。

记录实验数据时，应注意其有效数字的位数。用分析天平称量时，要求记录至 $0.0001\ g$；滴定管及移液管的读数，应记录至 $0.01\ mL$。

实验中的每一个数据，都是测量结果，所以重复测量时，即使数据完全相同，也应记录下来。在实验过程中，如果发现数据算错、测错或读错而需要改动时，可将数据用一横线划去，并在其上方写上正确的数字。

4.3.2　数据的处理方法

在化学实验中，尤其是测定实验，需要测大量的实验数据，并对实验数据进行处理和计算。为了明确、直观地表达这些数据的内在关系，常会将数据用列表法、图解法以及电子表格等方法进行处理。

1. 列表法

做完实验后，获得的大量数据，尽可能整齐、有规律地列表表达出来，以便处理运算。一般实验中普遍应用列表法，特别是记录原始实验数据时，将其列入简明的表格中，使全部数据一目了然，简明方便。

列表时应注意：一张完整的表格包括表的顺序号、名称、项目、说明及数据来源等详细内容。因此，制作表格时要注意以下几点：

(1) 每张表格都应编有序号，且具有简明完备的表格名称，指明所记录数据的基本信息。

(2) 表格的横排称为"行"，竖排称为"列"。每个变量占表中一行，一般先列自变量，后列因变量。每一行的第一列应写出变量的名称及单位。

(3) 每一行所记数据，数字排列要整齐，位数和小数点要对齐，有效数字的位数要合理。原始数据可与处理的结果写在一张表上，在表下注明处理方法和选用的公式。

2. 图解法

无机及分析化学基础实验中，把实验数据绘成图形是实验结果的表示方法之一，通常是在二维直角坐标系中用线图描述所研究的变量间的关系，这种表达往往比用文字更简明和直观。

图解法常可用于：由变量的定量关系求得未知物含量，如外标法的标准曲线图；通过曲线外推法求值，如连续加入法所得的图外推求值；求函数的极值或转折点，如利用光谱吸收曲线求最大吸收波长及摩尔吸光系数等；图解积分和微分，如色谱图上的峰面积计算等。

图解法是否能达到良好的效果与作图技术有密切的关系。下面简单介绍作图所需要注意的问题。

1) 坐标轴的分度及比例的选择

在无机及分析化学实验的作图中，多选择直角坐标纸，绘制坐标轴时需注意：

(1) 选择坐标轴比例尺时，要调整横、纵坐标比例使数据点均匀分布，并能充分利用图纸的全部面积，使全图布局匀称。若所绘图形为直线，则需要调整横纵坐标的比例，使直线斜率尽可能接近 1。

(2) 坐标轴分度选择时，首先要能表示有效数字的全部有效数位，这样才能保证图形所求出数据的准确度与测量的准确度相一致。其次，要能确保读数方便、利于计算，即每小格代表 1、2 或 5 的倍数，避免用 3、6、9 的倍数，而且应把数字标在关键刻度上，如标注 2、4、6、8 或 5、10、15、20 等。

(3) 选定比例尺后，画坐标轴时横轴读数自左至右，纵轴自下而上，另需注明该轴所代表变量的名称及单位。

2) 图形绘制

数据点描绘时可用○、□、△、●、◆、×等符号表示，符号的重心即为数据点所表示的数值。描点时，用细铅笔将所描的点清晰地标在其位置上。在同一坐标系中绘制不同曲线，用不同符号描数据点以示区别。

依据数据点描图形线时，线条要明晰清楚。绘制图形时，必须借助于曲线板或直尺将各点连成线，曲线应光滑均匀，细而清晰。在保证线条平滑的前提下，尽可能贯穿(或接近)大多数数据点，或尽量使数据点均匀分布在曲线的两侧邻近处。点与曲线间的距离表示测量的误差，使所有点与曲线间的距离的平方和最小，才能使描出的线表示被测数值的平均变化情况。选用的直尺或曲线板应该透明，才能全面地观察实验点的分布情况，画出较理想的图形。

3) 图标

每个图应有简明的标题，坐标轴的比例尺，坐标轴表示量的名称、单位、数值大小，有时需要注明测试条件。

3. 计算机处理数据

计算机技术的广泛应用给实验数据处理带来了极大的便利，采用计算机数据处理软件处理实验数据，既有列表法的直观和简洁，又可方便、迅速准确地绘制各种形式的图形，还便于实验信息的统一储存和管理。

Microsoft Excel 软件是常用的应用广泛的一款数据处理软件，可进行方差分析、多元回归分析和线性回归分析、t 检验、随机和顺序抽样等复杂的统计分析。另外，该软件可将分析得到的统计结果绘制成相应的图形。

下面以 Office 2007 为例，介绍使用 Microsoft Excel 数据处理软件绘制标准曲线和吸收曲线的操作方法。

标准曲线及
吸收曲线的
绘制

1) 标准曲线的绘制

下面以分光光度法测定水溶液中磷含量实验为例，介绍该项功能的使用。实验数据见表 4-4。

表 4-4　不同浓度磷溶液的吸光度

浓度/(mg · L^{-1})	0.00	1.00	2.00	3.00	4.00	5.00
吸光度(A)	0.000	0.152	0.282	0.385	0.506	0.671

打开 Microsoft Excel 主程序，在表格中输入变量名称及单位，并在同一列中输入相关数据。第 1 列第 1 格内输入"浓度"及单位"mg · L^{-1}"，在本列其余各格内输入标准溶液系列浓度。在第 2 列第 1 格内输入"吸光度"，在该列其余各格内输入需要处理的吸光度数据。点击鼠标左键，按住左键，拉动鼠标选中所输入的数据，待数据框激活后，如图 4-2 所示。

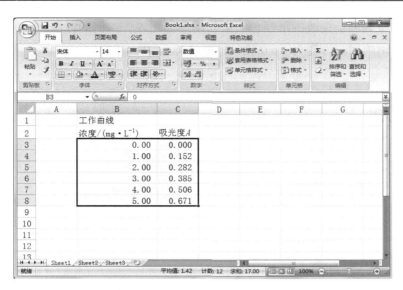

图 4-2　实验数据录入格式

再依次点击"插入"、"图表",弹出对话框后,选择"X Y(散点图)"并在"子图表类型"中选择"散点图",点击"确定"(图 4-3)。出现基本图形,选中图中数据点,点击鼠标右键,选择"添加趋势线"(图 4-4),则出现对话框,如图 4-5 所示。在弹出的对话框中选中"线性",并选中"显示公式"和"显示 R 平方值",即可得到标准曲线和回归方程(图 4-5)。

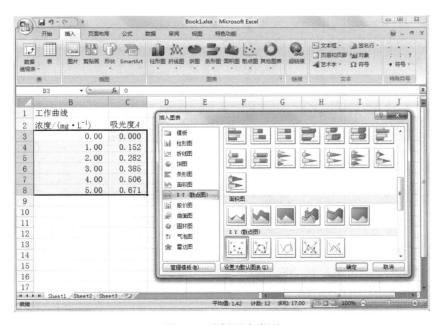

图 4-3　选择图表类型

用鼠标点击图形,再点击鼠标右键,根据出现对话框中的内容对坐标轴加标识、调整刻度、更改图形颜色、添加图形标题等。本例的标准曲线如图 4-6 所示。给出的回归方程为 $y = 0.1291x + 0.0098$，$R^2 = 0.9957$。

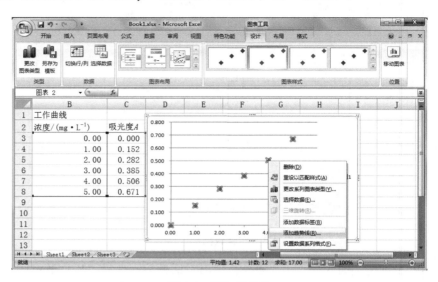

图 4-4　添加趋势线

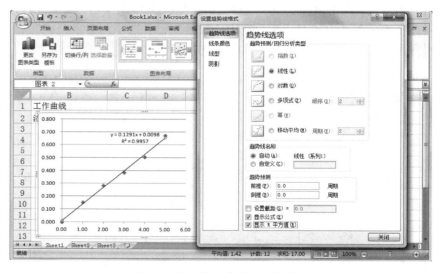

图 4-5　获取标准曲线及回归方程

2) 用 Microsoft Excel 绘制吸收曲线

以邻二氮菲分光光度法测铁的数据(表 4-5)为例，介绍用 Excel 软件绘制吸收曲线的方法。

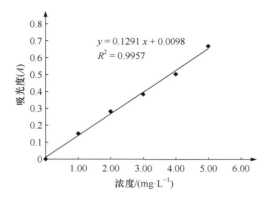

图 4-6　标准曲线及回归方程

表 4-5　不同波长下的吸光度

λ/nm	A	λ/nm	A
440	0.028	510	0.498
450	0.052	520	0.469
460	0.097	530	0.315
470	0.168	540	0.218
480	0.239	550	0.109
490	0.334	560	0.086
500	0.415		

用 Microsoft Excel 绘制吸收曲线时，绘制方法如下：

打开 Microsoft Excel 主程序，在表格中输入数据，第 1 列输入入射光波长 (nm)，第 2 列输入相应波长下的"吸光度 A"数据，如图 4-7 所示。

图 4-7　录入实验数据

　　选中输入的数据，依次点击"插入"、"图表"，选择"X Y(散点图)"，并在"子图表类型"中选择"带有平滑线的 XY 散点图"，点击"确定"，如图 4-8 所示，随即得到初步吸收曲线图(图 4-9)。

图 4-8　选择图表类型

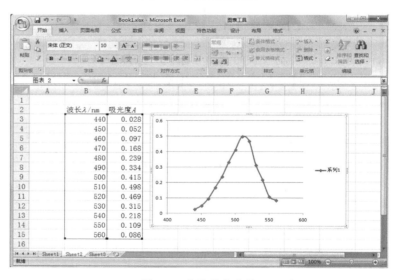

图 4-9　获取吸收曲线

　　用鼠标点击图形，再点击鼠标右键，根据出现的对话框，将图表进一步修饰(如坐标轴的刻度调整、加坐标轴标识、调整曲线颜色等)即可得到吸收曲线(图 4-10)。

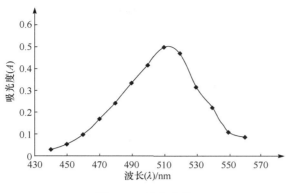

图 4-10　吸收曲线

（撰写人　王建萍）

第 5 章　基　础　实　验

基础实验 1　酸碱溶液的配制及滴定练习

【实验目的】

(1) 学习滴定管、锥形瓶和其他容量器皿的洗涤和使用。

(2) 学习 HCl、NaOH 溶液的配制方法。

(3) 学习滴定操作,掌握滴定管的使用方法。

(4) 熟悉甲基红、酚酞指示剂的使用和终点颜色的变化。

【实验原理】

酸碱滴定中常用的标准溶液是 HCl 和 NaOH 溶液。因为浓 HCl 常含有杂质且易挥发,固体 NaOH 则易吸收空气中的水分和 CO_2,所以必须采用间接法配制,即先配成近似浓度的溶液,然后再通过基准物质标定其准确浓度。

用 HCl 溶液滴定 NaOH 溶液的反应方程式为

$$HCl + NaOH = NaCl + H_2O$$

由反应方程式可知,反应达到化学计量点时,反应物物质的量之比为 1:1,即 $n(\text{HCl}) = n(\text{NaOH})$,终点产物为 NaCl,溶液的 $pH = 7$,滴定突跃范围为 9.70～4.30。指示剂的变色范围在该突跃范围内的有甲基红、酚酞等,均可用来指示滴定终点。

【实验用品】

1. 仪器

玻璃塞细口试剂瓶(500 mL),橡胶塞细口试剂瓶(500 mL),量筒(10 mL、100 mL),酸式滴定管(50 mL),碱式滴定管(50 mL),锥形瓶(250 mL),烧杯(500 mL)。

2. 试剂

HCl 溶液($6 \ \text{mol} \cdot \text{L}^{-1}$),NaOH 溶液($6 \ \text{mol} \cdot \text{L}^{-1}$),酚酞指示剂(0.2%),甲基红指示剂(0.2%)。

【实验步骤】

1. 0.1 mol·L⁻¹ HCl 溶液的配制

用洁净的 10 mL 量筒量取 6 mol·L⁻¹ HCl 溶液 8.4 mL，倒入玻璃塞细口试剂瓶中，再加入约 490 mL 去离子水，盖好玻璃塞，充分摇匀，贴好标签、备用。

2. 0.1 mol·L⁻¹ NaOH 溶液的配制

用洁净的 10 mL 量筒量取 6 mol·L⁻¹ NaOH 溶液 8.4 mL，倒入橡胶塞细口试剂瓶中，再加入约 490 mL 去离子水，盖好橡胶塞，充分摇匀，贴好标签、备用。

酸式滴定管
的滴定操作

3. 滴定练习

1) 滴定准备

取洁净的酸式滴定管、碱式滴定管各一支。用少量配制好的 0.1 mol·L⁻¹ HCl 溶液润洗酸式滴定管 2～3 次，然后再将 HCl 溶液装入酸式滴定管"0"刻度线以上，驱赶气泡，调节液面至"0"刻度线或以下(建议约 0.3 mL 左右，1 min 后液面稳定再读数)，将酸式滴定管夹在滴定管架上，大约 1 min 后取下滴定管读数(准确至小数后两位，如 0.07 mL，0.16 mL 等)，并记录数据，即为 0.1 mol·L⁻¹ HCl 溶液体积的初读数。

酸式滴定管
涂油与旋塞
的固定

按照相同方法将 0.1 mol·L⁻¹ NaOH 溶液装入碱式滴定管中，并记录 NaOH 溶液体积的初读数。

2) HCl 滴定 NaOH 练习

由碱式滴定管放出约 20 mL NaOH 溶液于洁净的锥形瓶中，记录所放出 NaOH 溶液的体积(需准确至小数后两位)，加入 1～2 滴甲基红指示剂，观察溶液颜色，然后将 HCl 溶液逐滴加入锥形瓶中，边滴边摇锥形瓶，操作过程中注意临近终点时，滴入 HCl 溶液时会出现局部红色，摇动后又褪去，此时用少量去离子水冲洗锥形瓶内壁[1]。

[1]目的：将溅到锥形瓶内壁上的酸碱溶液冲至瓶底，以确保反应定量。

再改为半滴加入 HCl 溶液。方法：转动活塞，使溶液聚集成半滴，悬挂在滴定管尖嘴上，但未落下，用锥形瓶内壁接触液滴，再用少量去离子水冲洗锥形瓶内壁，摇动锥形瓶。如此反复，直到刚刚出现橙色而又不消失为止。约 1 min 后取下滴定管读数，并记录数据(准确至小数后两位)，平行测定 3 次，计算单次结果、平均结果和相对平均偏差。

碱式滴定管
的滴定操作

3) NaOH 滴定 HCl 练习

由酸式滴定管放出约 20 mL HCl 溶液于锥形瓶中，记录所放出 HCl 溶液的体积(需准确至小数后两位)，加入 1～2 滴酚酞指示剂，观察溶液颜色，用 NaOH 溶液滴定至溶液由无色变为粉红色且 30 s 内不褪色即为终点。约 1 min 后取下滴定管读数，并记录数据(准确至小数后两位)，平行测定 3 次，计算单次结果、平均结果和相对平均偏差。

酸碱滴定实验
废水的处理

【实验数据记录与处理】

实验数据记录在表 5-1 中。

表 5-1　HCl、NaOH 溶液比较滴定数据记录

项目	平行实验		
	I	II	III
NaOH 体积初读数(V_1)/mL			
NaOH 体积终读数(V_2)/mL			
NaOH 用量 V(NaOH)/mL			
V(NaOH)平均值/mL			
HCl 体积初读数(V_3)/mL			
HCl 体积终读数(V_4)/mL			
HCl 用量 V(HCl)/mL			
V(HCl)平均值/mL			
V(NaOH)/V(HCl)单次体积比			
V(NaOH)/V(HCl)平均值			
相对平均偏差			

【思考题】

(1) 本实验配制溶液时，用量筒量取试剂和去离子水，为什么？

(2) 滴定管为什么在装溶液前必须用该溶液润洗 2～3 次？用于滴定的锥形瓶是否需要润洗？

(3) 滴定时为什么滴定管尖嘴必须伸入锥形瓶瓶口内约 1 cm？为什么锥形瓶应离滴定台底板为 2～3 cm？

(4) 滴定时，溶液滴到锥形瓶内壁上时，该如何处理？

【案例分析】

下面是某位同学"酸碱溶液的配制及滴定练习"的部分实验记录，请指出该同学存在哪些错误？

项目	平行实验		
	I	II	III
NaOH 体积初读数/mL	0	20.1	8.97
NaOH 体积终读数/mL	18.05	39.10	27.80
NaOH 用量 V(NaOH)/mL	18.05	19	18.83

（撰写人　杨淑英）

基础实验 2　酸碱标准溶液的配制与标定

【实验目的】

(1) 熟悉滴定操作、仪器的洗涤。

(2) 学习 HCl、NaOH 标准溶液的配制和标定方法。

(3) 掌握甲基红、酚酞指示剂的使用和终点颜色的变化。

【实验原理】

酸碱滴定中常用的标准溶液是 HCl 和 NaOH 溶液。因为浓 HCl 常含有杂质且易挥发，固体 NaOH 则易吸收空气中的水分和 CO_2，所以必须采用间接法配制，即先配成近似浓度的溶液，然后再通过基准物质标定其准确浓度。

1. NaOH 溶液的标定

NaOH 固体在空气中容易潮解变质，应采用间接法配制其标准溶液，即先将 NaOH 配制成近似所需浓度的溶液，再用基准物质标定。

邻苯二甲酸氢钾($KHC_8H_4O_4$)易制得纯品，摩尔质量大，不吸水，易保存，是标定 NaOH 最理想的基准物质。其标定反应为

$$NaOH + KHC_8H_4O_4 == KNaC_8H_4O_4 + H_2O$$

化学计量点时，体系的 pH 约为 9.0，因此可以选用酚酞为指示剂，体系由无色变为浅红色，30 s 内不褪色为滴定终点。

2. HCl 溶液的标定

标定 HCl 溶液的基准物质常用无水碳酸钠(Na_2CO_3)，反应如下：

$$Na_2CO_3 + 2HCl == 2NaCl + CO_2 \uparrow + H_2O$$

滴定至反应完全时，化学计量点的产物为 H_2CO_3。室温下，H_2CO_3 饱和溶液的浓度约为 0.04 $mol \cdot L^{-1}$，pH 约为 3.89，可用甲基橙作指示剂(变色范围为 $pH = 3.1 \sim 4.4$)，终点颜色由黄色变为橙色。

【实验用品】

1. 仪器

电子分析天平，电热板，碱式滴定管(50 mL)，酸式滴定管(50 mL)，锥形瓶(250 mL)，烧杯(100 mL)，量筒(10mL、100 mL)，玻璃塞细口试剂瓶(500 mL)，橡胶塞细口试剂瓶(500 mL)，容量瓶(250 mL)，移液管(25 mL)。

2. 试剂

HCl 溶液(6 $mol \cdot L^{-1}$)，NaOH 溶液(6 $mol \cdot L^{-1}$)，邻苯二甲酸氢钾(分析纯)，无水碳酸钠(分析纯)，酚酞指示剂(0.2%)，甲基橙指示剂(0.1%)。

【实验步骤】

1. 0.1 $mol \cdot L^{-1}$ NaOH 标准溶液的配制与标定

1) NaOH 标准溶液的配制

用量筒量取 6 mol · L^{-1} 的 NaOH 溶液 8.4 mL，倒入橡胶塞细口试剂瓶中，再用 100 mL 量筒量取约 490 mL 去离子水加入试剂瓶中，盖好橡胶塞，充分摇匀，贴好标签，备用。

2) NaOH 标准溶液的标定

将洗净的碱式滴定管用配制的 NaOH 溶液润洗 3 次，再将 NaOH 溶液装满滴定管，并排出橡皮管内和尖嘴部分的气泡，调整液面至零刻线以下，记录初始读数。

准确称取邻苯二甲酸氢钾 0.4～0.6 g(精确至 0.0001 g)于锥形瓶中，用量筒加入 30 mL 去离子水，使之完全溶解(可适当加热)，滴入 1～2 滴酚酞指示剂，用 NaOH 溶液滴定，当溶液由无色变为浅红色且保持 30 s 不褪色，即为滴定终点，记录终点读数。平行标定 3 次，计算单次结果、平均结果和相对平均偏差。

2. 0.1 mol · L^{-1} HCl 标准溶液的配制与标定

1) HCl 标准溶液的配制

用 10 mL 量筒量取 6 mol · L^{-1} HCl 溶液 8.4 mL，倒入玻璃塞细口试剂瓶中，再加入约 490 mL 去离子水，盖好玻璃塞，充分摇匀，贴好标签，备用。

2) HCl 标准溶液的标定

准确称取 1.1～1.2 g 基准物无水碳酸钠(精确至 0.0001 g)于洁净的小烧杯中，加入约 30 mL 去离子水，充分搅拌使之溶解。将所得溶液全部转移至 250 mL 容量瓶中[1]，用去离子水稀释至刻度，盖好玻璃塞，充分摇匀，贴上标签，备用。

将待标定的 HCl 标准溶液装入酸式滴定管，用移液管准确移取碳酸钠溶液 25.00 mL 于锥形瓶中，加 2～3 滴甲基橙指示剂，用待标定的 HCl 标准溶液滴定，当溶液由黄色变橙色时即为滴定终点，读数并记录。平行标定 3 次，计算单次结果、平均结果和相对平均偏差。

[1] 保证所称量的无水碳酸钠试样全部转移至容量瓶。

容量瓶瓶塞的固定

【实验数据记录与处理】

1. 数据记录

1) 0.1 mol · L^{-1} NaOH 标准溶液的标定(表 5-2)

表 5-2　0.1 mol · L^{-1} NaOH 标准溶液的标定数据记录

项目	平行实验		
	Ⅰ	Ⅱ	Ⅲ
$KHC_8H_4O_4$ 称样质量/g			
NaOH 标准溶液体积初读数/mL			
NaOH 标准溶液体积终读数/mL			
NaOH 标准溶液用量 V(NaOH)/mL			
c(NaOH)/(mol · L^{-1})			
c(NaOH)平均/(mol · L^{-1})			
相对平均偏差/%			

2) 0.1 mol · L⁻¹ HCl 标准溶液的标定(表 5-3)

表 5-3 0.1 mol · L⁻¹ HCl 标准溶液的标定数据记录

项目	平行实验		
	I	II	III
无水 Na_2CO_3 的称样质量/g			
25.00 mL 溶液所含 Na_2CO_3 的质量/g			
HCl 标准溶液体积初读数/mL			
HCl 标准溶液体积终读数/mL			
HCl 标准溶液用量 $V(HCl)$/mL			
$c(HCl)$/(mol · L⁻¹)			
$c(HCl)_{平均}$/(mol · L⁻¹)			
相对平均偏差/%			

2. 数据处理

1) NaOH 标准溶液浓度的计算式

$$c(NaOH) = \frac{m(KHC_8H_4O_4)}{M(KHC_8H_4O_4)V(NaOH) \times 10^{-3}} (mol \cdot L^{-1})$$

式中：$m(KHC_8H_4O_4)$ 为 $KHC_8H_4O_4$ 的质量(g)；$M(KHC_8H_4O_4)$ 为 $KHC_8H_4O_4$ 的摩尔质量(204.22 g · mol⁻¹)；$V(NaOH)$ 为标定消耗 NaOH 标准溶液的体积(mL)。

2) HCl 标准溶液浓度的计算式

$$c(HCl) = \frac{2 \times m(Na_2CO_3)}{M(Na_2CO_3) \times V(HCl) \times 10^{-3}} (mol \cdot L^{-1})$$

式中：$m(Na_2CO_3)$ 为 Na_2CO_3 的质量(g)；$M(Na_2CO_3)$ 为 Na_2CO_3 的摩尔质量(105.99 g · mol⁻¹)；$V(HCl)$ 为标定消耗 HCl 标准溶液的体积(mL)。

【思考题】

(1) 实验室标定 HCl 和 NaOH 标准溶液的常用基准物质有哪些？

(2) 为什么标定 NaOH 标准溶液时可以用量筒量取去离子水加入锥形瓶中，而标定 HCl 标准溶液时，碳酸钠溶液却需要用移液管移取至锥形瓶中？

(3) 在实验中要求称取 1.1～1.2 g 无水碳酸钠的依据是什么，通过计算说明。称量过多或过少会引起什么问题？

【案例分析】

材料一：在用基准物邻苯二甲酸氢钾标定 NaOH 标准溶液时，需量取 25 mL

左右去离子水于锥形瓶中溶解邻苯二甲酸氢钾样品，A 同学用量筒量取，而 B 同学用 25 mL 移液管量取，上述实验中他们仪器的选择有问题吗？请说出理由。

材料二：本实验采用邻苯二甲酸氢钾标定 NaOH 标准溶液，A 同学用酚酞指示剂，B 同学用甲基橙指示剂。请分析上述实验中谁的指示剂选择是正确的，并说明你的理由。

（撰写人　单丽伟）

基础实验 3　食醋中乙酸含量的测定

【实验目的】

(1) 学习强碱滴定弱酸的原理和指示剂的选择。
(2) 进一步熟悉 NaOH 标准溶液的配制与标定。
(3) 掌握称量、移液、定容和滴定等操作技术。

【实验原理】

食醋是一种酸味液态调味品，以粮食淀粉为原料酿制而成。其主要成分是乙酸，含量为 30～50 mg·mL^{-1}。

乙酸为一元弱酸，p$K_a^{\ominus}$ = 4.75，当其浓度高于 5.6×10^{-4} mol·L^{-1}时，满足一元弱酸准确滴定条件 $cK_a^{\ominus}/c^{\ominus} > 10^{-8}$。因此，除去色素的食醋，可用 NaOH 标准溶液直接滴定，根据其消耗量计算食醋中乙酸的含量(质量浓度)。

1. NaOH 标准溶液的标定

NaOH 固体在空气中容易潮解变质，应采用间接法配制其标准溶液，即先将 NaOH 配制成近似所需浓度的溶液，再用基准物质标定。

邻苯二甲酸氢钾(KHC$_8$H$_4$O$_4$)易制得纯品，摩尔质量大，不吸水，易保存，是标定 NaOH 标准溶液最理想的基准物质。其标定反应为

$$NaOH + KHC_8H_4O_4 \Longrightarrow KNaC_8H_4O_4 + H_2O$$

化学计量点时，体系的 pH 约为 9.0，因此可以选用酚酞为指示剂，体系由无色变为浅红色，30 s 内不褪色为滴定终点。

2. HAc 含量的测定

NaOH 标准溶液滴定 HAc 的定量反应方程式为

$$NaOH + HAc \Longrightarrow NaAc + H_2O$$

当达到化学计量点时，产物 NaAc 为强碱弱酸盐(p$K_b^{\ominus}$ 为 9.24)。滴定突跃在碱性范围内，故可以选用酚酞等碱性范围变色指示剂。

【实验用品】

1. 仪器

电子分析天平，电热板，碱式滴定管(50 mL)，锥形瓶(250 mL)，烧杯(100 mL)，量筒(10 mL、100 mL)，细口试剂瓶(500 mL)，容量瓶(250 mL)，移液管(25 mL)。

2. 试剂

食用白醋，NaOH 溶液(6 mol · L^{-1})，邻苯二甲酸氢钾(分析纯)，酚酞指示剂(0.2%)。

【实验步骤】

1. 0.1 mol · L^{-1} NaOH 标准溶液的配制

用量筒量取 6 mol · L^{-1} 的 NaOH 溶液 8.4 mL，倒入细口试剂瓶中，再用 100 mL 量筒量取约 490 mL 去离子水加入试剂瓶中，盖好橡胶塞，充分摇匀，贴好标签，备用。

2. 0.1 mol · L^{-1} NaOH 标准溶液的标定

将洗净的碱式滴定管用配制的 NaOH 标准溶液润洗 3 次，再将 NaOH 标准溶液装满滴定管，并排出橡皮管内和尖嘴部分的气泡，调整液面至零刻线以下，记录初始读数。

准确称取邻苯二甲酸氢钾 0.4～0.6 g(精确至 0.0001 g)于锥形瓶中，用量筒加入 30 mL 去离子水，使之完全溶解(可适当加热)，滴入 1～2 滴酚酞指示剂，用 NaOH 标准溶液滴定，当溶液由无色变为浅红色且保持 30 s 不褪色，即为滴定终点，记录终点读数。平行标定 3 次，计算单次结果、平均结果和相对平均偏差。

3. 食醋中乙酸含量的测定

用移液管准确移取食醋样品 25.00 mL 置于 250 mL 容量瓶中，用去离子水稀释至刻度，摇匀[1]。从容量瓶中准确移取稀释的食醋溶液 25.00 mL 于锥形瓶中，滴入 1～2 滴酚酞指示剂，用 NaOH 标准溶液滴定，当溶液由无色变为浅红色且保持 30 s 不褪色，为滴定终点，记录终点读数。平行测定 3 次，计算单次结果、平均结果和相对平均偏差。根据测定结果计算食醋样品中乙酸的含量。

[1] 目的：将食醋样品稀释到适合滴定的浓度。

【实验数据记录与处理】

1. 数据记录

1) 0.1 mol · L^{-1} NaOH 标准溶液的标定(表 5-4)

表 5-4　0.1 mol · L⁻¹ NaOH 标准溶液的标定数据记录

项目	平行实验		
	Ⅰ	Ⅱ	Ⅲ
KHC₈H₄O₄ 称样质量/g			
NaOH 标准溶液体积初读数/mL			
NaOH 标准溶液体积终读数/mL			
NaOH 标准溶液用量 V(NaOH)/mL			
c(NaOH)/(mol · L⁻¹)			
c(NaOH)平均/(mol · L⁻¹)			
相对平均偏差/%			

2) 食醋中乙酸含量的测定(表 5-5)

表 5-5　食醋中乙酸含量的测定数据记录

项目	平行实验		
	Ⅰ	Ⅱ	Ⅲ
食醋原液体积($V_{原液}$)/mL			
25.00 mL 食醋稀释液中原液量($V_{测}$)/mL			
NaOH 标准溶液体积初读数/mL			
NaOH 标准溶液体积终读数/mL			
NaOH 溶液用量 V(NaOH)/mL			
ρ(HAc)/(g · L⁻¹)			
ρ(HAc)平均/(g · L⁻¹)			
相对平均偏差/%			

2. 数据处理

1) NaOH 标准溶液浓度的计算式

$$c(\text{NaOH}) = \frac{m(\text{KHC}_8\text{H}_4\text{O}_4)}{M(\text{KHC}_8\text{H}_4\text{O}_4)V(\text{NaOH}) \times 10^{-3}}\ (\text{mol} \cdot \text{L}^{-1})$$

式中：m(KHC₈H₄O₄)为 KHC₈H₄O₄ 的质量(g)；M(KHC₈H₄O₄)为 KHC₈H₄O₄ 的摩尔质量(204.22 g · mol⁻¹)；V(NaOH)为标定消耗 NaOH 标准溶液的体积(mL)。

2) HAc 的含量计算式

$$\rho(\text{HAc}) = \frac{c(\text{NaOH})V(\text{NaOH})M(\text{HAc})}{V(\text{HAc})_{测}}\ (\text{g} \cdot \text{L}^{-1})$$

式中：c(NaOH)为 NaOH 标准溶液的浓度(mol · L⁻¹)；V(NaOH)为测定食醋所消耗

NaOH 标准溶液的体积(mL)；M(HAc)为 HAc 的摩尔质量(60.052 g·mol^{-1})；V(HAc)$_{测}$为测定所用食醋原溶液的体积(mL)。

【思考题】

(1) 为什么本实验中食醋样品需要稀释？为什么稀释时必须要用容量瓶和移液管？

(2) 为什么配制 NaOH 标准溶液时用量筒量取试剂和去离子水，而稀释食醋溶液时却需要用容量瓶定容？

(3) 在实验中要求称取 $0.4\sim0.6$ g 邻苯二甲酸氢钾的依据是什么，通过计算说明。称量过多或过少会引起什么问题？

(4) 用 NaOH 标准溶液测定 HAc 浓度时，为什么指示剂用酚酞而不能用甲基红或甲基橙？

【案例分析】

材料一：计算食醋中乙酸浓度时，会出现计算浓度大约是实际浓度的 1/10 的情况，是什么原因导致的？

材料二：下面是某位同学的"食醋中乙酸含量的测定"的部分实验记录，请指出该同学存在哪些错误。

项目	平行实验		
	Ⅰ	Ⅱ	Ⅲ
食醋原液体积（$V_{原液}$）/mL	25		
25.00 mL 食醋稀释液中原液量（$V_{测}$）/mL	2.5		
NaOH 溶液体积初读数/mL	0.01	0.05	0.1
NaOH 溶液体积终读数/mL	23.12	25.75	21.86
NaOH 溶液用量 V(NaOH)/mL	23.11	25.70	21.76

(撰写人 李晓舟)

基础实验 4 混合碱组成和含量的测定

【实验目的】

(1) 掌握 HCl 标准溶液的配制和标定的原理和方法。

(2) 掌握差减法称量、移液、定容和滴定等基本操作。

(3) 掌握双指示剂法测定混合碱的原理和方法。

【实验原理】

工业烧碱(NaOH)在运输和储存过程中，易吸收空气中的 CO_2 和水分，而产

生部分 Na_2CO_3，工业纯碱(Na_2CO_3)中也常常含有少量 $NaHCO_3$。因此，工业混合碱通常是 Na_2CO_3 和 $NaOH$，或 Na_2CO_3 和 $NaHCO_3$ 的混合物。

Na_2CO_3 为二元碱，$K_{b1}^\ominus = 1.78 \times 10^{-4}$，$K_{b2}^\ominus = 2.33 \times 10^{-8}$，满足能被准确滴定的条件 $cK_b^\ominus > 10^{-8}$，以及分步滴定的条件 $K_{b1}^\ominus / K_{b2}^\ominus > 10^4$，所以可以用 HCl 溶液作标准溶液，采用双指示剂滴定法来确定混合碱的组成和含量。

1. HCl 标准溶液的标定

标定 HCl 标准溶液的基准物质常用无水碳酸钠(Na_2CO_3)，反应如下：
$$Na_2CO_3 + 2HCl = 2NaCl + CO_2 \uparrow + H_2O$$
滴定至反应完全时，化学计量点的产物为 H_2CO_3。室温下，H_2CO_3 饱和溶液的浓度约为 0.04 mol·L^{-1}，pH 约为 3.89，可用甲基橙作指示剂(变色范围为 pH = 3.1～4.4)，终点颜色由黄色变为橙色。

2. 混合碱组成和含量的测定

在混合碱试液中加入酚酞指示剂，溶液呈现红色，用 HCl 标准溶液进行滴定至红色刚消失，达到第一化学计量点，消耗 HCl 标准溶液体积为 V_1。

反应如下：
$$NaOH + HCl = NaCl + H_2O$$
$$Na_2CO_3 + HCl = NaCl + NaHCO_3$$

此时溶液的理论 pH 为 8.32，试液中所含 NaOH 被完全中和生成 NaCl，而 Na_2CO_3 仅被中和至 $NaHCO_3$，试液若含有 $NaHCO_3$ 则不参与反应。

再加入甲基橙指示剂，试液显黄色，继续用 HCl 标准溶液滴定至橙红色，达到第二化学计量点，消耗 HCl 体积为 V_2。

反应如下：
$$NaHCO_3 + HCl = NaCl + CO_2 \uparrow + H_2O$$

此时溶液的理论 pH 为 3.89，试液中的 $NaHCO_3$ 全部生成 H_2CO_3。

根据消耗 HCl 标准溶液的体积 V_1 和 V_2 可判断混合碱的成分，并计算相应组分的含量。

测定原理如图 5-1 所示。

当 $V_1 > V_2$ 时，试样主要组分为 NaOH 和 Na_2CO_3。中和 NaOH 所消耗的 HCl 标准溶液的体积为 $V_1 - V_2$，而 Na_2CO_3 被中和到 H_2CO_3 所消耗 HCl 标准溶液的体积为 $2V_2$，如图 5-1(a)所示。

当 $V_1 < V_2$ 时，试样主要组分为 Na_2CO_3 和 $NaHCO_3$。试样中 Na_2CO_3 被中和到 H_2CO_3 所消耗 HCl 体积为 $2V_1$。试样中 $NaHCO_3$ 被中和到 H_2CO_3 消耗 HCl 体积为 $V_2 - V_1$，如图 5-1(b)所示。

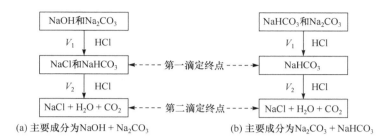

图 5-1　盐酸滴定混合碱

【实验用品】

1. 仪器

电子分析天平，量筒(10 mL、100 mL)，细口试剂瓶(500 mL)，烧杯(100 mL)，容量瓶(250 mL)，锥形瓶(250 mL)，酸式滴定管(50 mL)，移液管(25 mL)，电热板，称量瓶。

2. 试剂

HCl 溶液(6 mol·L^{-1})，无水 Na$_2$CO$_3$(分析纯)，工业混合碱，酚酞指示剂(0.2%)，甲基橙指示剂(0.1%)。

【实验步骤】

1. 0.1 mol·L^{-1} HCl 标准溶液的配制

用洁净 10 mL 量筒量取 6 mol·L^{-1} HCl 溶液 8.4 mL，倒入细口试剂瓶中，再用 100 mL 量筒量取约 490 mL 去离子水加入试剂瓶中，盖好玻璃塞，充分摇匀，贴好标签，备用。

2. 0.1 mol·L^{-1} HCl 标准溶液的标定

用差减法准确称取 1.1～1.2 g 基准物无水 Na$_2$CO$_3$(精确至 0.0001 g)于洁净的小烧杯中，加入约 30 mL 去离子水，充分搅拌使之溶解。将所得溶液全部转移至 250 mL 容量瓶中[1]，用去离子水稀释至刻度，盖好玻璃塞，充分摇匀，贴上标签，备用。

差减法称量

将待标定的 HCl 标准溶液装入酸式滴定管，用移液管准确移取 Na$_2$CO$_3$ 溶液 25.00 mL 于锥形瓶中，加 2～3 滴甲基橙指示剂，用待标定的 HCl 标准溶液滴定，当溶液由黄色变橙色时即为滴定终点，读数并记录。平行标定 3 次，计算单次结果、平均结果和相对平均偏差。

[1] 保证所称量的无水 Na$_2$CO$_3$全部转移至容量瓶。

3. 混合碱的测定

准确称取 2.5～3.0 g 混合碱(精确至 0.0001 g)置于小烧杯中，加入约 30 mL 去离子水使之溶解完全，可适当加热。待溶液冷却至室温后，将其全部转移至

[2]保证所称量的混合碱试样全部转移至容量瓶。

250 mL 容量瓶中[2]，用去离子水定容，盖好玻璃塞，充分摇匀，贴上标签，备用。

用移液管移取混合碱溶液 25.00 mL 于锥形瓶中，加入 1～2 滴酚酞指示剂，用 HCl 标准溶液滴定至红色恰好消失，即为第一滴定终点，读数并记录。再向锥形瓶中加入 1～2 滴甲基橙指示剂，继续用 HCl 标准溶液滴定至黄色变为橙红色，读数并记录。平行测定 3 次，计算单次结果、平均结果和相对平均偏差。

【实验数据记录与处理】

1. 数据记录

1) HCl 标准溶液的标定(表 5-6)

表 5-6　标定 HCl 标准溶液浓度数据记录

项目	平行实验		
	I	II	III
无水 Na_2CO_3 的称样初读数/g			
无水 Na_2CO_3 的称样终读数/g			
无水 Na_2CO_3 的称样质量/g			
25.00 mL 溶液所含 Na_2CO_3 的质量/g			
HCl 溶液体积初读数/mL			
HCl 溶液体积终读数/mL			
HCl 用量 $V(HCl)$/mL			
$c(HCl) / (mol \cdot L^{-1})$			
$c(HCl)_{平均}/(mol \cdot L^{-1})$			
相对平均偏差/%			

2) 混合碱的测定(表 5-7)

表 5-7　混合碱的测定数据记录

项目	平行实验		
	I	II	III
混合碱的称样质量/g			
25.00 mL 试液所含混合碱的质量 m_s/g			
HCl 溶液体积初读数/mL			
HCl 溶液体积第一终点读数/mL			
HCl 溶液体积第二终点读数/mL			
第一终点时 HCl 消耗量 V_1/mL			
第二终点时 HCl 消耗量 V_2/mL			
V_1、V_2 的大小关系			

续表

项目	平行实验		
	I	II	III
混合碱组成	Na$_2$CO$_3$ + (　　) + 其他惰性杂质		
Na$_2$CO$_3$ 的质量分数 w/%			
Na$_2$CO$_3$ 的质量分数平均值 $\bar{w}$/%			
Na$_2$CO$_3$ 质量分数 w 的相对平均偏差/%			
(　　)的质量分数 w_1/%			
(　　)的质量分数平均值 $\bar{w}_1$/%			
(　　)质量分数 w_1 的相对平均偏差/%			

2. 数据处理

1) HCl 标准溶液浓度的计算式

$$c(\text{HCl})=\frac{2\times m(\text{Na}_2\text{CO}_3)}{M(\text{Na}_2\text{CO}_3)\times V(\text{HCl})\times 10^{-3}}\,(\text{mol}\cdot\text{L}^{-1})$$

式中：$m(\text{Na}_2\text{CO}_3)$ 为 Na$_2$CO$_3$ 的质量(g)；$M(\text{Na}_2\text{CO}_3)$ 为 Na$_2$CO$_3$ 的摩尔质量 (105.99 g · mol^{-1})；$V(\text{HCl})$为标定消耗 HCl 标准溶液的体积(mL)。

2) 混合碱组分及含量的计算式

当 $V_1 > V_2$ 时，试样主要成分为 NaOH 与 Na$_2$CO$_3$ 的混合物。NaOH 与 Na$_2$CO$_3$ 组分含量的计算式分别为

$$w(\text{NaOH})=\frac{c(\text{HCl})\times (V_1-V_2)\times 10^{-3}\times M(\text{NaOH})}{m_s}\times 100\%$$

$$w(\text{Na}_2\text{CO}_3)=\frac{c(\text{HCl})\times V_2\times 10^{-3}\times M(\text{Na}_2\text{CO}_3)}{m_s}\times 100\%$$

当 $V_1 < V_2$ 时，试样主要成分为 NaHCO$_3$ 与 Na$_2$CO$_3$ 的混合物。NaHCO$_3$ 与 Na$_2$CO$_3$ 组分含量的公式分别为

$$w(\text{Na}_2\text{CO}_3)=\frac{c(\text{HCl})\times V_1\times 10^{-3}\times M(\text{Na}_2\text{CO}_3)}{m_s}\times 100\%$$

$$w(\text{NaHCO}_3)=\frac{c(\text{HCl})\times (V_2-V_1)\times 10^{-3}\times M(\text{NaHCO}_3)}{m_s}\times 100\%$$

上述计算式中，$M(\text{NaOH})$为 NaOH 的摩尔质量(40.00 g · mol^{-1})；$M(\text{Na}_2\text{CO}_3)$为 Na$_2CO_3$ 的摩尔质量(105.99 g · mol^{-1})；$M(\text{NaHCO}_3)$ 为 NaHCO$_3$ 的摩尔质量 (84.01 g · mol^{-1})；V_1，V_2 为消耗 HCl 标准溶液的体积(mL)；$c(\text{HCl})$为 HCl 标准溶液的浓度(mol · L^{-1})；m_s 为 25.00 mL 试液所含混合碱的质量(g)。

【思考题】

(1) 每份试样滴定完成后，为什么要将标准溶液加至滴定管"0"刻度线附近，然后再进行下一份试样的滴定？

(2) 标定 HCl 标准溶液时，滴定至接近终点时，为什么要剧烈摇动溶液？

【案例分析】

材料一：采用双指示剂法测定混合碱的组成和含量，实验中以酚酞为第一种指示剂，用 HCl 标准溶液滴定至酚酞终点时，终点的判断，是滴至红色恰好消失，还是应该至浅粉色，再滴一滴 HCl 标准溶液，溶液颜色几乎不变即可？为什么？

材料二：混合碱试样加热溶解后，未经冷却，直接转移至容量瓶中定容，但是冷却后才进行测定，上述操作会对测定结果产生什么影响？为什么？

（撰写人　黄瑞华）

基础实验 5　碳酸氢铵含氮量的测定

【实验目的】

(1) 掌握酸碱滴定法测定碳酸氢铵含氮量的方法。

(2) 掌握返滴定法的原理和操作。

【实验原理】

碳酸氢铵(NH_4HCO_3)简称碳铵，常用作氮肥。其含氮(N)量为 17% 左右，可同时提供作物生长所需的铵态氮和二氧化碳，具有速效、价廉、经济、不板结土壤、适用于各种作物和各类土壤等优点。

NH_4HCO_3 是弱酸弱碱盐，其中 NH_4^+ 的 $K_a^\ominus = 5.6 \times 10^{-10}$，$cK_a^\ominus < 10^{-8}$，$HCO_3^-$ 的 $K_a^\ominus = 4.68 \times 10^{-11}$，$cK_a^\ominus < 10^{-8}$，两者的酸性都很弱，所以 NH_4HCO_3 不能用 NaOH 直接滴定，同时由于 HCO_3^- 的存在，NH_4^+ 与甲醛反应产生的 H^+ 不再严格遵守定量关系，故采用返滴定法对其进行滴定分析。

将样品溶解后，加入一定物质的量的 H_2SO_4 标准溶液，且满足 $n(H_2SO_4) > n(NH_4HCO_3)$。$H_2SO_4$ 标准溶液与 NH_4HCO_3 发生定量反应，反应式如下：

$$2NH_4HCO_3 + H_2SO_4(过量) \!=\!\!=\!\! (NH_4)_2SO_4 + 2H_2O + 2CO_2 \uparrow$$

反应过程中需不断加热，赶出生成的 CO_2，促使反应完全，避免干扰下一步反应。此反应中消耗的 H_2SO_4 与待测样品 NH_4HCO_3 间满足如下定量关系：

$$2n(H_2SO_4)_{反应} = n(NH_4HCO_3)$$

待反应结束后，再用 NaOH 标准溶液滴定上述反应剩余的 H_2SO_4，反应式

如下:

$$H_2SO_4(剩余) + 2NaOH \Longrightarrow Na_2SO_4 + 2H_2O$$

该反应消耗的 NaOH 与 H_2SO_4 间满足如下定量关系:

$$n(NaOH) = 2n(H_2SO_4)_{剩余}$$

综上所述,样品所含 NH_4HCO_3 物质的量为

$$n(NH_4HCO_3) = 2\left[n(H_2SO_4)_{总量} - \frac{1}{2}n(NaOH)\right]$$

用 NaOH 标准溶液滴定剩余 H_2SO_4 时,化学计量点时的产物为 $(NH_4)_2SO_4$ 和 Na_2SO_4,由于溶液中存在弱酸 NH_4^+,达到化学计量点时,溶液的 pH 约为 5.4,可选用甲基红作指示剂(变色范围为 pH=4.4~6.2),终点时溶液颜色由红色变为橙色。

【实验用品】

1. 仪器

电子分析天平,细口试剂瓶(500 mL),碱式滴定管(50 mL),移液管(25 mL),锥形瓶(250 mL),量筒(10 mL、50 mL),电热板。

2. 试剂

碳酸氢铵样品,NaOH 溶液(6 mol·L^{-1}),H_2SO_4 溶液(1 mol·L^{-1}),邻苯二甲酸氢钾(分析纯),甲基红指示剂(0.2%),酚酞指示剂(0.2%)。

【实验步骤】

1. 0.1 mol·L^{-1} NaOH 标准溶液的配制及标定

1) 0.1 mol·L^{-1} NaOH 标准溶液的配制

用洁净的 10 mL 量筒取 6 mol·L^{-1} NaOH 溶液 8.4 mL,转入洁净的细口试剂瓶,再加入约 490 mL 去离子水,盖好橡胶塞,充分摇匀,贴好标签,备用。

2) 0.1 mol·L^{-1} NaOH 标准溶液的标定

准确称取邻苯二甲酸氢钾 0.4~0.6 g(精确至 0.0001 g)于锥形瓶中,用量筒加入 30 mL 去离子水,使之完全溶解(可适当加热),滴入 1~2 滴酚酞指示剂,用 NaOH 标准溶液滴定,当溶液由无色变为浅红色且保持 30 s 不褪色[1],即为滴定终点,读数并记录。平行标定 3 次,计算单次结果、平均结果和相对平均偏差。

[1] 酚酞可与空气中的物质反应而褪色。

2. 0.05 mol·L^{-1} H_2SO_4 标准溶液的配制及标定

1) 0.05 mol·L^{-1} H_2SO_4 标准溶液的配制

用量筒取 1.0 mol·L^{-1} H_2SO_4 溶液 25 mL,缓慢倒入已装有 475 mL 去离子水的细口试剂瓶中[2],盖好瓶塞,充分摇匀,贴好标签,备用。

[2] 稀释硫酸的时候需要将硫酸缓慢地加入水中。

2) 0.05 mol·L^{-1} H$_2$SO$_4$标准溶液的标定

用移液管准确移取 25.00 mL 配制的 H$_2$SO$_4$溶液于锥形瓶中,滴加 2 滴酚酞指示剂,用配制的 0.1 mol·L^{-1} NaOH 标准溶液滴定至浅红色并保持 30 s 不褪色,即为终点,读数并记录,平行标定 3 次,计算单次结果、平均结果和相对平均偏差。

3. 碳酸氢铵含氮量的测定

用移液管准确移取 H$_2$SO$_4$标准溶液 50.00 mL 于洁净的锥形瓶中,准确称取 0.18～0.2 g 的碳酸氢铵样品(精确至 0.0001 g),立即倒入上述锥形瓶中[3],摇动锥形瓶,使样品快速溶解,加热煮沸逐出 CO$_2$,持续沸腾至少 1 min[4],冷却至室温[5],加入 2～3 滴甲基红指示剂,用 NaOH 标准溶液滴定至溶液由红色刚好变为橙色即为终点。平行测定 3 次,计算单次结果、平均结果和相对平均偏差。

【实验数据记录与处理】

1. 数据记录

1) NaOH 标准溶液的标定(表 5-8)

表 5-8　　NaOH 标准溶液的标定数据记录

项目	平行实验		
	Ⅰ	Ⅱ	Ⅲ
KHC$_8$H$_4$O$_4$ 称样质量/g			
NaOH 标准溶液体积初读数/mL			
NaOH 标准溶液体积终读数/mL			
NaOH 标准溶液用量 V_1(NaOH)/mL			
c(NaOH)/(mol·L^{-1})			
c(NaOH)$_{平均}$/(mol·L^{-1})			
相对平均偏差/%			

2) H$_2$SO$_4$ 标准溶液的标定(表 5-9)

表 5-9　　H$_2$SO$_4$ 标准溶液的标定数据记录

项目	平行实验		
	Ⅰ	Ⅱ	Ⅲ
H$_2$SO$_4$ 标准溶液的体积/mL			
NaOH 标准溶液体积初读数/mL			
NaOH 标准溶液体积终读数/mL			
NaOH 标准溶液用量 V_2(NaOH)/mL			
c(H$_2$SO$_4$)/(mol·L^{-1})			

[3] 目的:防止碳酸氢铵分解。

[4] 目的:防止溶液中残留的 CO$_2$ 与后续滴定加入的 NaOH 反应。

[5] 目的:指示剂的变色范围与温度相关。

续表

项目	平行实验		
	Ⅰ	Ⅱ	Ⅲ
$c(H_2SO_4)_{平均}/(mol \cdot L^{-1})$			
相对平均偏差/%			

3) 碳酸氢铵样品含氮量的测定(表 5-10)

表 5-10　碳酸氢铵样品含氮量的测定数据记录

项目	平行实验		
	Ⅰ	Ⅱ	Ⅲ
碳酸氢铵样品称样质量 m_s/g			
加入 H_2SO_4 标准溶液体积/mL			
NaOH 标准溶液体积初读数/mL			
NaOH 标准溶液体积终读数/mL			
NaOH 标准溶液用量 $V_3(NaOH)$/mL			
碳酸氢铵样品含氮量 $w(N)$ /%			
$w(N)_{平均}$/%			
相对平均偏差/%			

2. 数据处理

1) NaOH 标准溶液浓度的计算式

$$c(NaOH) = \frac{m(KHC_8H_4O_4)}{M(KHC_8H_4O_4) \times V_1(NaOH) \times 10^{-3}} (mol \cdot L^{-1})$$

式中：$m(KHC_8H_4O_4)$ 为 $KHC_8H_4O_4$ 的质量(g)；$M(KHC_8H_4O_4)$ 为 $KHC_8H_4O_4$ 的摩尔质量(204.22 g · mol^{-1})；$V_1(NaOH)$ 为标定消耗 NaOH 标准溶液的体积(mL)。

2) H_2SO_4 标准溶液浓度的计算式

$$c(H_2SO_4) = \frac{c(NaOH) \times V_2(NaOH)}{2 \times V(H_2SO_4)} (mol \cdot L^{-1})$$

式中：$V(H_2SO_4)$ 为被标定 H_2SO_4 标准溶液的体积(mL)；$V_2(NaOH)$ 为标定消耗 NaOH 标准溶液的体积(mL)；$c(NaOH)$ 为 NaOH 标准溶液的浓度(mol · L^{-1})。

3) 碳酸氢铵样品含氮量的计算式

$$w(N) = \frac{[2c(H_2SO_4) \times V(H_2SO_4) \times 10^{-3} - c(NaOH) \times V_3(NaOH) \times 10^{-3}] \times M(N)}{m_s} \times 100\%$$

式中：m_s 为碳酸氢铵样品质量(g)；$V(H_2SO_4)$ 为加入 H_2SO_4 溶液的体积(mL)；$c(H_2SO_4)$ 为 H_2SO_4 标准溶液的浓度(mol · L^{-1})；$V_3(NaOH)$ 为返滴定消耗 NaOH 标准溶液的体积(mL)；$c(NaOH)$ 为 NaOH 标准溶液的浓度(mol · L^{-1})；$M(N)$ 为 N

的摩尔质量(14.01 g · mol⁻¹)。

【思考题】

(1) 试述返滴定法测定碳酸氢铵样品中含氮量的操作过程。

(2) 测定碳酸氢铵含氮量的过程中，为什么需要加热去除 CO_2？

(3) 测定碳酸氢铵含氮量时，为什么要用移液管准确移取 50.00 mL H_2SO_4 溶液？

【案例分析】

材料一：某位同学准确称取 0.1960 g 碳酸氢铵样品放入锥形瓶中，然后加入 50.00 mL H_2SO_4 标准溶液，待样品溶解后，直接用 NaOH 标准溶液滴定。指出该同学的错误操作会对结果造成什么样的影响。

材料二：某位同学重新设计了本实验，首先用邻苯二甲酸氢钾标定 NaOH 标准溶液，然后用标定好的 NaOH 标准溶液直接滴定 NH_4HCO_3 样品溶液。

上述实验设计是否可行？为什么？

（撰写人　王文己）

基础实验 6　甲醛法测定铵盐含氮量

【实验目的】

(1) 掌握酸碱滴定法测定硫酸铵含氮量的方法。

(2) 掌握间接滴定法的原理。

【实验原理】

氮在无机及有机化合物中的存在形式比较复杂，测定物质中含氮量时常用总氮、铵态氮、硝酸态氮、酰胺态氮等含量表示。传统含氮量的测定方法主要有蒸馏法和甲醛法两种。

(1) 蒸馏法：也称为凯氏定氮法，将样品用浓硫酸消化分解，使各种形式含氮化合物转化为 NH_4^+，加入浓 NaOH 将 NH_4^+ 以 NH_3 形式蒸馏出来，用 H_3BO_3 溶液吸收 NH_3，再用 H_2SO_4 标准溶液进行标定，该方法较为烦琐，适于无机和有机化合物中含氮量的测定。

(2) 甲醛法：由于该方法快捷简便，常用于铵盐中铵态氮测定。该方法基于甲醛与一定量铵盐作用，定量生成可被 NaOH 直接滴定的 H^+ 和六亚甲基四铵盐($K_a^\ominus = 7.1\times10^{-6}$)，反应方程式为

$$4NH_4^+ + 6HCHO == (CH_2)_6N_4H^+ + 6H_2O + 3H^+$$

六亚甲基四胺[$(CH_2)_6N_4$]是一种有机弱碱，$pK_b^\ominus = 8.85$，其共轭酸$(CH_2)_6N_4H^+$的

$pK_a^\ominus = 14 - 8.85 = 5.15$，$cK_a^\ominus > 10^{-8}$，所以$(CH_2)_6N_4H^+$可以用 NaOH 标准溶液滴定，选酚酞作指示剂，反应方程式为

$$(CH_2)_6N_4H^+ + 3H^+ + 4OH^- === (CH_2)_6N_4 + 4H_2O$$

硫酸铵是常用氮肥之一。由于硫酸铵中NH_4^+的酸性太弱不能准确滴定（$K_a^\ominus = 5.6 \times 10^{-10}$，$cK_a^\ominus < 10^{-8}$），常用甲醛法测定。由上述两个方程式可知：

$$n(N) = n(NH_4^+) = n(NaOH)$$

依据上式可算出硫酸铵样品中的含氮量。硫酸铵中常含有游离酸，所以在和甲醛反应前应先以甲基红作指示剂，用 NaOH 标准溶液滴定中和游离酸。

【实验用品】

1. 仪器

电子分析天平，细口试剂瓶(500 mL)，碱式滴定管(50 mL)，移液管(25 mL)，锥形瓶(250 mL)，烧杯(100 mL)，量筒(10 mL、50 mL)，容量瓶(150 mL)，电热板。

2. 试剂

硫酸铵样品，甲醛(37%)，NaOH(6 mol·L⁻¹)，邻苯二甲酸氢钾(分析纯)，甲基红指示剂(0.2%)，酚酞指示剂(0.2%)。

【实验步骤】

1. 0.1 mol·L⁻¹ NaOH 标准溶液的配制及标定

量取 6 mol·L⁻¹ NaOH 溶液 4 mL，转入细口试剂瓶，再加入 250 mL 去离子水充分摇匀，贴好标签，备用。

准确称取邻苯二甲酸氢钾 0.4～0.6 g(精确至 0.0001 g)于锥形瓶中，加入 30～40 mL 去离子水，加热使之完全溶解，滴入 1～2 滴酚酞指示剂，用所配制的 NaOH 标准溶液滴定至浅红色且保持 30 s 不褪色，即为滴定终点，读数并记录。平行标定 3 次，计算单次结果、平均结果和相对平均偏差。

2. 配制 18%中性甲醛溶液

用量筒量取 20 mL 甲醛溶液(37%)上清液于 100 mL 烧杯中，加等量去离子水稀释，滴入 1～2 滴酚酞指示剂，用所配制的 NaOH 标准溶液滴定至甲醛溶液为粉红色为止[1]。

3. 硫酸铵样品溶液的配制

准确称取 1.0 g(精确至 0.0001 g)(NH₄)₂SO₄试样于烧杯中，加入 30～40 mL 去离子水使其溶解，定量转移到 150 mL 容量瓶中，用去离子水定容至刻度，盖上塞子摇匀，待用。

[1] 甲醛在空气中易氧化为甲酸，甲醛溶液中的微量甲酸应预先以酚酞为指示剂，用 NaOH 溶液滴定至微红色即可。

[2] 目的：中和硫酸铵中含有的游离酸。

　　　用移液管移取 25.00 mL 上述(NH₄)₂SO₄溶液于锥形瓶中，加入 2～3 滴甲基红，若溶液为红色则用所配制的 NaOH 标准溶液滴定中和至溶液由红色变为橙色为止[2]。若溶液为橙色，表示样品中不含游离酸，无需中和。

　　　4. 硫酸铵样品含氮量测定

[3] 室温过低可加热至40℃左右，加快反应速率。

　　　向上述准备好的硫酸铵试液中加入 5 mL 18%中性甲醛溶液，混匀放置 5 min 后[3]，加入 1～2 滴酚酞指示剂，用所配制的 NaOH 标准溶液滴定至溶液呈粉红色且 30 s 内不褪色为止，记录 NaOH 标准溶液消耗体积，平行测定 3 次，计算单次结果、平均结果和相对平均偏差。

【实验数据记录与处理】

　　　1. 数据记录

　　　1) NaOH 标准溶液的标定(表 5-11)

表 5-11　　NaOH 标准溶液的标定数据记录

项目	平行实验		
	I	II	III
KHC₈H₄O₄ 称样质量/g			
NaOH 溶液体积初读数/mL			
NaOH 溶液体积终读数/mL			
NaOH 溶液用量 V_1(NaOH)/mL			
c(NaOH)/(mol · L⁻¹)			
c(NaOH)平均/(mol · L⁻¹)			
相对平均偏差/%			

　　　2) 硫酸铵中含氮量的测定(表 5-12)

表 5-12　　硫酸铵中含氮量的测定数据记录

项目	平行实验		
	I	II	III
待测(NH₄)₂SO₄样品质量 m_s/g			
NaOH 标准溶液体积初读数/mL			
NaOH 标准溶液体积终读数/mL			
NaOH 标准溶液用量 V_2(NaOH)/mL			
w(N)/%			
w(N)平均/%			
相对平均偏差/%			

2. 数据处理

1) NaOH 标准溶液浓度的计算式

$$c(\text{NaOH}) = \frac{m(\text{KHC}_8\text{H}_4\text{O}_4)}{M(\text{KHC}_8\text{H}_4\text{O}_4) \times V_1(\text{NaOH}) \times 10^{-3}} \ (\text{mol} \cdot \text{L}^{-1})$$

式中：$m(\text{KHC}_8\text{H}_4\text{O}_4)$ 为 $\text{KHC}_8\text{H}_4\text{O}_4$ 的质量(g)；$M(\text{KHC}_8\text{H}_4\text{O}_4)$ 为 $\text{KHC}_8\text{H}_4\text{O}_4$ 的摩尔质量($204.22 \text{ g} \cdot \text{mol}^{-1}$)；$V_1(\text{NaOH})$ 为标定消耗 NaOH 标准溶液的体积(mL)。

2) $(\text{NH}_4)_2\text{SO}_4$ 样品中含氮量的计算式

$$w(\text{N}) = \frac{c(\text{NaOH}) \times V_2(\text{NaOH}) \times 10^{-3} \times M(\text{N})}{m_s} \times \frac{150.00}{25.00} \times 100\%$$

式中：m_s 为待测 $(\text{NH}_4)_2\text{SO}_4$ 样品质量(g)；$M(\text{N})$ 为 N 的摩尔质量($14.01 \text{ g} \cdot \text{mol}^{-1}$)；$V_2(\text{NaOH})$ 为测定消耗 NaOH 标准溶液的体积(mL)；$c(\text{NaOH})$ 为 NaOH 标准溶液的浓度($\text{mol} \cdot \text{L}^{-1}$)。

【思考题】

(1) NH_4NO_3、NH_4HCO_3 和 $(\text{NH}_4)_2\text{CO}_3$ 能否用甲醛法测定其含氮量？

(2) 为什么中和 $(\text{NH}_4)_2\text{SO}_4$ 试液中的游离酸用甲基红作指示剂，而中和甲醛中的酸要用酚酞作指示剂？

(3) $(\text{NH}_4)_2\text{SO}_4$ 试样溶于水后呈酸性还是碱性？能否用 NaOH 标准溶液直接测定其中的含氮量？为什么？

【案例分析】

材料一：某同学用 NaOH 标准溶液滴定 $(\text{NH}_4)_2\text{SO}_4$ 试液中含氮量时，取用同样体积的试液，平行滴定 3 份，结果有一份溶液忘记加入甲醛溶液，请问这份试液滴定所消耗的 NaOH 标准溶液体积与其他两份相比有何差别？

材料二：某同学用 NaOH 标准溶液滴定 $(\text{NH}_4)_2\text{SO}_4$ 试液中含氮量前，忘记用 NaOH 标准溶液滴定样品中的游离酸，请问加入的 NaOH 标准溶液体积偏大还是偏小？为什么？该实验失误该如何补救？

（撰写人 许河峰）

基础实验 7 KMnO₄ 标准溶液配制及 H₂O₂ 含量测定

【实验目的】

(1) 掌握 KMnO_4 标准溶液的配制及保存方法。

(2) 掌握用 $\text{Na}_2\text{C}_2\text{O}_4$ 标定 KMnO_4 标准溶液的原理及方法。

(3) 掌握高锰酸钾法测定 H_2O_2 含量的基本原理和操作。

(4) 掌握滴定管中有色溶液的读数方法。

【实验原理】

双氧水(H_2O_2 的水溶液)具有弱酸性、氧化性和腐蚀性，能引起灼伤，遇光、热、重金属离子易分解。双氧水在工业、生物、医药等方面应用广泛，在纺织和造纸业中用作漂白剂，在食品和医药工业中用作消毒剂和杀菌剂，在绿色化工合成中用作氧化剂和环氧化剂等。

H_2O_2 在酸性溶液中可被 $KMnO_4$ 氧化，且反应定量进行，因此可根据 $KMnO_4$ 标准溶液的消耗量计算出样品中 H_2O_2 的含量。

1. $KMnO_4$ 标准溶液的配制与标定

$KMnO_4$ 是氧化还原滴定中最常用的氧化剂之一，由于 $KMnO_4$ 具有极强的氧化性，试剂中常含有 MnO_2 和其他杂质，且稳定性差，不能作为基准物质，$KMnO_4$ 标准溶液需采用间接法配制。

标定 $KMnO_4$ 标准溶液的基准物质有$(NH_4)_2SO_4 \cdot FeSO_4 \cdot 6H_2O$、$Na_2C_2O_4$、$H_2C_2O_4 \cdot 2H_2O$、$As_2O_3$ 及纯铁丝等，其中 $Na_2C_2O_4$ 以不含结晶水、不吸潮的优点，常作为基准物质使用，反应的方程式为

$$2MnO_4^- + 5C_2O_4^{2-} + 16H^+ = 2Mn^{2+} + 10CO_2 \uparrow + 8H_2O$$

该反应在酸性介质，预热至 $75 \sim 85\,℃$，Mn^{2+} 催化的条件下，才能定量地较快进行。由于 $KMnO_4$ 在酸性条件下氧化能力强，极易分解，因此，开始时的滴定速度不宜太快，以滴入的 $KMnO_4$ 标准溶液褪为无色后再继续滴加为宜，避免未及时反应的 $KMnO_4$ 分解。随着滴定产物 Mn^{2+} 的逐渐生成，产生催化作用后，反应速率加快，这时可用正常滴定速度。

$KMnO_4$ 自身为指示剂，滴定至终点后，溶液中 $KMnO_4$ 过量呈现粉红色，即为滴定终点。

2. H_2O_2 含量的测定

在稀硫酸溶液中，$KMnO_4$ 可定量氧化 H_2O_2，反应式为

$$5H_2O_2 + 2MnO_4^- + 6H^+ = 2Mn^{2+} + 8H_2O + 5O_2 \uparrow$$

滴定速度不宜太快，以滴入的 $KMnO_4$ 标准溶液褪为无色后再继续滴加为宜，避免未及时反应的 $KMnO_4$ 分解。滴定直至溶液呈微红色且半分钟内不褪色，即为终点。

【实验用品】

1. 仪器

电子分析天平，棕色细口试剂瓶(500 mL)，移液管(25 mL)，吸量管(2 mL)，容量瓶(250 mL)，锥形瓶(250 mL)，酸式滴定管(50 mL)，量筒(10 mL、100 mL)，烧杯(100 mL)，电热板，温度计。

2. 试剂

市售双氧水，$KMnO_4$(0.2 mol·L^{-1})，$Na_2C_2O_4$(分析纯)，H_2SO_4(3 mol·L^{-1})。

【实验步骤】

1. $KMnO_4$ 标准溶液的配制与标定

1) 0.2 mol·L^{-1} $KMnO_4$ 标准溶液的配制

称取 $KMnO_4$ 固体 32.5 g，溶解在 1 L 去离子水中，煮沸后，保持微沸状态约 1 h，然后放置 2～3 d，使溶液中的还原型物质被氧化完全。用微孔玻璃漏斗或玻璃棉过滤除去析出的沉淀，将过滤后的 $KMnO_4$ 溶液储存于棕色瓶中并放于暗处，备用(实验前配制)。

2) 0.02 mol·L^{-1} $KMnO_4$ 标准溶液的配制

用洁净的 100 mL 量筒量取 0.2 mol·L^{-1} $KMnO_4$ 溶液 50 mL，倒入棕色细口试剂瓶中，再加入约 450 mL 去离子水，盖好玻璃塞，充分摇匀，贴好标签，待标定。

3) $Na_2C_2O_4$ 标准溶液的配制

将基准物质 $Na_2C_2O_4$ 在 105～110℃下烘干 2 h，用电子分析天平准确称取 1.7～2.0 g(精确至 0.0001 g)，放入干净烧杯中，加 50 mL 左右的去离子水使其溶解，定量转移至 250 mL 容量瓶中，加去离子水定容，盖上瓶塞，摇匀，贴好标签，备用。

4) $KMnO_4$ 标准溶液的标定

用移液管准确移取 $Na_2C_2O_4$ 标准溶液 25.00 mL 于锥形瓶中，再加入 3 mol·L^{-1} H_2SO_4 溶液 15 mL[1]，将锥形瓶置于垫有石棉网的电热板上，加热至溶液有蒸气冒出时，温度为 75～85℃[2]。从电热板上取下锥形瓶，趁热滴定。第一滴 $KMnO_4$ 标准溶液加入后，不断摇动溶液，直至锥形瓶中的紫红色褪为无色后，再加入第二滴[3]，依此操作，直到溶液呈现粉红色，且半分钟内不褪色即为终点。读数并记录[4]，平行标定 3 次，计算单次结果、平均结果和相对平均偏差。

2. 双氧水待测溶液的配制

用吸量管吸取 1.50 mL 双氧水样品，定量转移至 250 mL 容量瓶中，加去离子水稀释至刻度，盖上塞子摇匀，贴上标签，即为双氧水样品待测溶液[5]。

3. H_2O_2 含量的测定

用移液管准确移取 25.00 mL 双氧水样品待测溶液，置于锥形瓶中，用量筒加入 3 mol·L^{-1} H_2SO_4 溶液 10 mL，用 $KMnO_4$ 标准溶液滴定，以滴入的 $KMnO_4$ 溶液褪为无色后再继续滴加为宜，直到溶液呈现微红色且半分钟内不褪色，即为终点。读数并记录，平行测定 3 次，计算单次结果、平均结果和相对平均偏差。

[1] $KMnO_4$ 滴定法，必须在强酸性介质中进行，酸度不够会出现 MnO_2 棕色沉淀。

[2] 溶液温度测量完毕时，温度计需在锥形瓶内壁上轻靠，并用极少量去离子水冲洗，洗涤液归入锥形瓶，以免 $Na_2C_2O_4$ 质量损失。

[3] 目的:防止加入 $KMnO_4$ 过量，发生自身分解反应，产生棕色的 MnO_2 沉淀，影响测量结果的准确性。

[4] 由于溶液颜色较深，液体的弯月面观察不清晰，读数时，读取液体的上沿。

[5] 由于高浓度 H_2O_2 具有强氧化性，移取双氧水原液时应注意勿沾染皮肤，移液管用后要及时清洗，以免灼烧皮肤。

【注意事项】

(1) $KMnO_4$ 在强酸性条件下作氧化剂，滴定过程中若出现棕色沉淀，是酸度不足引起的，需重新实验。

(2) $KMnO_4$ 溶液应装在酸式滴定管中，因 $KMnO_4$ 具有较强的氧化性，可以与橡皮管反应，不能装入碱式滴定管。

(3) 由于 $KMnO_4$ 溶液颜色很深，很难观察到溶液弯月面的最低点，且其密度较大，液面常常不平滑，读数误差较大。读数时，视线应与液面两侧的最高点水平。

(4) 由于 $KMnO_4$ 对环境有危害，本实验中滴定废液、润洗滴定管及未使用完的 $KMnO_4$ 溶液均需倒入指定废液缸，由实验室统一回收，严禁直接倒入下水道。

(5) 由于 $KMnO_4$ 溶液氧化性强，易将活塞缝隙中的凡士林和绑活塞的橡皮筋氧化，造成漏液、活塞转动不灵活和橡皮筋断裂，所以实验前无论滴定管是否漏水，都必须对其进行重新涂油并重新绑橡皮筋。

【实验数据记录与处理】

1. 数据记录

1) $KMnO_4$ 标准溶液的标定(表 5-13)

KMnO₄滴定颜色变化

表 5-13　$KMnO_4$ 标准溶液的标定数据记录

项目	平行实验		
	I	II	III
$Na_2C_2O_4$ 的称样质量/g			
25.00mL 溶液中 $Na_2C_2O_4$ 的质量/g			
$KMnO_4$ 标准溶液体积初读数/mL			
$KMnO_4$ 标准溶液体积终读数/mL			
$KMnO_4$ 标准溶液用量 $V_1(KMnO_4)$/mL			
$KMnO_4$ 标准溶液浓度 $c(KMnO_4)$/(mol·L⁻¹)			
$KMnO_4$ 标准溶液平均浓度/(mol·L⁻¹)			
相对平均偏差/%			

2) 双氧水中 H_2O_2 含量的测定(表 5-14)

表 5-14　双氧水中 H_2O_2 含量的测定数据记录

项目	平行实验		
	I	II	III
双氧水原液取样体积/mL			
$KMnO_4$ 标准溶液的浓度/(mol·L⁻¹)			
$KMnO_4$ 标准溶液体积初读数/mL			

续表

项目	平行实验		
	I	II	III
$KMnO_4$ 标准溶液体积终读数/mL			
$KMnO_4$ 标准溶液用量 $V_2(KMnO_4)$/mL			
原液中 H_2O_2 的含量 $\rho(H_2O_2)$ /(g·mL⁻¹)			
原液中 H_2O_2 含量的平均值/(g·mL⁻¹)			
相对平均偏差/%			

2. 数据处理

1) $KMnO_4$ 标准溶液浓度的计算式

$$c(KMnO_4) = \frac{2}{5} \times \frac{m(Na_2C_2O_4)}{M(Na_2C_2O_4) \times V_1(KMnO_4) \times 10^{-3}} (mol \cdot L^{-1})$$

式中：$m(Na_2C_2O_4)$ 为 25.00 mL 溶液中 $Na_2C_2O_4$ 的含量(g)；$M(Na_2C_2O_4)$ 为 $Na_2C_2O_4$ 的摩尔质量(134.0 g·mol⁻¹)；$V_1(KMnO_4)$ 为 $KMnO_4$ 溶液的用量(mL)。

2) H_2O_2 含量的计算式

$$\rho(H_2O_2) = \frac{\frac{5}{2} c(KMnO_4) V_2(KMnO_4) \times M(H_2O_2)}{V(H_2O_2) \times \frac{25.00}{250.0}} \times 10^{-3} (g \cdot L^{-1})$$

式中：$M(H_2O_2)$ 为 H_2O_2 的摩尔质量(34.02 g·mol⁻¹)；$c(KMnO_4)$ 为 $KMnO_4$ 标准溶液的浓度(mol·L⁻¹)；$V_2(KMnO_4)$ 为 $KMnO_4$ 溶液的用量(mL)；$V(H_2O_2)$ 为双氧水原液取样的体积(mL)。

【思考题】

(1) H_2O_2 有哪些重要性质？使用时应注意些什么？

(2) 为什么 $KMnO_4$ 标准溶液滴定 $Na_2C_2O_4$ 时，滴定前要加热待测液，而测定 H_2O_2 含量时，则未加热？

(3) $KMnO_4$ 标准溶液测定 H_2O_2 含量时的酸性介质是 H_2SO_4，可以用 HCl、HNO_3 溶液吗？为什么？

(4) 装 $KMnO_4$ 溶液的容器壁上常出现的棕色沉淀是什么？应该如何洗涤？

【案例分析】

材料一：用 $KMnO_4$ 标准溶液滴定的过程中，第一滴 $KMnO_4$ 标准溶液加入锥形瓶中，溶液立刻出现棕色浑浊的现象，请分析哪些操作上的失误会造成这种现象。

材料二：如果第一滴 $KMnO_4$ 标准溶液加入后，溶液呈紫红色，不断摇动锥形瓶，待紫红色褪去后，继续滴定，溶液中出现棕色浑浊的现象，请分析哪些操作上的失误会造成这种现象。

（撰写人　张院民）

基础实验 8　FeSO₄药片 Fe(Ⅱ)含量的测定

【实验目的】

(1) 学习直接法配制 $K_2Cr_2O_7$ 标准溶液。

(2) 掌握重铬酸钾法测定 Fe^{2+} 基本原理和方法。

【实验原理】

重铬酸钾($K_2Cr_2O_7$)很稳定，并且容易提纯，纯度为 99.99%，所以常用作基准物质。直接法配制 $K_2Cr_2O_7$ 标准溶液时，将 $K_2Cr_2O_7$ 在 105～110℃下烘干 3～4 h，取出，在硫酸干燥器中冷却至室温，即可直接配制 $K_2Cr_2O_7$ 标准溶液。

$K_2Cr_2O_7$ 是一种较强的氧化剂，在酸性溶液中，浅绿色的 Fe^{2+} 可以定量地被 $K_2Cr_2O_7$ 氧化成浅黄色 Fe^{3+}，本身被还原为绿色的 Cr^{3+}，其反应为

$$6Fe^{2+} + Cr_2O_7^{2-} + 14H^+ = 6Fe^{3+} + 2Cr^{3+} + 7H_2O$$

所以，常采用重铬酸钾法测定样品中的含铁量。

用二苯胺磺酸钠作指示剂时，其还原态为无色，氧化态为紫红色。滴定至溶液由绿色变为蓝紫色即为终点[1]。

氧化还原指示剂二苯胺磺酸钠变色点的电位略低于 $K_2Cr_2O_7$ 滴定 Fe^{2+} 的滴定突跃的下限，若要采用其作为 $K_2Cr_2O_7$ 滴定 Fe^{2+} 的指示剂，反应就必须在磷酸-硫酸介质中进行，硫酸的作用是提供酸性介质，加入磷酸的作用有两个：一是与滴定反应所产生的 Fe^{3+} 形成配离子$[Fe(HPO_4)]^+$，降低溶液中游离 Fe^{3+} 的浓度，降低了 Fe^{3+}/Fe^{2+} 电对的电极电势，扩大滴定突跃范围，使二苯胺磺酸钠指示剂的变色范围在滴定突跃范围之内，避免了二苯胺磺酸钠提前氧化变色造成的指示误差；二是生成无色的配离子$[Fe(HPO_4)]^+$，降低了游离 Fe^{3+} 的浓度，消除了终点时溶液中 Fe^{3+} 黄色对终点观察的干扰，减小了终点误差。

【实验用品】

1. 仪器

电子分析天平，称量瓶，酸式滴定管(50 mL)，烧杯(100 mL、250 mL、500 mL)，容量瓶(50 mL、250 mL)，量筒(100 mL)，锥形瓶(250 mL)，普通漏斗，漏斗架，研钵，电热板。

2. 试剂

$K_2Cr_2O_7$(分析纯)，二苯胺磺酸钠溶液(0.2%)，H_2SO_4(1 mol·L⁻¹)，硫酸亚

[1] $K_2Cr_2O_7$ 溶液为橙黄色，Fe^{2+} 溶液为浅绿色，滴定开始前，因为二苯胺磺酸钠无色，所以锥形瓶中的溶液为浅绿色。滴定开始后，Fe^{2+} 被氧化为 Fe^{3+}，$Cr_2O_7^{2-}$ 被还原为 Cr^{3+}，溶液绿色加深，达到指示剂变色点时，溶液变为蓝紫色，当 $K_2Cr_2O_7$ 溶液过量，溶液变为黄色。

铁片，滤纸，pH 试纸。

H$_2$SO$_4$-H$_3$PO$_4$ 混合酸：将 150 mL 浓硫酸缓缓加入 700 mL 水中，加入 150 mL 浓磷酸，混匀。

【实验步骤】

1. 配制 K$_2$Cr$_2$O$_7$ 标准溶液

准确称取 K$_2$Cr$_2$O$_7$(分析纯)1.3 g 左右(精确至 0.0001 g)置于 100 mL 洁净小烧杯中，加 30 mL 去离子水溶解，必要时可适当加热，冷却后，定量转入 250 mL 容量瓶中，用去离子水定容至刻度，摇匀。计算其准确浓度。

2. 硫酸亚铁片含铁量的测定

1) 样品的处理

向 250 mL 去离子水中滴加 1 mol · L^{-1} H$_2$SO$_4$ 溶液，用 pH 试纸检验，调至溶液 pH = 3～4。

取硫酸亚铁片 10 片，放入干燥洁净的研钵中，研成粉末。再向研钵中加入 pH=3～4 的 H$_2$SO$_4$ 溶液[2]，继续研磨成稀糊状。将研钵中稀糊无损耗转移至漏斗中，注意每次加样不要超过漏斗容积的 2/3[3]。过滤完毕，用滴管吸取少量的 pH=3～4 的 H$_2$SO$_4$ 溶液冲洗滤纸，以保证滤液无损耗转移至 250 mL 容量瓶中，用 pH=3～4 的 H$_2$SO$_4$ 溶液定容至刻度[4]，盖上塞子摇匀，以待测定。

2) 样品的测定

用移液管移取 50.00 mL 样品溶液至 250 mL 锥形瓶中，再用量筒量取 30 mL H$_2$SO$_4$-H$_3$PO$_4$ 混合酸并加入[5]，滴加 6 滴二苯胺磺酸钠。用 K$_2$Cr$_2$O$_7$ 标准溶液滴定至溶液由绿色突变为紫色或蓝紫色即为终点，平行测定 3 次，计算单次结果、平均结果和相对平均偏差。记录每次数据，计算样品中 Fe^{2+} 含量。

【注意事项】

由于铬元素对环境危害较大，淋洗滴定管和未用完的重铬酸钾溶液、滴定废液，需回收至指定废液缸中，切勿倒入下水道。

【实验数据记录与处理】

1. 数据记录(表 5-15)

表 5-15 硫酸亚铁片 Fe^{2+}含量的测定数据记录

项目	I	II	III
K$_2$Cr$_2$O$_7$称样质量/g			
K$_2$Cr$_2$O$_7$标准溶液浓度/(mol · L^{-1})			
药片数			
K$_2$Cr$_2$O$_7$标准溶液体积初读数/mL			

[2] 加酸的目的：防止 Fe^{2+} 水解，水解后的 Fe^{2+} 极易在空气中氧化。

[3] 过滤时由于药片中的淀粉会堵塞滤纸孔，导致过滤速度过慢，故每次过滤量不宜过多，以便及时更换滤纸。

[4] 目的：维持溶液酸度，防止 Fe^{2+}水解。

[5] 目的：控制溶液酸度，与 Fe^{3+} 生成配离子，扩大突跃范围，减小终点误差。

续表

项目	I	II	III
$K_2Cr_2O_7$ 标准溶液体积终读数/mL			
$K_2Cr_2O_7$ 标准溶液用量 $V(K_2Cr_2O_7)$/mL			
硫酸亚铁片中 Fe^{2+} 含量 $w(Fe)$/(mg/片)			
Fe^{2+} 平均含量/(mg/片)			
相对平均偏差/%			

2. 数据处理

1) $K_2Cr_2O_7$ 标准溶液浓度的计算式

$$c(K_2Cr_2O_7) = \frac{m(K_2Cr_2O_7)}{M(K_2Cr_2O_7) \times V(K_2Cr_2O_7) \times 10^{-3}}(mol \cdot L^{-1})$$

式中：$m(K_2Cr_2O_7)$ 为 $K_2Cr_2O_7$ 的称量质量(g)；$M(K_2Cr_2O_7)$ 为 $K_2Cr_2O_7$ 摩尔质量 (294.19 g·mol^{-1})；$V(K_2Cr_2O_7)$ 为 $K_2Cr_2O_7$ 标准溶液用量(mL)。

2) 硫酸亚铁片中铁含量的计算式

$$w(Fe) = \frac{c(K_2Cr_2O_7)V(K_2Cr_2O_7) \times 10^{-3} \times 6M(Fe)}{10 \times \frac{50.00}{250.0}}(mg/片)$$

式中：$c(K_2Cr_2O_7)$ 为 $K_2Cr_2O_7$ 标准溶液浓度(mol·L^{-1})；$V(K_2Cr_2O_7)$ 为 $K_2Cr_2O_7$ 标准溶液用量(mL)；$M(Fe)$ 为 Fe 摩尔质量(55.85 g·mol^{-1})。

【思考题】

(1) 为什么可用直接法配制 $K_2Cr_2O_7$ 标准溶液？

(2) 加入硫酸和磷酸的目的是什么？

(3) 用二苯胺磺酸钠作指示剂，终点为什么由绿色变为紫色或蓝紫色？

【案例分析】

材料一：某同学在研磨硫酸亚铁片时，药糊出现黄色，在过滤时这种情况更加严重，本该是淡绿色的滤液也呈现出黄色。请分析上述现象产生的原因，该同学可能出现了哪些失误？该实验是否还有补救措施？

材料二：某同学在用 $K_2Cr_2O_7$ 标准溶液滴定 Fe^{2+} 时观察到的现象是溶液的绿色逐渐加深，没有出现蓝紫色，然后溶液颜色逐步变为黄绿色、黄色。请分析上述现象产生的原因，该同学可能出现了哪些失误？该实验是否还有补救措施？

(撰写人　许河峰)

基础实验 9 Na₂S₂O₃标准溶液的配制和碘量法 测定维生素 C 含量

【实验目的】

(1) 了解用直接碘量法测定维生素 C 含量的原理和方法。

(2) 了解 I_2 标准溶液的配制和标定的基本原理和方法。

(3) 掌握碘量法分析的条件和操作技术。

【实验原理】

1. 维生素 C 的测定

维生素 C 又称抗坏血酸(ascorbic acid)，分子式为 $C_6H_8O_6$，是一种含有 6 个碳原子的酸性多羟基化合物。它能影响胶原蛋白的形成，参与人体多种氧化-还原反应，通常用于防止坏血病及各种慢性传染病的辅助治疗，并且有解毒作用，是人体不可缺少的物质。人体不能自身制造维生素 C，所以必须不断地从食物(新鲜蔬菜与水果)中摄入维生素 C。

维生素 C 具有较强的还原性，其分子内的烯二醇基能被 I_2 氧化成二酮基，反应式为

可简写为

$$C_6H_8O_6 + I_2 = C_6H_6O_6 + 2HI$$

因此，维生素 C 可用 I_2 标准溶液，以淀粉为指示剂，采用直接碘量法测定。用直接碘量法可测定药片、注射液、饮料、蔬菜、水果中维生素 C 的含量。维生素 C 的强还原性，使其易被溶液和空气中的 O_2 氧化，在碱性介质中这种氧化作用更强，因此测定时宜在酸性介质 HAc 中进行，以减少副反应的发生。

2. $Na_2S_2O_3$ 标准溶液的配制和标定

市售的硫代硫酸钠($Na_2S_2O_3 \cdot 5H_2O$)一般都含有少量杂质(如 S、Na_2SO_3、NaCl 及 Na_2CO_3 等)，且易风化、潮解，因此 $Na_2S_2O_3$ 标准溶液通常需用 $K_2Cr_2O_7$

作基准物标定其浓度。

$K_2Cr_2O_7$ 标准溶液先与过量 KI 反应析出一定量的 I_2：

$$Cr_2O_7^{2-} + 6I^- + 14H^+ \Longrightarrow 2Cr^{3+} + 3I_2 + 7H_2O$$

再以淀粉为指示剂，析出的 I_2 用 $Na_2S_2O_3$ 标准溶液滴定至溶液由蓝色变为透明绿色即为终点：

$$I_2 + 2S_2O_3^{2-} \Longrightarrow S_4O_6^{2-} + 2I^-$$

3. I_2 标准溶液的配制和标定

I_2 标准溶液是碘量法中常用的标准溶液。

1) I_2 标准溶液的配制

固体 I_2 具有挥发性，准确称量较为困难，通常用间接法配制 I_2 标准溶液。固体碘溶解度很小，室温下(25℃)，I_2 饱和溶液浓度仅 0.00133 $mol \cdot L^{-1}$，所以配制 I_2 标准溶液时，先将适量 I_2 与 KI 混合，用少量水充分研磨，溶解完全后再稀释至一定体积，可将其储存于具有玻璃塞的棕色瓶中[1]，放置在阴暗处，防止阳光照射催化 O_2 对 I^- 的氧化。

2) I_2 标准溶液的标定

用配制好的 I_2 标准溶液滴定 $Na_2S_2O_3$ 标准溶液，以淀粉为指示剂，滴定至溶液由无色变为蓝色即为终点：

$$I_2 + 2S_2O_3^{2-} \Longrightarrow S_4O_6^{2-} + 2I^-$$

【注意事项】

(1) 由于硫代硫酸钠溶液容易受空气和微生物的作用而分解，为了减少溶解在水中的 CO_2 及杀死水中的微生物，应用新煮沸后冷却的去离子水配制溶液，并加入少量 Na_2CO_3 以防止 $Na_2S_2O_3$ 分解。

(2) 日光能促进 $Na_2S_2O_3$ 溶液分解，所以 $Na_2S_2O_3$ 溶液应储于棕色瓶中，放置暗处 8~14 d 后再标定。长期使用的溶液应定期标定。

【实验用品】

1. 仪器

电子分析天平，称量瓶，研钵，酸式滴定管(50 mL)，量筒(10 mL、100 mL)，烧杯(100 mL、250 mL)，锥形瓶(250 mL)，棕色瓶(500 mL)，容量瓶(250 mL)，移液管(25 mL、50 mL)，碘量瓶(250 mL)，吸量管(10 mL)。

2. 试剂

$Na_2S_2O_3 \cdot 5H_2O$(分析纯)，Na_2CO_3(分析纯)，KI(分析纯)，I_2(分析纯)，淀粉指示剂 (0.5%)，$K_2Cr_2O_7$(分析纯)，H_2SO_4(3.0 $mol \cdot L^{-1}$)，KI(10%)，

HAc(2.0 mol·L^{-1})，维生素 C 药片。

【实验步骤】

1. 0.1 mol·L^{-1} Na$_2$S$_2$O$_3$ 标准溶液的配制与标定

1) 0.1 mol·L^{-1} Na$_2$S$_2$O$_3$ 标准溶液的配制

称取 12.5 g Na$_2$S$_2$O$_3$·5H$_2$O，置于 250 mL 烧杯中，加入一定量的新煮沸冷却的去离子水溶解[2]，加入 0.05 g Na$_2$CO$_3$，溶解后转移至棕色瓶中[3]，加新煮沸后冷却的去离子水稀释至 500 mL，摇匀后放置暗处一周后标定。

2) 0.02 mol·L^{-1} K$_2$Cr$_2$O$_7$ 标准溶液的配制

准确称取 1.47 g K$_2$Cr$_2$O$_7$(精确至 0.0001 g)，置于小烧杯中，加入一定量去离子水溶解，定量转移至 250mL 的容量瓶中，定容，摇匀，计算其准确浓度。

3) 0.1 mol·L^{-1} Na$_2$S$_2$O$_3$ 标准溶液的标定

用移液管准确移取 25.00 mL K$_2$Cr$_2$O$_7$ 标准溶液，置于 250 mL 碘量瓶中，加入 10 mL 3.0 mol·L^{-1} 的 H$_2$SO$_4$ 溶液和 20 mL 10%的 KI 溶液，盖上塞子后摇匀，水封瓶口，避光保存 5 min 左右[4]，加水稀释至 100 mL，立即用 Na$_2$S$_2$O$_3$ 滴定。当溶液由红棕色变为浅黄色时，加 5 mL 淀粉指示剂[5]，溶液变蓝，继续滴定至溶液的蓝色消失，变为透明绿色，即为终点[6]。平行滴定 3 次，计算单次结果、平均结果和相对平均偏差。计算 Na$_2$S$_2$O$_3$ 标准溶液的准确浓度。

2. 0.05 mol·L^{-1} I$_2$ 标准溶液的配制与标定

1) 0.05 mol·L^{-1} I$_2$ 标准溶液的配制

称取 3.1～3.3 g 固体 I$_2$ 和 5 g KI 置于研钵或小烧杯中，加去离子水少许，研磨或搅拌至 I$_2$ 全部溶解后，转移至棕色瓶中，加水稀释至约 250 mL，塞紧，摇匀后放置暗处。

2) 0.05 mol·L^{-1} I$_2$ 标准溶液的标定

用移液管准确移取 Na$_2$S$_2$O$_3$ 标准溶液 25.00 mL，置于 250 mL 的锥形瓶中，加 50 mL 去离子水和 2 mL 淀粉指示剂，立即用 I$_2$ 标准溶液滴定至溶液呈蓝色，即为终点。准确记录消耗的 I$_2$ 标准溶液的体积[7]，平行滴定 3 次，计算单次结果、平均结果和相对平均偏差。计算 I$_2$ 标准溶液的准确浓度。

3. 维生素 C 含量的测定

将维生素 C 药片用研钵研成粉末，用电子分析天平准确称取试样 0.2 g 左右(精确至 0.0001 g)，置于 250 mL 锥形瓶中，加入新煮沸冷却的去离子水 100 mL、2 mol·L^{-1} HAc 溶液 10 mL[8]，摇匀搅拌，待维生素 C 完全溶解后，加入淀粉指示剂 2 mL，摇匀，立即用 I$_2$ 标准溶液滴定至呈现稳定的蓝色，30 s 内不褪色即为终点，准确记录所消耗 I$_2$ 标准溶液的体积，平行测定 3 次，计算单次结果、平均结果和相对平均偏差。计算样品中维生素 C 的含量。

[2] 防止水中细菌分解硫代硫酸钠。

[3] 防止硫代硫酸钠见光分解。

[4] K$_2$Cr$_2$O$_7$ 与 KI 充分反应，避光是防止 I$_2$ 挥发成碘蒸气。

[5] 溶液颜色变黄说明 I$_2$ 已逐渐反应完全，接近滴定终点，淀粉指示剂若提前加入，大量的碘被淀粉表面牢牢地吸附，不易与 Na$_2$S$_2$O$_3$ 及时反应，致使终点迟钝。

[6] 终点时 I$_2$ 反应完全，淀粉指示剂与 I$_2$ 的特征蓝色消失，标准溶液 K$_2$Cr$_2$O$_7$ 中的 Cr(Ⅵ)被还原为 Cr(Ⅲ)，显绿色。

[7] 碘标准溶液颜色较深，读数据时读不到液体的弯月面，只能读取液体的上沿。

[8] 目的：防止维生素 C 的氧化及 I$_2$ 的歧化。

【实验数据记录与处理】

1. 数据记录

1) $Na_2S_2O_3$ 标准溶液的标定(表 5-16)

表 5-16　$Na_2S_2O_3$ 标准溶液的标定数据记录

项目	平行实验		
	I	II	III
$K_2Cr_2O_7$ 标准溶液浓度/$(mol \cdot L^{-1})$			
$K_2Cr_2O_7$ 标准溶液体积/ mL			
$Na_2S_2O_3$ 标准溶液体积初读数/mL			
$Na_2S_2O_3$ 标准溶液体积终读数/mL			
$Na_2S_2O_3$ 标准溶液用量 $V(Na_2S_2O_3)$/mL			
$Na_2S_2O_3$ 标准溶液浓度 $c(Na_2S_2O_3)$/$(mol \cdot L^{-1})$			
$Na_2S_2O_3$ 标准溶液平均浓度/$(mol \cdot L^{-1})$			
相对平均偏差/%			

2) I_2 标准溶液的标定(表 5-17)

表 5-17　I_2 标准溶液的标定数据记录

项目	平行实验		
	I	II	III
$Na_2S_2O_3$ 标准溶液浓度/$(mol \cdot L^{-1})$			
$Na_2S_2O_3$ 标准溶液体积 $V(Na_2S_2O_3)$/mL			
I_2 标准溶液体积初读数/mL			
I_2 标准溶液体积终读数/mL			
I_2 标准溶液用量 $V(I_2)$/mL			
I_2 标准溶液浓度 $c(I_2)$/$(mol \cdot L^{-1})$			
I_2 标准溶液平均浓度/$(mol \cdot L^{-1})$			
相对平均偏差/%			

3) 维生素 C 含量的测定(表 5-18)

表 5-18 维生素 C 含量的测定数据记录

项目	平行实验		
	Ⅰ	Ⅱ	Ⅲ
维生素 C 药片的称样质量/g			
I₂ 标准溶液体积初读数/mL			
I₂ 标准溶液体积终读数/mL			
I₂ 标准溶液用量 $V(I_2)$/mL			
维生素 C 的含量 w(维生素 C)/%			
维生素 C 的平均含量/%			
相对平均偏差/%			

2. 数据处理

1) $K_2Cr_2O_7$ 标准溶液浓度的计算式

$$c(K_2Cr_2O_7) = \frac{m(K_2Cr_2O_7)}{M(K_2Cr_2O_7) \times 250.0 \times 10^{-3}} \ (mol \cdot L^{-1})$$

式中：$m(K_2Cr_2O_7)$ 为 $K_2Cr_2O_7$ 的称量质量(g)；$M(K_2Cr_2O_7)$ 为 $K_2Cr_2O_7$ 摩尔质量
$(294.19 \ g \cdot mol^{-1})$。

2) $Na_2S_2O_3$ 标准溶液浓度的计算式

$$c(Na_2S_2O_3) = \frac{6c(K_2Cr_2O_7) \times V(K_2Cr_2O_7)}{V(Na_2S_2O_3)} \ (mol \cdot L^{-1})$$

式中：$c(K_2Cr_2O_7)$ 为 $K_2Cr_2O_7$ 标准溶液浓度$(mol \cdot L^{-1})$；$V(K_2Cr_2O_7)$ 为 $K_2Cr_2O_7$
标准溶液体积(mL)；$V(Na_2S_2O_3)$ 为 $Na_2S_2O_3$ 标准溶液用量(mL)。

3) I_2 标准溶液浓度的计算式

$$c(I_2) = \frac{c(Na_2S_2O_3) \times V(Na_2S_2O_3)}{2V(I_2)} \ (mol \cdot L^{-1})$$

式中：$c(Na_2S_2O_3)$ 为 $Na_2S_2O_3$ 标准溶液浓度$(mol \cdot L^{-1})$；$V(Na_2S_2O_3)$ 为 $Na_2S_2O_3$
标准溶液体积(mL)；$V(I_2)$ 为 I_2 标准溶液用量(mL)。

4) 维生素 C 含量的计算式

$$w(维生素C) = \frac{c(I_2) \times V(I_2) \times 10^{-3} \times M(C_6H_8O_6)}{m(C_6H_8O_6)} \times 100\%$$

式中：$c(I_2)$ 为 I_2 标准溶液浓度$(mol \cdot L^{-1})$；$V(I_2)$ 为 I_2 标准溶液用量(mL)；$M(C_6H_8O_6)$
为维生素 C 摩尔质量$(176.12 \ g \cdot mol^{-1})$；$m(C_6H_8O_6)$ 为维生素 C 粉末的称量质量(g)。

【思考题】

(1) 测定维生素 C 样品含量时，为何要加入 HAc 溶液？

(2) 溶解维生素 C 样品时，为什么要用新煮沸放冷的去离子水？

(3) 配制 I_2 标准溶液时为什么要加入 KI?

【案例分析】

某同学在用碘量法分析维生素 C 时，I_2 标准溶液和 $Na_2S_2O_3$ 标准溶液与同组同学共用，维生素 C 药片的称量也正确，但是其测定结果数据忽大忽小，数据的相对偏差远大于同组的其他同学，请分析哪些原因导致上述情况的发生。

(撰写人　李红娟)

基础实验 10　EDTA 标准溶液的配制与标定

【实验目的】

(1) 了解 EDTA 的性质和应用。

(2) 学习 EDTA 标准溶液的配制和标定方法。

【实验原理】

乙二胺四乙酸(EDTA)是一种有机多基配位剂，能与大多数金属离子形成稳定的 1:1 型螯合物，计量关系简单，故常用于配位滴定。由于乙二胺四乙酸难溶于水，常温下其溶解度为 $0.2\ g \cdot L^{-1}$，通常采用其溶解度较大的二钠盐 $(Na_2H_2Y \cdot 2H_2O)$ 配制其标准溶液，其溶解度为 $120\ g \cdot L^{-1}$，可配制成浓度为 $0.3\ mol \cdot L^{-1}$ 以下的水溶液，pH 大约为 4.4。由于乙二胺四乙酸的二钠盐常会吸附少量的水分和含有少量杂质，所以其标准溶液宜采用间接法配制。

标定 EDTA 溶液的基准物有 Zn、ZnO、$CaCO_3$、Bi、Cu、$MgSO_4 \cdot 7H_2O$、Ni、Pb 等。选用的基准物质和标定条件应尽可能与测定条件一致，以减小误差，提高准确度。最好选用被测元素的纯金属或化合物作基准物质，这样滴定条件一致，误差较小。

金属指示剂在不同 pH 呈现不同的颜色，滴定前，需加入缓冲溶液控制滴定时的酸度，指示剂与金属离子生成有色配离子，溶液成为配离子颜色，反应可表示为

$$M + In(A\ 色) \Longleftrightarrow MIn(B\ 色)$$

MIn 配离子的稳定性远小于 MY，用 EDTA 滴定溶液时，M 不断地从 MIn 配离子中被 EDTA 置换出来，形成 MY，随着 MIn 配离子浓度的降低，B 色逐步变浅，最终溶液呈游离的 In 的颜色。

滴定反应：　　　　　　　　　$M + Y \Longleftrightarrow MY$

指示反应：　　　　　　$MIn\ (B\ 色) + Y \Longleftrightarrow MY + In\ (A\ 色)$

本实验分别采用 $CaCO_3$ 和 $MgSO_4 \cdot 7H_2O$ 两种基准物标定 EDTA。

【实验用品】

1. 仪器

酸式滴定管(50 mL)，细口试剂瓶(500 mL)，烧杯(100 mL、250 mL)，锥形瓶(150 mL)，容量瓶(150 mL)，移液管(25 mL)，量筒(10 mL、100 mL)，电子分析天平(0.1 mg)。

2. 试剂

$Na_2H_2Y \cdot 2H_2O$(分析纯)，$CaCO_3$(分析纯)，$MgSO_4 \cdot 7H_2O$(分析纯)，NaOH(10%)溶液。

NH$_3$-NH$_4$Cl 缓冲溶液(pH=10.0)：称取 54 g NH$_4$Cl 固体溶于适量水中，加入浓氨水 360 mL，稀释至 1 L。

钙指示剂(NN)：称取 1 g 钙指示剂与 100 g NaCl 混合，研细备用。

铬黑 T 指示剂(EBT)：称取 1 g 铬黑 T 与 100 g NaCl 混合，研细备用。

铬黑 T 指示剂
变色过程

钙指示剂变色
过程

【实验步骤】

1. 0.01 mol · L^{-1} EDTA 标准溶液的配制

称 1.9 g Na$_2$H$_2$Y · 2H$_2$O 固体，倒入 250 mL 烧杯中，加入 120 mL 去离子水溶解，可适当加热。待完全溶解后，将溶液转入细口试剂瓶中，用去离子水稀释至 500 mL。

2. EDTA 标准溶液的标定

1) 用基准物 CaCO$_3$ 标定

a. 0.01 mol · L^{-1} Ca^{2+} 标准溶液的配制

准确称取 0.12～0.18 g(精确至 0.0001 g)已在 105～110℃ 干燥至恒量的 CaCO$_3$ 于 100 mL 小烧杯中，滴加去离子水润湿后盖上表面皿，从烧杯嘴逐滴加入 HCl 溶液(1∶1)至 CaCO$_3$ 完全溶解，过量 1～2 滴，再加入 20 mL 左右去离子水，小火煮沸 2 min[1]。用去离子水将表面皿上溅的溶液冲入烧杯中，冷却后定量转入 150 mL 容量瓶中，加去离子水稀释至刻度，盖好盖摇匀，贴标签备用。

b. 标定

用移液管准确移取所配制的 Ca^{2+} 标准溶液 25.00 mL 于锥形瓶中，加入 10% NaOH 溶液 2.5 mL[2]，钙指示剂少许(约 0.02 g)[3]，用 EDTA 标准溶液滴定至溶液由酒红色变为纯蓝色即为终点[4]，记录 EDTA 标准溶液消耗体积 V，平行标定 3 次，计算单次结果、平均结果和相对平均偏差。

2) 用基准物 MgSO$_4$ · 7H$_2$O 标定

a. 0.01 mol · L^{-1} Mg^{2+}标准溶液的配制

[1] 赶走溶液中的 CO$_2$。

[2] 控制溶液 pH=10～13，准确滴定 Ca^{2+} 和 CaIn 显酒红色。

[3] 指示剂用量尽量相同，这样对观察终点有利。

[4] 配位反应进行速率较慢，所以滴加 EDTA 速度不能太快，尤其接近终点时，应逐滴加入，并充分振荡。

准确称取 $MgSO_4 \cdot 7H_2O$ 基准试剂 0.36~0.39 g(精确至 0.0001 g)，置于 100 mL 烧杯中，加 30 mL 去离子水，搅拌，待完全溶解后，定量转移到 150 mL 容量瓶中，加去离子水稀释至刻度，摇匀。

b. 标定

用移液管吸取 25.00 mL 上述 Mg^{2+} 标准溶液于 250 mL 锥形瓶中，加入 20 mL 去离子水和 8 mL pH≈10 的 NH_3-NH_4Cl 缓冲溶液[5]，加入铬黑 T 指示剂少许(约 0.1 g)，用 EDTA 标准溶液滴定，溶液由酒红色刚好变为蓝色，即达终点，平行标定 3 次，计算单次结果、平均结果和相对平均偏差。根据消耗的 EDTA 标准溶液的体积，计算 EDTA 的准确浓度。

[5] 控制溶液 pH≈10，准确滴定 Mg^{2+} 和 MgIn 显酒红色。

【实验数据记录与处理】

1. 数据记录(表 5-19)

表 5-19　EDTA 标准溶液的配制和标定数据记录

项目	平行实验		
	I	II	III
基准物称样质量/g			
25 mL 溶液所含基准物质量/g			
EDTA 标准溶液体积初读数/mL			
EDTA 标准溶液体积终读数/mL			
EDTA 标准溶液用量 V(EDTA)/mL			
EDTA 标准溶液浓度/(mol·L^{-1})			
EDTA 标准溶液平均浓度/(mol·L^{-1})			
相对平均偏差/%			

2. 数据处理

1) $CaCO_3$ 基准物标定 EDTA 标准溶液

$$c(\text{EDTA})=\frac{m(\text{CaCO}_3)}{M(\text{CaCO}_3)V(\text{EDTA})\times10^{-3}}\ (\text{mol}\cdot\text{L}^{-1})$$

式中：$m(\text{CaCO}_3)$ 为 25 mL 溶液中 $CaCO_3$ 的含量(g)；$M(\text{CaCO}_3)$ 为 $CaCO_3$ 摩尔质量(100.09 g·mol^{-1})；$V(\text{EDTA})$ 为 EDTA 标准溶液用量(mL)。

2) $MgSO_4 \cdot H_2O$ 基准物标定 EDTA 标准溶液

$$c(\text{EDTA})=\frac{m(\text{MgSO}_4\cdot7\text{H}_2\text{O})}{M(\text{MgSO}_4\cdot7\text{H}_2\text{O})V(\text{EDTA})\times10^{-3}}\ (\text{mol}\cdot\text{L}^{-1})$$

式中：$m(\text{MgSO}_4\cdot7\text{H}_2\text{O})$ 为 25 mL 溶液中 $MgSO_4 \cdot 7H_2O$ 的含量(g)；$M(\text{MgSO}_4\cdot7\text{H}_2\text{O})$ 为 $MgSO_4 \cdot 7H_2O$ 摩尔质量(246.47 g·mol^{-1})；$V(\text{EDTA})$ 为 EDTA 溶液用量(mL)。

【思考题】

(1) 标定 EDTA 溶液浓度为什么要在缓冲溶液中进行?

(2) 乙二胺四乙酸二钠的水溶液 pH 为多少? 应如何计算?

(3) 为什么用乙二胺四乙酸二钠配制 EDTA 标准溶液,而不用乙二胺四乙酸?

【案例分析】

材料一: 某同学在用 $CaCO_3$ 基准物标定 EDTA 标准溶液时, 错用 $pH \approx 10$ 的 $NH_3\text{-}NH_4Cl$ 缓冲溶液和 EBT 作指示剂, 其结果会有什么问题? 为什么?

材料二: 某同学在标定 EDTA 标准溶液时, 加入指示剂后溶液显示蓝紫色, 而非酒红色。请分析原因。

(撰写人　杨玉琛)

基础实验 11　自来水硬度的测定

【实验目的】

(1) 掌握 EDTA 配位滴定法测定水硬度的原理和方法。

(2) 了解测定水硬度的意义和水硬度的表示方法。

(3) 掌握铬黑 T 和钙指示剂的滴定终点的判断方法。

【实验原理】

水的硬度是水质的一项重要指标, 分为水的总硬度和钙硬度、镁硬度两种, 前者指水中 Ca^{2+}、Mg^{2+} 的总量, 后者则分别为 Ca^{2+} 和 Mg^{2+} 的含量。水中钙镁含量越高, 水的硬度就越大。

各国水硬度的表示方法不同, 具体见表 5-20。

表 5-20　各国水硬度单位换算表

硬度单位	mmol · L^{-1}	德国硬度	法国硬度	英国硬度	美国硬度
1mmol · L^{-1}	1.00000	2.8040	5.0050	3.5110	50.050
1 德国硬度	0.35663	1.0000	1.7848	1.2521	17.848
1 法国硬度	0.19982	0.5603	1.0000	0.7015	10.000
1 英国硬度	0.28483	0.7987	1.4255	1.0000	14.255
1 美国硬度	0.01998	0.0560	0.1000	0.0702	1.0000

我国水硬度常用的表示方法, 是将水中所含 Ca^{2+}、Mg^{2+} 总量折算成 CaO, 每升水中含 10 mg CaO 为一个德国度(°)。天然水按硬度可以分为: 0°~4° 为极软水, 4°~8° 为软水, 8°~16° 为中等软硬水, 16°~32° 为硬水。生活用水总硬度不得超过 25°。

一般情况下可用 EDTA 配位滴定法测定水中 Ca^{2+}、Mg^{2+} 含量。

1. 水的总硬度测定

在 pH=10 的 NH_3-NH_4Cl 缓冲溶液中，以铬黑 T(EBT)为指示剂，用 EDTA 标准溶液(H_2Y^{2-})进行滴定。铬黑 T 与 EDTA 都能与 Ca^{2+}、Mg^{2+} 形成配合物，其稳定性顺序为

$$CaY^{2-} > MgY^{2-} > MgIn^- > CaIn^-$$

因此 EBT 加入后，先与部分 Mg^{2+} 反应生成 $MgIn^-$(酒红色)，当滴加 EDTA 标准溶液时，EDTA 首先与游离 Ca^{2+} 配位，其次与游离 Mg^{2+} 配位，最后将 $MgIn^-$ 中的 Mg^{2+} 全部置换，铬黑 T 游离出来，溶液变为纯蓝色。相关反应如下：

滴定前

$$Mg^{2+} + HIn^{2-} \rightleftharpoons MgIn^-(酒红色) + H^+$$

滴定反应

$$Ca^{2+} + H_2Y^{2-} \rightleftharpoons CaY^{2-} + 2H^+$$

$$Mg^{2+} + H_2Y^{2-} \rightleftharpoons MgY^{2-} + 2H^+$$

滴定终点

$$MgIn^-(酒红色) + H_2Y^{2-} \rightleftharpoons MgY^{2-} + HIn^{2-}(纯蓝色) + H^+$$

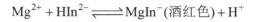

【阅读材料】
农村安全
饮水工程

2. 钙硬度测定

用 10% NaOH 溶液调节水样的 pH≥12，Mg^{2+} 以 $Mg(OH)_2$ 沉淀形式被掩蔽；加入钙指示剂，与 Ca^{2+} 生成 $CaIn^-$(酒红色)，用 EDTA 标准溶液滴定，最后将 $CaIn^-$ 中的 Ca^{2+} 全部置换，钙指示剂(蓝色)游离出来，溶液变为纯蓝色。

【实验用品】

1. 仪器

酸式滴定管(50 mL)，细口试剂瓶(500 mL)，烧杯(100 mL、250 mL)，锥形瓶(250 mL)，容量瓶(100 mL、250 mL)，移液管(25 mL)，量筒(10 mL、100 mL)，电子分析天平。

2. 试剂

$MgSO_4 \cdot 7H_2O$(分析纯)，$Na_2H_2Y \cdot 2H_2O$(分析纯)，NaOH(10%)，NH_3-NH_4Cl 缓冲溶液(pH=10.0)，铬黑 T 指示剂，钙指示剂。

【实验步骤】

1. EDTA 标准溶液的配制与标定

1) EDTA 标准溶液的配制

称 0.4~0.5 g $Na_2H_2Y \cdot 2H_2O$ 固体，置于 250 mL 烧杯中，加入 100 mL 去离子水溶解，可适当加热。待完全溶解后，将溶液转入细口试剂瓶中，用去离子水稀释至 300 mL，贴上标签，待标定。

2) $MgSO_4$ 标准溶液的配制

准确称取干燥好的 $MgSO_4 \cdot 7H_2O$ 基准物 0.24~0.26 g(精确至 0.0001 g)，置于 100 mL 烧杯中，加 30 mL 去离子水，待完全溶解后，定量转移到 250 mL 容量瓶中，加去离子水稀释至刻度，摇匀。

注意：EDTA 与 $MgSO_4$ 溶液浓度需根据当地自来水水样硬度调整。

3) EDTA 标准溶液的标定

用移液管吸取 25.00 mL 上述 $MgSO_4$ 标准溶液于锥形瓶中，加入 20 mL 去离子水和 8 mL pH =10 的 NH_3-NH_4Cl 缓冲溶液[1]，加入铬黑 T 指示剂少许[2](约 0.1 g)，用 EDTA 标准溶液滴定至溶液由酒红色刚好变为蓝色[3]，即达终点，平行标定 3 次，计算单次结果、平均结果和相对平均偏差。

2. 自来水总硬度的测定

用容量瓶取 100.0 mL 自来水水样于锥形瓶中，加 pH=10.0 的 NH_3-NH_4Cl 缓冲溶液 5 mL，铬黑 T 指示剂少许(约 0.1 g)，用 EDTA 标准溶液滴定，至溶液由酒红色变为蓝色即为终点，读数并记录。平行测定 3 次，计算单次结果、平均结果和相对平均偏差。

3. 钙含量的测定

取 100.0 mL 自来水水样于 250 mL 锥形瓶中，加 10% NaOH 溶液 5 mL[4]，钙指示剂少许(约 0.1 g)，用 EDTA 标准溶液滴定至溶液由酒红色变为蓝色即为终点，读数并记录。平行测定 3 次，计算单次结果、平均结果和相对平均偏差。

【实验数据记录与处理】

1. 数据记录

1) EDTA 标准溶液的标定(表 5-21)

表 5-21 EDTA 标准溶液的标定数据记录

项目	平行实验		
	I	II	III
$MgSO_4 \cdot 7H_2O$ 称样质量/g			
25.00 mL 溶液所含 $MgSO_4 \cdot 7H_2O$ 质量 m/g			
EDTA 标准溶液体积初读数/mL			

[1] 控制溶液 pH，使 Mg^{2+} 能够被准确滴定，并且控制 $MgIn^-$ 稳定存在。

[2] 指示剂用量尽量相同，以提高精密度。

[3] 配位反应进行速率较慢，EDTA 滴加速度不能太快，临近终点时溶液为蓝紫色，此时每加入一滴 EDTA，锥形瓶需要振荡至溶液不再变色，再加下一滴。如此操作，直至溶液变为蓝色为止。

[4] 加入 NaOH 调节溶液 pH=12，掩蔽 Mg^{2+}，使 Mg^{2+} 形成 $Mg(OH)_2$ 沉淀，另外控制 $CaIn^-$ 稳定存在。

项目	平行实验		
	I	II	III
EDTA 标准溶液体积终读数/mL			
EDTA 标准溶液用量 V(EDTA)/mL			
c(EDTA)/(mol·L^{-1})			
c(EDTA)$_{平均}$/(mol·L^{-1})			
相对平均偏差/%			

2) 自来水硬度的测定(表 5-22)

表 5-22　自来水硬度的测定数据记录

	项目	平行实验		
		I	II	III
水的总硬度	c(EDTA)/ (mol·L^{-1})			
	V(水样)/ mL			
	EDTA 标准溶液体积初读数/mL			
	EDTA 标准溶液体积终读数/mL			
	EDTA 标准溶液用量 V_1(EDTA)/mL			
	自来水总硬度/(°)			
	自来水总硬度的平均值/(°)			
	相对平均偏差/%			
钙含量测定	V(水样)/ mL			
	EDTA 标准溶液体积初读数/mL			
	EDTA 标准溶液体积终读数/mL			
	EDTA 标准溶液用量 V_2(EDTA)/mL			
	Ca^{2+}的含量/(mg·L^{-1})			
	Ca^{2+}含量的平均值/(mg·L^{-1})			
	相对平均偏差/%			
	Mg^{2+}含量的平均值/(mg·L^{-1})			

2. 数据处理

1) EDTA 溶液标定的计算式

$$c(\text{EDTA})=\frac{m(\text{MgSO}_4 \cdot 7\text{H}_2\text{O})}{M(\text{MgSO}_4 \cdot 7\text{H}_2\text{O}) \times V(\text{EDTA}) \times 10^{-3}}(\text{mol} \cdot \text{L}^{-1})$$

式中：$M(\text{MgSO}_4 \cdot 7\text{H}_2\text{O})$ 为 $\text{MgSO}_4 \cdot 7\text{H}_2\text{O}$ 摩尔质量(246.47 g·mol^{-1})；$m(\text{MgSO}_4 \cdot 7\text{H}_2\text{O})$为 25.00 mL 溶液中 $\text{MgSO}_4 \cdot 7\text{H}_2\text{O}$ 质量(g)；V(EDTA)为滴定

所消耗 EDTA 标准溶液体积。

2) 自来水总硬度(德国度)的计算式

$$总硬度 = \frac{c(EDTA) \times V_1(EDTA) \times M(CaO)}{V(水样)} \times 100$$

式中：$M(CaO)$为 CaO 摩尔质量(56.08 g·mol^{-1})；$V(水样)$为被滴定自来水样品体积(mL)；$V_1(EDTA)$为滴定消耗 EDTA 体积(mL)。

3) Ca^{2+}含量的计算式

$$\rho(Ca) = \frac{c(EDTA) \times V_2(EDTA) \times M(Ca)}{V(水样)} \times 10^3 \ (mg·L^{-1})$$

式中：$M(Ca)$为 Ca 摩尔质量(40.08 g·mol^{-1})；$V(水样)$为被滴定自来水样品体积(mL)；$V_2(EDTA)$为滴定消耗 EDTA 体积(mL)。

4) Mg^{2+}含量的计算式

$$\rho(Mg) = \frac{c(EDTA) \times \left[(V_1(EDTA) - V_2(EDTA) \right] \times M(Mg)}{V(水样)} \times 10^3 \ (mg·L^{-1})$$

式中：$M(Mg)$为 Mg 摩尔质量(24.305 g·mol^{-1})；$V(水样)$为被滴定自来水样品体积(mL)；$V_1(EDTA)$为滴定自来水中 Ca^{2+}和 Mg^{2+}消耗 EDTA 体积(mL)；$V_2(EDTA)$为滴定自来水中 Ca^{2+}消耗 EDTA 体积(mL)。

【思考题】

(1) 测定 Ca^{2+}、Mg^{2+}总量时，为什么选择 pH=10 的缓冲溶液？

(2) 测定 Ca^{2+}含量时，加入 pH=12 的 NaOH 溶液的作用是什么？

(3) 水硬度有哪些表示方法？测定水硬度有什么意义？

【案例分析】

材料一：某同学在盛有 100.0 mL 自来水样品的锥形瓶中加入铬黑 T 指示剂，振荡溶解后，溶液没有出现酒红色，请分析上述现象产生的原因。

材料二：某同学在测定 100.0 mL 自来水样品总硬度时，所消耗 EDTA 标准溶液体积为 V_1；测定 100.0 mL 相同自来水样品中 Ca^{2+}含量时,所消耗同一 EDTA 标准溶液体积为 V_2，测定结果 V_1 小于 V_2。请分析该实验失败的原因。

(撰写人　杨玉琛)

基础实验 12　磷钼蓝分光光度法测定磷的含量

【实验目的】

(1) 掌握分光光度法测磷的基本原理和方法。

(2) 熟悉分光光度计的使用方法。

(3) 熟悉吸收曲线的绘制方法及最大吸收波长的确定。

(4) 掌握标准比较法。

【实验原理】

磷在自然界以各种磷酸盐和含磷有机化合物的形式广泛存在于水体、土壤和生物体内。磷是生物生长的必需元素之一，在农业生产中常需要测磷含量。水体中磷含量是环境监测的重要指标，磷含量过高，会造成藻类过度繁殖，引起水体的富营养化。磷含量的测试方法有很多，对于微量磷的测定常采用磷钼蓝分光光度法。

1. 基本原理

磷酸盐在酸性条件下与钼酸铵作用生成黄色的磷钼杂多酸——钼黄，钼黄颜色浅且不稳定，不适于分光光度分析。若用还原剂如氯化亚锡、抗坏血酸、硫酸肼等还原钼黄，可生成深蓝色物质——钼蓝。钼蓝是一种结构比较复杂的蓝色螯合物，性质稳定，其最大吸收波长为 690 nm。相关反应方程式如下：

$$PO_4^{3-} + 12MoO_4^{2-} + 27H^+ \Longrightarrow H_7[P(Mo_2O_7)_6] + 10H_2O$$

$$H_7[P(Mo_2O_7)_6] + 2Sn^{2+} + 4H^+ \Longrightarrow H_3PO_4 \cdot 8MoO_3 \cdot 2Mo_2O_5 + 2Sn^{4+} + 4H_2O$$

上述两个反应均定量完成且无副反应，钼蓝含量与磷含量成正比，在磷质量浓度小于 1 mg·L^{-1} 时，溶液的吸光度 A 与磷钼蓝浓度 c 遵循朗伯-比尔定律：$A = kbc$，因此可以通过测量钼蓝的含量确定样品中磷的含量。

本实验采用标准比较法测定磷含量。

2. 最大吸收波长的确定

一般分光光度分析尽量选择最大吸收波长作为测试波长，此时有色物质对光的吸收最大，测量的灵敏度最高。最大吸收波长的确定需以吸收曲线为依据。

本实验通过测定不同波长(λ)下磷钼蓝的吸光度 A，以 A 为纵坐标，以 λ 为横坐标绘制吸收曲线，确定吸光度 A 最大值所对应的吸收波长，即为最大吸收波长 λ_{max}，以 λ_{max} 作为入射光波长测定溶液的吸光度 A。

3. 标准比较法

标准比较法是分光光度法中测定单一组分的一种方法。将浓度相近、组成一致的标准溶液 c_s 和试液 c_x，在相同条件下显色、定容，分别测其吸光度 A_s 和 A_x，由朗伯-比尔定律得

$$A_s = kbc_s$$

$$A_x = kbc_x$$

两式相比可以求出待测试液的含量 c_x：

$$c_x = \frac{A_x}{A_s} c_s$$

【实验用品】

1. 仪器

(紫外)可见分光光度计，容量瓶(50 mL)，移液管(1 mL、5 mL、10 mL)。

2. 试剂

(1) 钼酸铵-硫酸混合液：称取 25 g 钼酸铵，置于 400 mL 烧杯中，加入 200 mL 去离子水，溶解待用；另取一只 1000 mL 烧杯，加入 400 mL 去离子水，再缓慢加入 280 mL 浓硫酸，搅拌均匀。将两溶液混合，转移至 1000 mL 容量瓶，稀释、定容至刻度线。

(2) $SnCl_2$-甘油溶液：溶解 2.5 g $SnCl_2$ 于 100 mL 甘油中，溶液可稳定保存数周。

(3) 磷标准储备溶液：将 KH_2PO_4 于 110℃干燥 2 h 后，准确称取 2.1970 g(精确至 0.0001 g)，用去离子水溶解后转移至 1000 mL 的容量瓶中，先加入 800 mL 去离子水，然后加入 5 mL 浓 H_2SO_4，再加去离子水定容至刻度，摇匀待用。

(4) 磷标准溶液：将上述储备溶液稀释 100 倍，得到含磷 5 $\mu g \cdot mL^{-1}$ 的标准溶液。

(5) 磷待测液。

【实验步骤】

1. 磷标准溶液及待测液配制

取 3 只洗涤干净的 50 mL 容量瓶并编号为 1 号、2 号、3 号。用移液管分别取含磷 5 $\mu g \cdot mL^{-1}$ 的标准溶液 0.00 mL 和 6.00 mL 放入 1 号、2 号容量瓶中[1]，3 号容量瓶内加入磷待测液 5.00 mL，然后向上述每只容量瓶中加入去离子水至 25 mL 左右，再加入钼酸铵-硫酸混合液 2.50 mL，摇匀[2]。用去离子水稀释至瓶颈，各加 $SnCl_2$-甘油溶液 4 滴[3]，摇匀，再稀释至刻度，充分摇匀后，静置 10～12 min[4]。

2. 吸收曲线的绘制

以 1 号溶液(磷浓度为 0.00 $\mu g \cdot mL^{-1}$)为参比溶液，在波长 400～700 nm 区间测定 2 号磷标准溶液的吸收曲线。进行间隔 5 nm 的波长扫描，测定相应波长的吸光度 A，以 A 值为纵坐标，λ 值为横坐标，绘制吸收曲线，并确定最大吸收波长 λ_{max}(A 值最大者)。

3. 标准比较法测定磷的含量

选择 λ_{max} 作为测试波长，测定 2 号磷标准溶液和 3 号待测液的吸光度 A_2 和 A_3，各平行测定 3 次，计算单次结果、平均结果和相对平均偏差。根据朗伯-比尔定律计算本实验条件下 3 号待测液磷的含量。

[1] 1 号为空白溶液，2 号为磷标准溶液。

[2] 目的：进行显色反应第一步，生成磷钼酸。摇匀时，勿盖容量瓶盖。

[3] 目的：进行显色反应第二步，$SnCl_2$ 将部分 Mo(Ⅵ)还原为 Mo(Ⅴ)，形成有色磷钼蓝。其添加顺序不能乱。

[4] 目的：显色反应需要一定时间。

【实验数据记录与处理】

1. 数据记录

1) 吸收曲线的绘制(表 5-23)

表 5-23　吸收曲线中吸光度的测量数据

波长 λ/nm									
吸光度 A									
λ_{max}/nm									

2) 磷含量的测定(表 5-24)

表 5-24　标准比较法测定磷的含量数据记录

项目	平行实验		
	I	II	III
比色皿规格/cm			
2 号标准溶液浓度 c_2/($\mu g \cdot mL^{-1}$)			
2 号标准溶液吸光度(A_2)			
3 号待测液吸光度(A_3)			
3 号待测液浓度 c_3/($\mu g \cdot mL^{-1}$)			
3 号待测液平均浓度/($\mu g \cdot mL^{-1}$)			
3 号原溶液浓度/($\mu g \cdot mL^{-1}$)			
相对平均偏差/%			

2. 数据处理

$$c_3 = \frac{A_3}{A_2} c_2$$

式中：A_2、A_3 分别为 2 号、3 号溶液吸光度；c_2、c_3 分别为 2 号、3 号溶液浓度 ($\mu g \cdot mL^{-1}$)。

【思考题】

(1) 测定溶液吸光度时，应该将吸光度调整到什么范围？

(2) 空白溶液中为何要加入与标准溶液及待测液同种类溶剂和同样量的显色剂等试剂？

【案例分析】

材料一：小 A 同学在磷钼蓝分光光度法测定样品实验中，用 2 号溶液绘制吸收曲线时，仪器显示屏上曲线吸收峰形状与其他同学类似，但是峰值特别低，请问可能是什么原因造成的？

材料二：小 B 同学在磷钼蓝分光光度法测定样品实验中，用 2 号溶液测得吸光度与 3 号溶液差别极大，请问这个实验结果合理吗？说明理由。

（撰写人 蒲 亮）

基础实验 13 邻二氮菲分光光度法测定铁的含量

【实验目的】

(1) 学习分光光度法的基本原理。
(2) 进一步熟悉分光光度计的基本构造和使用方法。
(3) 熟悉标准曲线的绘制方法及原理。
(4) 掌握标准曲线的使用方法。

【实验原理】

分光光度法测定微量 Fe 含量时，常用邻二氮菲作显色剂，可形成稳定的有色物质。该方法灵敏度和准确性高，选择性和重现性好，是微量 Fe 测定中最常用、最灵敏的方法，也称为邻二氮菲分光光度法。

1. 显色原理

在 pH=2～9 的溶液中，邻二氮菲与 Fe^{2+} 作用生成稳定的橘红色螯合物，其反应方程式为

该螯合物的最大吸收波长 (λ_{max}) 为 510 nm，最大摩尔吸光系数 $\kappa_{510}=1.1\times10^4 \ L\cdot mol^{-1}\cdot cm^{-1}$。

该方法适用的测定范围是 Fe 含量为 0.1～6 $\mu g\cdot mL^{-1}$，超出此范围则不遵循朗伯-比尔定律，需适当调整样品量。

由于溶液中 Fe^{2+} 常被少量氧化成 Fe^{3+}，因此显色前需将 Fe^{3+} 用盐酸羟胺还原为 Fe^{2+}，反应方程式为

$$2Fe^{3+} + 2NH_2OH == 2Fe^{2+} + N_2\uparrow + 2H_2O + 2H^+$$

一般情况下，显色反应的 pH 为 5 左右较为适宜，酸度高反应进行缓慢，

酸度低 Fe^{2+} 易水解，影响显色。

2. 标准曲线法

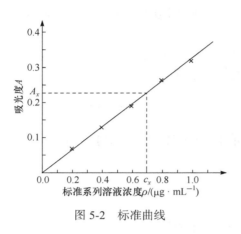

图 5-2　标准曲线

标准曲线法是一种简便、快速的定量方法。首先，将标准物质配制成一系列不同浓度的标准溶液。其次，在一定波长下，测量每个标准溶液的吸光度 A。然后以吸光度 A 值为纵坐标，标准溶液的浓度值为横坐标，绘制标准曲线，标准曲线应是通过原点的直线，如图 5-2 所示。若标准曲线不通过原点，则说明存在系统误差。最后，在相同测量条件下，测量样品溶液的吸光度 A_x，由该值在标准曲线上查出样品溶液对应的浓度 c_x。

【实验用品】

1. 仪器

(紫外)可见分光光度计，容量瓶(50 mL)，移液管(1 mL、5 mL、10 mL)。

2. 试剂

Fe^{3+} 标准溶液($10.0\ \mu g \cdot mL^{-1}$)，盐酸羟胺(10%)，邻二氮菲(0.15%，新配制)，乙酸钠($1.0\ mol \cdot L^{-1}$)，Fe^{3+} 待测液。

$NH_4Fe(SO_4)_2$ 标准溶液：称取 $NH_4Fe(SO_4)_2 \cdot 12H_2O$(分析纯) 0.2159 g 于小烧杯中，加入 50 mL $6\ mol \cdot L^{-1}$ $HCl^{[1]}$ 及少量去离子水，使其溶解后，转移至 2500 mL 容量瓶中，用去离子水定容至刻度，摇匀，即为 $10.0\ \mu g \cdot mL^{-1}$ Fe^{3+} 标准溶液。

【实验步骤】

1. 铁标准系列溶液及待测液配制

取 7 只洗涤干净的 50 mL 容量瓶并编号，用移液管分别取含铁 $10\ \mu g \cdot mL^{-1}$ 的标准溶液 $0.00\ mL^{[2]}$、2.00 mL、4.00 mL、6.00 mL、8.00 mL 和 10.00 mL 于 6 只 50 mL 容量瓶中，第 7 只容量瓶中加入铁待测液 5.00 mL。然后向每只容量瓶中各加入 10%盐酸羟胺溶液 1.00 mL，摇匀后静置 $2 \sim 3\ min^{[3]}$。再依次各加入 $1\ mol \cdot L^{-1}$ 乙酸钠溶液 $5.00\ mL^{[4]}$、0.15%邻二氮菲溶液 2.00 mL，最后用去离子水稀释至刻度，摇匀，静置 10~12 min。

[1] 防止 Fe^{3+} 的水解。

[2] 目的：作为参比溶液。

[3] 目的：将 Fe^{3+} 充分还原为 Fe^{2+}。

[4] 目的：为防止水解，Fe^{2+} 离子溶液应为强酸性，乙酸钠的加入形成了 HAc-NaAc 缓冲溶液，可维持溶液 pH=5 左右。

2. 吸光度的测定

以 1 号溶液(浓度为 0.00 μg·mL^{-1})为参比溶液,选择 510 nm 为测定波长,用可见分光光度计测定各溶液的吸光度 A 值。

3. 标准曲线的绘制

根据 1~6 号标准系列溶液的铁含量 ρ(μg·mL^{-1})和吸光度 A,以含量 ρ 为横坐标、吸光度 A 为纵坐标,在坐标纸上绘制 A-ρ 标准曲线。

4. 待测液铁含量的确定

根据 7 号溶液的吸光度 A_7,从标准曲线上查出 7 号溶液的铁含量 ρ_7,最后根据稀释倍数求算出原样品铁含量。

【实验数据记录与处理】

1. 数据记录(表 5-25)

表 5-25　标准曲线法测定铁的含量数据记录

项目	标准系列溶液						待测液
	1	2	3	4	5	6	7
铁溶液加入量/mL	0.00	2.00	4.00	6.00	8.00	10.00	5.00
铁的含量 /(μg·mL^{-1})							
吸光度 A_1							
吸光度 A_2							
吸光度平均值							

2. 数据处理

$$\rho_{待测液} = \rho_7 \times 稀释倍数$$

【思考题】

(1) 显色时加入盐酸羟胺、乙酸钠和邻二氮菲试剂的顺序是否可以颠倒?为什么?

(2) 本实验中为什么要使标准曲线通过原点?

(3) 已知缓冲范围公式 pH=p$K_a^{\ominus}$±1,请计算说明为什么选择乙酸钠作为本实验的缓冲溶液。

【案例分析】

材料一:邻二氮菲分光光度法测定 Fe 含量的实验中,标准溶液与样品溶液均显较深的橘红色，但是用仪器测量得两者的吸光度 A_s 和 A_x 均为接近于 0。请问出现问题的原因是什么？

材料二：在分光光度法测定某物质含量的实验中，得到如图 5-3 所示标准曲线，该标准曲线没有过原点而与横坐标相交，意味着空白溶液的吸光度值不为 0。请问引起该现象的原因是什么？

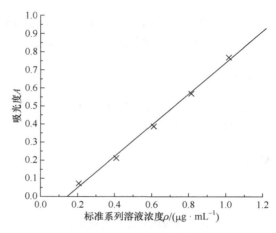

图 5-3　某同学绘制的不合格标准曲线

（撰写人　蒲　亮）

基础实验 14　阿伏伽德罗常量的测定

【实验目的】

(1) 掌握理想气体状态方程式和分压定律的应用。

(2) 学习置换法测定阿伏伽德罗常量的原理与方法。

【实验原理】

阿伏伽德罗常量(N_A)是指系统中每摩尔物质所含的微粒数，其定义值为 0.012 kg ^{12}C 所含的碳原子数。N_A 可以用多种实验方法测得，如库仑法、单分子膜法、晶体密度法等。到目前为止，测得比较精确的数据是 $6.02214076 \times 10^{23}$ mol^{-1}，这个数值还会随测定技术的发展而改变。

本实验采用比较粗略的置换法来测定阿伏伽德罗常量，其原理如下。

实验条件下，一定质量的镁 $m(Mg)$ 与过量的稀硫酸定量反应：

$$Mg(s) + H_2SO_4(aq) = MgSO_4(aq) + H_2(g)$$

根据反应方程式可知，金属镁的物质的量 $n(Mg)$ 与氢气的物质的量 $n(H_2)$ 关系为

$$n(Mg) = n(H_2) \tag{1}$$

已知单个镁原子的质量为 $M(Mg_{原子}) = 3.986 \times 10^{-26}\,kg$ ，则

$$N_A = \frac{m(Mg)}{M(Mg_{原子}) \times n(Mg)} \tag{2}$$

$n(H_2)$ 由理想气体状态方程[克拉佩龙(Clapeyron)方程] $pV = nRT$ 求得

$$n(H_2) = \frac{p(H_2)V(H_2)}{RT} = n(Mg)$$

代入式(2)，得

$$N_A = \frac{RT \times m(Mg)}{M(Mg_{原子}) \times p(H_2) \times V(H_2)} \tag{3}$$

式中：$V(H_2)$ 为 Mg 的置换反应所产生的氢气体积，可以由量气管测得；R 为摩尔气体常量，$8.314\,kPa \cdot L \cdot K^{-1} \cdot mol^{-1}$。

由于氢气是在水面上收集的，氢气中含有水蒸气，式(3)中氢气的分压 $p(H_2)$ 可以根据道尔顿分压定律计算得出：

$$p(H_2) = p(大气) - p(H_2O) \tag{4}$$

式中：$p(大气)$ 为实验时的大气压，可由气压计测得；$p(H_2O)$ 为实验温度下水的饱和蒸气压，可在附录二"不同温度下水的饱和蒸气压"中查得。

【实验用品】

1. 仪器

温度计，气压计，电子分析天平，长颈漏斗，量筒(20 mL)，试管，量气装置，砂纸。

2. 试剂

$H_2SO_4(2\,mol \cdot L^{-1})$，镁条。

【实验步骤】

1. 称量

用砂纸把镁条打磨光亮平整，除去镁条表面上的氧化膜，然后用电子分析天平准确称取质量为 0.025～0.030 g 的镁条，备用。

2. 检查装置气密性

实验装置如图 5-4 所示。取下反应管，使量气管与大气连通，向平衡管中注水，使水位略低于量气管刻度线 "0" 的位置[1]。将反应管安装在量气管上，如图 5-4 所示，再将平衡

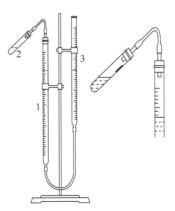

图 5-4　测定装置
1. 量气管；2.反应管；3.平衡管

[1] 目的：避免产生氢气体积较大，排出的水较多，以至于反应结束时，液面在刻度线下无法读数。

管向下移动一定距离，使其管中液面与量气管中液面形成一定高度差后，再将平衡管固定，静置 3 min，观察量气管中液面的位置，若保持不变，则表明装置不漏气；若漏气则需更换橡皮管或橡胶塞。

3. 加装反应物

取下反应管，将一支长颈漏斗插入反应管底部[2]，由长颈漏斗注入 $2 \ mol \cdot L^{-1} \ H_2SO_4$ 溶液 5 mL；将镁条在水中浸湿后，黏附在离反应管口约 1/3 处的内壁上[3]。再次按图 5-4，轻轻固定好反应管，重新检查装置的气密性，检查方法同步骤 2。

4. 氢气的测量

上下移动平衡管，使其管内液面与量气管内液面处于同一水平线[4]，记录量气管内液面读数 V_1。

轻轻抬起反应管，使硫酸与镁条接触，开始反应产生氢气，并进入量气管。随着产生的氢气增多，量气管内的水会流出，但不会影响实验结果。

反应过程中随时调整平衡管高度，使其液面略低于量气管内液面[5]。反应结束后，待反应液冷却至室温[6]，再次移动平衡管使其管内液面与量气管内液面平齐[7]，记录量气管内液面读数 V_2。记录室温，从气压计上读出大气压 p(大气)。利用式(3)和式(4)计算出阿伏伽德罗常量。

平行测定 3 次，计算单次结果、平均结果和相对平均偏差。

【实验数据记录与处理】

实验条件：

室温 T/K____；大气压 p/Pa____；室温 T 时水的饱和蒸气压 $p(H_2O)$/Pa____。

实验数据记录于表 5-26 中。

表 5-26　阿伏伽德罗常量的测定数据记录

项目	平行实验		
	Ⅰ	Ⅱ	Ⅲ
镁条称样量 m/g			
反应前量气管水面读数 V_1/mL			
反应后量气管水面读数 V_2/mL			
氢气体积 $V(H_2)$/mL			
氢气的分压 $p(H_2)$/Pa			
阿伏伽德罗常量(N_A)			
N_A 平均值			
相对平均偏差/%			

[2] 目的：避免硫酸沾染试管内壁。

[3] 目的：防止干燥的镁条滑落到试管底部，与硫酸提前反应。

[4] 目的：使量气管内气体的压力等于外界大气压，保证对氢气体积测量正确。

[5] 目的：防止量气管内压力过大而漏气。

[6] 目的：保持密闭气体反应前后的温度一致，气体的压力保持不变。

[7] 目的：此时量气管内气体的总压力等于外界大气压。

【思考题】

(1) 能否用 Al 替代 Mg 进行实验?

(2) 实验结束后为什么要使反应管内温度降至室温再读数?

(3) 实验过程中,常常会有水从量气管中流出,但不会影响实验结果,请说明原因。

【案例分析】

材料一:某同学准确称取了两份质量不同的镁条进行实验,结果出现了质量大的镁条反应结束后产生的氢气体积小于质量小的镁条产生的氢气体积。请问出现这种结果的原因是什么?该问题如何解决?

材料二:实验前后两次体积读数时没有将平衡管、量气管液面高度保持一致就读取了数据,然后将数据代入公式计算阿伏伽德罗常量。请问该情况下计算结果有什么问题?怎么解决?

(撰写人 刘艳萍)

基础实验 15 乙酸解离度和解离常数的测定

【实验目的】

(1) 掌握 pH 计法测定乙酸解离度和解离常数的原理和方法。

(2) 熟悉 pH 计的原理和使用方法。

【实验原理】

起始浓度为 c_0 的弱电解质乙酸(HAc)在水溶液中发生部分解离,解离度 $\alpha = c(H^+)/c_0$,解离平衡如下:

$$HAc(aq) \rightleftharpoons H^+(aq) + Ac^-(aq)$$

起始浓度	c_0	0	0
平衡浓度	$c_0(1-\alpha)$	$c_0\alpha$	$c_0\alpha$

解离常数为

$$
\begin{aligned}
K_a^{\ominus}(HAc) &= \frac{[c(H^+)/c^{\ominus}] \cdot [c(Ac^-)/c^{\ominus}]}{[c(HAc)/c^{\ominus}]} \\
&= \frac{[c_0\alpha/c^{\ominus}]^2}{[(c_0-c_0\alpha)/c^{\ominus}]} \\
&= \frac{c_0\alpha^2}{(1-\alpha)c^{\ominus}}
\end{aligned}
\tag{1}
$$

　　用 pH 计测定 HAc 溶液的 pH，将 pH $= -\lg[c(H^+)/c^{\ominus}]$ 换算成 $c(H^+)/c^{\ominus}$，再根据式 $\alpha = c(H^+)/c_0$ 和式(1)，就可求出不同浓度溶液中 HAc 的解离度 α 和解离常数 $K_a^{\ominus}(HAc)$。

【实验用品】

　　1. 仪器

　　pH 计(pHS-3C 型)，pH 复合电极，移液管(5 mL、10 mL、25 mL)，温度计，容量瓶(50 mL)，烧杯(50 mL)。

　　2. 试剂

　　HAc 溶液(0.10 mol · L^{-1}，浓度已标定)，邻苯二甲酸氢钾缓冲溶液(0.05 mol · L^{-1}，pH=4.00)，混合磷酸盐(0.025 mol · L^{-1}，pH=6.86)，KCl 溶液(3.0 mol · L^{-1})。

【实验步骤】

　　1. 不同浓度 HAc 溶液的配制

[1] 0.10 mol · L^{-1} 为 HAc 溶液的粗略浓度，实验所需的准确浓度为具体标定结果。

　　将三只 50 mL 容量瓶依次编号。用移液管移取出 5.00 mL、10.00 mL、25.00 mL 0.10 mol · L^{-1} HAc 溶液于上述容量瓶中[1]。然后用去离子水定容至刻度，盖好盖子，混合均匀。计算每份 HAc 溶液准确的起始浓度 c_0。

　　2. 仪器准备

　　按说明书将复合电极插入 pH 计后部的测量电极插座处。开机前，将复合电极下端的保护外套取下，并且拉下电极上端的橡皮套，露出上端小孔，检查电极下端的玻璃膜是否完好。将完好的复合电极安装在电极架上，将电极插入盛有 3.0 mol · L^{-1} 的 KCl 溶液中，打开仪器开关，预热 15 min。

　　3. pH 电极的标定

　　1) 温度设置

　　为避免温度变化引起电极响应产生的实验误差，需进行温度设置。用温度计测量 pH=6.86 标准缓冲溶液的温度，将复合电极用去离子水冲洗干净，并用吸水纸轻轻吸去电极外的水后，放入上述标准缓冲溶液中，轻轻晃动小烧杯，使电极与溶液充分接触(注意不要碰触电极的玻璃泡)。按下"温度"按钮，调节"▲"或"▼"，使 pH 计所显示的温度值等于温度计的测量值。按"确定"按钮，完成温度设置。

　　2) pH 电极的标定(两点标定)

　　按"pH/mV"按钮，待屏幕右上角显示"pH"，仪器进入 pH 测定状态，待读数稳定后，再按"定位"按钮，仪器显示"Std YES"字样，按"确定"按钮，仪器进入自动标定状态，当仪器显示溶液的 pH 为 6.86，按"确定"按钮，完成 pH=6.86 的定位。

同理将电极从 pH=6.86 的标准缓冲溶液中取出，用去离子水清洗干净后，放入 pH=4.00 标准缓冲溶液中[2]，稍稍晃动烧杯，使电极与溶液充分接触，待读数稳定后，按"斜率"按钮，仪器进入自动标定状态，当仪器显示溶液的 pH 为 4.00，按"确定"按钮，完成 pH=4.00 的定位。

pH 电极标定完成，即可使用。若连续使用 pH 计，pH 电极每天至少要标定一次。

4. HAc 溶液 pH 的测定

取 4 只 50 mL 洁净烧杯，依次编号，用待装 HAc 溶液润洗烧杯 3 次后，将配制的 HAc 系列溶液分别装入 1～3 号烧杯，HAc 原溶液装入 4 号烧杯，液面高度至少浸没电极前端玻璃球。按照由稀到浓的顺序[3]，依次将 pH 电极插入各溶液中，稍稍晃动烧杯，使电极与溶液充分接触，测定相应的 pH，待读数稳定后，记录数据。

5. 仪器整理

测量完毕后，关闭电源，pH 电极需用去离子水冲洗干净后，及时将电极保护套套上，电极套内应放少量外参比补充液，以保持电极球泡的湿润，切忌浸泡在蒸馏水中。

6. 计算 HAc 的解离度和解离平衡常数

将 pH 换算成 $c(H^+)$，根据 $\alpha = c(H^+)/c_0$ 和式(1)分别计算 HAc 的解离度 α 和解离常数 $K_a^\ominus$，并计算 $K_a^\ominus$ 的平均值。

【实验数据记录与处理】

将实验中测得相关数据填入表 5-27，并计算出 α 和 $K_a^\ominus$。

表 5-27 乙酸解离度和解离常数　　　　　　实验室温度=_____℃

序号	HAc 溶液		溶液 pH			实验结果		
	$V(HAc)/mL$	$c_0(HAc)/(mol\cdot L^{-1})$	1	2	3	$c(H^+)/(mol\cdot L^{-1})$	α	$K_a^\ominus$
1	5.00							
2	10.00							
3	25.00							
4	50.00	原溶液浓度						

注：25℃乙酸的标准解离常数为 1.8×10^{-5}。

[2] 两点标定法所用两种标准缓冲溶液，第一种缓冲溶液的 pH=6.86；第二种缓冲溶液所用的 pH 依照待测样品酸碱性确定，酸性样品用 pH=4.00 标准缓冲溶液，碱性样品用 pH=9.18 标准缓冲溶液。

[3] 目的：避免因电极清洗不干净引起的测量误差。

【思考题】

(1) HAc 的解离度和解离常数有何异同？

(2) 实验中，测定多个溶液的 pH 时，为什么要按照由稀到浓的顺序进行？

(3) 实验中，pH 标定时所用的第二个标准缓冲溶液为什么选择 pH=4.00 的标准缓冲溶液？

【案例分析】

某同学在测定 HAc 系列标准溶液 pH 时，测定结果出现忽大忽小的数据混乱情况，有时甚至出现不同浓度溶液 pH 相同的情况。

请问出现上述结果的原因是什么？该问题如何解决？

(撰写人　刘艳萍)

基础实验 16　电解质溶液

【实验目的】

(1) 掌握弱电解质的解离平衡及其影响因素。

(2) 学习缓冲溶液的配制及其性质。

(3) 掌握影响酸碱平衡的主要因素。

(4) 掌握难溶电解质的多相平衡及溶度积规则。

【实验原理】

弱电解质在水溶液中发生部分解离，达到解离平衡，平衡受体系的温度及各组分浓度的影响会发生移动。

1. 弱电解质的解离平衡及同离子效应

在弱电解质溶液中加入具有相同离子的强电解质，从而使解离平衡向左移动，降低弱电解质解离度的现象称为同离子效应。

例如，HAc 在水溶液中发生部分解离，存在下列平衡：

$$HAc(aq) + H_2O(l) \rightleftharpoons H_3O^+(aq) + Ac^-(aq)$$

体系中各物质的平衡浓度满足：

$$K_a^\ominus = \frac{[c(H_3O^+)/c^\ominus] \cdot [c(Ac^-)/c^\ominus]}{[c(HAc)/c^\ominus]}$$

若在该平衡体系中加入含有相同离子的强电解质，如 HCl 或 NaAc，体系中 H^+ 或 Ac^- 浓度增加，平衡向生成 HAc 分子的方向移动，使弱电解质 HAc 的解离度降低。

2. 缓冲溶液

如果体系中同时存在弱酸及其共轭碱(如 HAc-NaAc、H_3PO_4-NaH_2PO_4),或弱碱及其共轭酸(如 $NH_3 \cdot H_2O$-NH_4Cl),当加入少量酸、碱或稀释溶液时,体系中的 H^+ 和 OH^- 浓度基本不变,pH 变化不大,此类溶液称为缓冲溶液。

许多反应都与溶液的 pH 有关,其中有些反应要求在一定的 pH 范围内进行,这就需要使用缓冲溶液。

3. 酸、碱解离反应

质子酸和质子碱都能和水发生质子转移反应,使溶液呈现酸性或碱性。例如:

$$Ac^-(aq) + H_2O(l) \rightleftharpoons HAc(aq) + OH^-(aq)$$

$$NH_4^+(aq) + H_2O(l) \rightleftharpoons NH_3 \cdot H_2O(aq) + H^+(aq)$$

该类反应是吸热反应,加热可使平衡右移。溶液中 OH^- 或 H^+ 浓度变化也能影响上述化学平衡。质子碱从 H_2O 中得到 H^+ 的能力越强,其共轭酸的酸性就越弱,溶液的碱性越强。质子酸水溶液酸性的强弱情况亦然。

4. 难溶电解质的多相平衡

恒温时,当沉淀和溶解速率相等时反应就达到平衡。此时所得的溶液即为该温度下的饱和溶液,溶质的浓度即为饱和浓度。与酸碱平衡不同,难溶电解质的沉淀溶解平衡属于多相平衡,其平衡常数为溶度积常数 $K_{sp}^{\ominus}$,其反应商为 Q。

例如,AgCl 沉淀的溶解平衡为

$$AgCl(s) \rightleftharpoons Ag^+(aq) + Cl^-(aq)$$

其溶度积常数表达式为

$$K_{sp}^{\ominus}(AgCl) = [c(Ag^+)/c^{\ominus}] \cdot [c(Cl^-)/c^{\ominus}]$$

其反应商 Q 的表达式为

$$Q = [c(Ag^+)/c^{\ominus}] \cdot [c(Cl^-)/c^{\ominus}]$$

与 $K_{sp}^{\ominus}$ 不同在于,Q 表达式中物质的浓度为系统任意状态时的浓度,$K_{sp}^{\ominus}$ 表达式中物质的浓度为系统平衡状态时的浓度。

根据溶度积规则可以判断沉淀的生成或溶解:$Q > K_{sp}^{\ominus}(AgCl)$ 有沉淀生成或反应后溶液为过饱和溶液;$Q = K_{sp}^{\ominus}(AgCl)$,达到平衡,为饱和溶液;$Q < K_{sp}^{\ominus}(AgCl)$,溶液未饱和,无沉淀生成或沉淀继续溶解。

溶液中常含有多种离子,若加入沉淀剂,当仅有某一种离子浓度满足 $Q > K_{sp}^{\ominus}$,则该离子形成沉淀,从而与溶液中其他几种离子分离。利用难溶电解质的溶解度(S)不同,加入沉淀剂后,溶液中发生先后沉淀的现象,称为分步沉淀。

难溶电解质的溶解度不同。一般情况下，在溶液中，由于沉淀溶解平衡的移动，溶解度较大的难溶电解质易转化为溶解度较小的难溶电解质。

【实验用品】

1. 仪器

试管，离心管，试管夹，酒精灯，火柴，胶头滴管，离心机。

2. 试剂

$NH_3 \cdot H_2O$(0.1 mol $\cdot$ L^{-1}、2 mol $\cdot$ L^{-1})，HCl(0.1 mol $\cdot$ L^{-1}、2 mol $\cdot$ L^{-1})，HAc(0.1 mol $\cdot$ L^{-1}、2 mol $\cdot$ L^{-1})，NH_4Cl(固体)，NaAc(0.1 mol $\cdot$ L^{-1}，固体)，$AgNO_3$(0.1 mol $\cdot$ L^{-1})，K_2CrO_4(0.1 mol $\cdot$ L^{-1})，NaCl(0.1 mol $\cdot$ L^{-1})，NH_4Cl(0.1 mol $\cdot$ L^{-1})，$MgCl_2$(0.1 mol $\cdot$ L^{-1})，$CaCl_2$(0.1 mol $\cdot$ L^{-1})，$(NH_4)_2C_2O_4$(饱和溶液)，NaOH(0.1 mol $\cdot$ L^{-1})，$AgNO_3$(0.1 mol $\cdot$ L^{-1})，甲基橙指示剂(0.1%)，酚酞指示剂(5%)，百里酚蓝指示剂(0.05%)，pH 试纸等。

【实验步骤】

1. 同离子效应

(1) 取 2 mL 0.1 mol $\cdot$ L^{-1} HAc 溶液于试管中，加一滴甲基橙指示剂，观察溶液的颜色。然后加入少量 NaAc 固体，振荡，观察溶液颜色变化，解释现象，写出相关反应方程式[1]。

(2) 取 1 mL 0.1 mol $\cdot$ L^{-1} $NH_3 \cdot H_2O$ 溶液于试管中，加 1 滴酚酞指示剂，观察溶液的颜色。然后加入少量 NH_4Cl 固体，振荡，观察溶液颜色变化，解释现象，写出相关反应方程式[2]。

2. 缓冲溶液

(1) 在三支试管中各加入 3 mL 去离子水，第一支试管中加入 2 滴 0.1 mol $\cdot$ L^{-1} HCl 溶液，第二支试管中加入 2 滴去离子水，第三支试管中加入 2 滴 0.1 mol $\cdot$ L^{-1} NaOH 溶液。然后向 3 支试管各加入 5 滴百里酚蓝指示剂，观察溶液颜色，解释现象[3]。

(2) 在一支试管中依次加入 0.1 mol $\cdot$ L^{-1} HAc 溶液 5 mL 和 0.1 mol $\cdot$ L^{-1} NaAc 溶液 5 mL，混匀，配成 HAc-NaAc 缓冲溶液。

将此缓冲溶液用四支试管等分分装，向第一份中加入 2 滴 0.1 mol $\cdot$ L^{-1} HCl[4]，第二份中加入 2 滴 0.1 mol $\cdot$ L^{-1} NaOH[5]，第三份中加入少量去离子水[6]，第四份留作对照。然后在四份溶液中各加入 5 滴百里酚蓝指示剂，振荡摇匀，观察、记录溶液颜色。

根据以上实验，阐明缓冲溶液的缓冲作用是什么？缓冲原理是什么？

---

[1] 目的：观察溶液中 Ac^- 浓度对 HAc 分子解离度的影响，验证同离子效应。

[2] 目的：观察溶液中 NH_4^+ 浓度对 $NH_3 \cdot H_2O$ 解离度的影响，验证同离子效应。

[3] 目的：观察百里酚蓝指示剂的酸色、碱色和中性环境混合色。

[4] 目的：验证缓冲溶液对外加少量酸的缓冲作用。

[5] 目的：验证缓冲溶液对外加少量碱的缓冲作用。

[6] 目的：验证缓冲溶液对稀释的缓冲作用。

3. 解离平衡及其移动

(1) 用 pH 试纸测定浓度均为 0.1 mol·L^{-1}下列各溶液的 pH：NH$_4$Cl、NaCl、NaAc[7]。对测定结果进行比较和解释。

(2) 取 2 mL 0.1 mol·L^{-1} NaAc 溶液于一支试管中，加入 1 滴酚酞指示剂，用酒精灯加热，观察溶液颜色变化，并加以解释[8]。

4. 沉淀的生成和溶解

1) 沉淀的生成

在一支试管中加入 5 滴 0.1 mol·L^{-1} AgNO$_3$ 溶液，再加入 5 滴 0.1 mol·L^{-1} K$_2$CrO$_4$ 溶液。观察有无沉淀生成，记录反应现象，写出相关反应方程式。根据溶度积规则说明沉淀生成的原因。

2) 酸碱反应对沉淀溶解平衡的影响

(1) 取一支试管加入 1 mL 0.1 mol·L^{-1} MgCl$_2$ 溶液，逐滴加入 2 mol·L^{-1} NH$_3$·H$_2$O 溶液，至有白色 Mg(OH)$_2$ 沉淀生成，然后加入适量 NH$_4$Cl 固体，观察沉淀是否溶解。写出相关反应方程式，并对上述现象加以解释说明[9]。

(2) 取两支试管分别加入 5 滴饱和(NH$_4$)$_2$C$_2$O$_4$ 和 5 滴 0.1 mol·L^{-1} CaCl$_2$ 溶液，观察 CaC$_2$O$_4$ 沉淀的生成。在上述一支试管中加入 2 mol·L^{-1} HCl 溶液 2 mL，观察沉淀是否溶解。在另一支试管中加入 2 mol·L^{-1} HAc 溶液 2 mL，观察沉淀是否溶解。解释上述反应现象，写出相关反应方程式[10]。

5. 分步沉淀和沉淀的转化

1) 分步沉淀

在一支离心管中加 10 滴 0.1 mol·L^{-1} NaCl 溶液和 2 滴 0.1 mol·L^{-1} K$_2$CrO$_4$ 溶液，混匀。然后边振荡，边逐滴加入 0.1 mol·L^{-1} AgNO$_3$ 溶液，观察首先生成沉淀的颜色，并判断其为何种沉淀。离心分离沉降后[11]，继续向上清液中滴加 0.1 mol·L^{-1} AgNO$_3$ 溶液，观察第二种沉淀的颜色。根据溶度积规则解释实验现象，并写出相关反应方程式。

2) 沉淀的转化

在一支离心管中加 5 滴 0.1 mol·L^{-1} AgNO$_3$ 溶液和 3 滴 0.1 mol·L^{-1} K$_2$CrO$_4$ 溶液，观察沉淀的颜色。离心分离弃去上层清液[12]，向沉淀中逐滴加入 0.1 mol·L^{-1} NaCl 溶液，并剧烈搅拌，观察沉淀颜色的变化，解释实验现象，并写出相关反应方程式。

【思考题】

(1) 在氨水溶液中，分别加入 NH$_4$Cl(s)、NaOH(s)、H$_2$O(l)后，氨的解离度 α 及溶液的 pH 如何变化？

(2) 如何正确使用 pH 试纸测定溶液的 pH？

[7] 目的：比较同一浓度下不同物质溶液的 pH。

[8] 目的：验证温度对弱碱解离平衡的影响。

[9] 目的：验证溶液酸碱性对氢氧化物沉淀溶解平衡的影响。

[10] 目的：验证酸性强弱对沉淀溶解平衡移动的影响。

[11] 目的：溶液与沉淀分离，便于观察生成沉淀的颜色。

[12] 目的：溶液与沉淀分离，去除未反应完的 Ag$^+$ 和 CrO$_4^{2-}$，以免干扰后续实验。

(3) 简述如何用 0.2 mol·L⁻¹ HAc 和 0.1 mol·L⁻¹ NaAc 溶液配制 10 mL pH= 4.00 的 HAc-NaAc 缓冲溶液。

(4) 何为分步沉淀? 简述分步沉淀的先后次序与哪些因素有关。

【案例分析】

某同学在做 PbS 和 $PbSO_4$ 的分步沉淀实验时,在一支离心管中加入 1 滴 0.01 mol·L⁻¹ Na_2S 溶液和 1 滴 0.01 mol·L⁻¹ Na_2SO_4 溶液,再用蒸馏水稀释至 3 mL 左右后,逐滴加入 0.01 mol·L⁻¹ $Pb(NO_3)_2$ 溶液,结果观察到褐色沉淀,请解释上述实验现象产生的原因。

(撰写人　郑胜礼)

基础实验 17　胶体溶液的制备与性质

【实验目的】

(1) 掌握水解法制备氢氧化铁溶胶的原理和方法。

(2) 了解胶体溶液的性质。

(3) 了解溶胶的保护和电解质对溶胶的聚沉作用。

【实验原理】

溶胶是溶液中固体分散颗粒尺寸范围在 1~100 nm 的多相分散体系,性质介于粗分散系(浊液)与溶液之间,肉眼是无法分辨溶液与溶胶的。

1. 溶胶的制备

化学实验室溶胶的制备有三种方法:水解法、复分解法和分散法。
本实验中采用水解法制备 $Fe(OH)_3$ 溶胶:

$$FeCl_3 + 3H_2O =\!=\!= Fe(OH)_3 + 3HCl$$

$Fe(OH)_3$ 溶胶的胶团结构为 $\{[Fe(OH)_3]_m \cdot nFeO^+ \cdot (n-x)Cl^-\}^{x+} \cdot xCl^-$。

复分解法制备 Sb_2S_3 溶胶:

$$2KSb(C_4H_4O_6)_2 + 3H_2S =\!=\!= 2KC_4H_4O_6 + 2C_4H_6O_6 + Sb_2S_3$$

Sb_2S_3 溶胶的胶团结构为 $[(Sb_2S_3)_m \cdot nHS^- \cdot (n-x)H^+]^{x-} \cdot xH^+$。

分散法制备 $Al(OH)_3$ 溶胶:

$$AlCl_3 + 3NH_3 \cdot H_2O =\!=\!= Al(OH)_3 + 3NH_4Cl$$

$Al(OH)_3$ 溶胶的胶团结构为 $\{[Al(OH)_3]_m \cdot nAlO^+ \cdot (n-x)Cl^-\}^{x+} \cdot xCl^-$。

2. 溶胶的性质

溶胶有三个主要特征:布朗运动,体现溶胶的动力学性质;丁铎尔现象,体现溶胶的光学性质;电泳和电渗现象,体现胶体颗粒表面带电。

【阅读材料】
胶体化学家虞宏正

胶体颗粒表面带电，是溶胶稳定存在的重要原因。胶核拥有很大的比表面积，具有高的表面能，因此溶胶是热力学不稳定体系。但是胶核自身表面吸附了大量电位离子，胶粒带电，胶粒之间的静电排斥阻碍了胶粒的聚集，使胶体处于一种稳定状态。

1) 电解质的聚沉作用

向胶体体系中加入电解质后，胶团扩散层变薄，胶粒所带电荷数减少，胶粒间的静电排斥力减弱，胶体粒子会聚合变大，发生聚沉。电解质中与胶粒所带电荷种类相反的异种电荷数越多，胶体聚沉所需电解质的量越少，电解质使溶胶聚沉的能力越强。常用聚沉值来衡量电解质对溶胶的聚沉能力。

聚沉值是指一定体积溶胶刚开始发生聚沉时所需电解质的最小浓度。本实验中的聚沉值可按下式估算：

$$聚沉值(mmol \cdot L^{-1}) = \frac{聚沉时加入电解质的物质的量(mmol)}{V_{溶胶}(L) + V_{电解质}(L)}$$

此外，升高温度或混合带异种电荷的胶体均可以降低胶粒间的静电斥力，使溶胶发生聚沉。

2) 高分子溶液的保护作用

在胶体体系中加入适量的高分子化合物溶液，在胶粒外层形成保护膜，阻碍电解质对胶粒所带电荷的破坏，可提高溶胶对电解质的稳定性，这种作用称为高分子化合物溶液对溶胶的保护作用。

【实验用品】

1. 仪器

烧杯(100 mL、250 mL)，量筒(10 mL、100 mL)，试管，电热板，激光笔，玻璃棒，滴管，酒精灯。

2. 试剂

$NH_3 \cdot H_2O$(2 mol·L^{-1})，$FeCl_3$(1 mol·L^{-1})，H_2S(饱和溶液)，HCl(0.1 mol·L^{-1})，$CuSO_4$(2 mol·L^{-1})，$AlCl_3$(1%)，NaCl(5 mol·L^{-1})，Na_2SO_4(0.05 mol·L^{-1})，$K_3[Fe(CN)_6]$(0.005 mol·L^{-1})，明胶(1%)，$KSb(C_4H_4O_6)_2$(1%)。

【实验步骤】

1. 溶胶的制备

1) 水解法制备 $Fe(OH)_3$ 溶胶

在小烧杯中加去离子水 60 mL，用电热板加热至沸腾，保持微沸的状态下，用滴管逐滴将 2 mL 的 1 mol·L^{-1} $FeCl_3$ 溶液加入沸水中，边加边用玻璃棒搅拌[1]，待溶液呈棕红色立刻停止加热[2]，即为 $Fe(OH)_3$ 溶胶，保留溶胶，供后

[1] 目的：让水解反应充分进行，防止试剂加入后局部浓度过大，而生成沉淀。

[2] 目的：过度加热会破坏$Fe(OH)_3$胶体的稳定性，易生成沉淀。

面实验用。

2) 复分解法制备 Sb_2S_3 溶胶

在通风橱内，向盛有 50 mL 1% $KSb(C_4H_4O_6)_2$(酒石酸锑钾)溶液的烧杯中缓慢逐滴加入新制备的饱和硫化氢溶液，并不断搅拌[3]，至溶液变橙色，即为 Sb_2S_3 溶胶。保留溶胶，供后面实验用。

3) 分散法制备 $Al(OH)_3$ 溶胶

在试管中加入 1% $AlCl_3$ 溶液 4 mL，逐滴加入 2 mol·L^{-1} $NH_3·H_2O$ 至再无新沉淀生成。将沉淀过滤，并用去离子水洗涤沉淀 2～3 次，然后将滤纸上的沉淀转入盛有 50 mL 去离子水的烧杯中，加热至沸。加入 2～3 滴 0.1 mol·L^{-1} HCl 后，继续煮沸 10～15 min，取上清液，即为 $Al(OH)_3$ 溶胶。

2. 溶胶的光学性质(丁铎尔效应)

量取 30 mL 制备的 $Fe(OH)_3$ 溶胶和 2 mol·L^{-1} $CuSO_4$ 溶液分别放入两只烧杯中，用激光笔照射，观察两只烧杯中的现象有何不同。

3. 溶胶的聚沉

1) 加入强电解质溶液使溶胶聚沉

取四支试管，各加入 $Fe(OH)_3$ 溶胶 3 mL，第一支试管作为对照。第二支试管滴加 0.005 mol·L^{-1} $K_3[Fe(CN)_6]$，边加边振荡试管，注意观察，直至浑浊，记录所加试剂滴数。第三支试管滴加 0.05 mol·L^{-1} Na_2SO_4，边加边振荡试管，直至浑浊，记录所加试剂滴数。第四支试管滴加 5 mol·L^{-1} NaCl，边加边振荡试管，直至浑浊，记录所加试剂滴数。估算聚沉值，比较并说明三种电解质对溶胶的聚沉作用的大小，判断 $Fe(OH)_3$ 溶胶的电性。

2) 带不同电荷的溶胶相互聚沉

将带正电荷的 $Fe(OH)_3$ 溶胶 2 mL 和带负电荷的 Sb_2S_3 溶胶 5 mL 加入同一试管中，用酒精灯加热至微沸，冷却后，观察试管中有何现象并作解释。

4. 高分子化合物对溶胶的保护作用

取两支试管各加入 $Fe(OH)_3$ 溶胶 3 mL，在第一支试管中加入去离子水 1 mL 作为对照组，第二支试管中加入 1% 明胶 1 mL，小心摇匀试管。向两支试管中滴加 0.05 mol·L^{-1} Na_2SO_4 溶液，边滴边摇，直至溶液透明度下降为止[4]，记录两支试管中加入 Na_2SO_4 溶液的滴数。比较聚沉时，两支试管所用电解质 Na_2SO_4 溶液的量，并加以解释。

【思考题】

(1) 电解质对溶胶的稳定性有何影响？原因是什么？

(2) 由 $FeCl_3$ 溶液水解法制备 $Fe(OH)_3$ 溶胶时，操作中应注意什么？

[3] 目的：让试剂充分反应，电位离子及时发生吸附，防止浓度过大生成橙红色 Sb_2S_3 沉淀。

[4] 将试管对着光亮处观察，透明度下降即可。

【案例分析】

材料一：某同学在水解法制备 $Fe(OH)_3$ 溶胶时，溶胶颜色特别深，从电热板上取下静置片刻后出现沉淀，溶胶制备失败。请分析哪些操作可能会导致上述情况出现。

材料二：某同学在复分解法制备 Sb_2S_3 溶胶时，看到溶液变为橙红色后停止滴加饱和硫化氢溶液，但是静置片刻后，出现橙红色沉淀，溶胶制备失败。请分析失败的原因。

(撰写人 郑胜礼)

基础实验 18 配位化合物的性质

【实验目的】

(1) 掌握配位化合物特征，了解配位化合物与复盐、配离子和简单离子性质的区别。

(2) 掌握配离子的解离平衡及其影响因素。

(3) 熟悉配位化合物的掩蔽作用。

【实验原理】

1. 复盐与配位化合物的区别

配位化合物简称配合物，是由内界(中心离子与配体以共价键结合组成的配离子)与外界(其他离子)组成的。在溶液中，配离子的性质较为稳定，中心离子与配体不会大量解离成为自由的简单离子或分子，也不再具有原先简单离子或分子的化学性质。例如：

$$[Cu(NH_3)_4]SO_4 \rightleftharpoons [Cu(NH_3)_4]^{2+} + SO_4^{2-}$$

复盐是由两种金属离子和一种酸根离子构成的盐，结构虽然比较复杂，但是其在水溶液中则全部解离为简单离子。例如：

$$NH_4Fe(SO_4)_2 \rightleftharpoons Fe^{3+} + 2SO_4^{2-} + NH_4^+$$

2. 配离子稳定性及其解离平衡移动

配离子在水溶液中存在配合和解离之间的平衡。例如：

$$Ag^+ + 2NH_3 \rightleftharpoons [Ag(NH_3)_2]^+$$

$$K_f^\ominus = \frac{c([Ag(NH_3)_2]^+)/c^\ominus}{[c(Ag^+)/c^\ominus][c(NH_3)/c^\ominus]^2}$$

式中：$K_f^\ominus$ 为配合物的稳定常数，只与配合物的本性及温度有关，而与浓度无关。对于同种类型的配离子，$K_f^{\ominus}$ 越大，表示配合物越稳定。

根据化学平衡原理，当改变中心离子或配体的浓度，如加入沉淀剂、氧化剂/还原剂、改变溶液浓度或酸度等，都能使配位平衡发生移动，甚至破坏配离子。

3. 配离子的掩蔽作用

在定性鉴定或定量分析中，如果有干扰离子，配离子常常形成稳定配合物而失去自由离子的性质，不再干扰实验，称为配离子的掩蔽作用。例如，Co^{2+} 与 SCN^- 反应生成 $[Co(SCN)_x]^{2-x}$，该配合物易溶于戊醇呈蓝色，利用这一性质，可以鉴定 Co^{2+}。若 Co^{2+} 溶液中含有 Fe^{3+}，则因生成血红色的 $[Fe(SCN)_x]^{3-x}$，从而掩盖了 $[Co(SCN)_x]^{2-x}$ 的蓝色。在这种情况下，可利用 Fe^{3+} 与 F^- 生成更稳定的无色 $[FeF_6]^{3-}$，把 Fe^{3+} 掩蔽起来，从而消除了 Fe^{3+} 的干扰。

4. 螯合物的形成

螯合物是由中心离子和多基配位体形成的五元或六元环状结构的配合物。许多金属离子的螯合物具有特征颜色，且难溶于水，易溶于有机溶剂。例如，Ni^{2+} 和丁二肟配位生成的螯合物为鲜红色沉淀，反应式如下：

$$Ni^{2+} + 2 \begin{array}{c} \text{（丁二肟结构）} \\ \text{NOH} \\ \text{NOH} \end{array} \rightleftharpoons \begin{array}{c} \text{（Ni螯合物结构）} \end{array} \downarrow + 2H^+$$

该反应常用来鉴定 Ni^{2+}，反应适宜的 pH 为 5～10，酸度过大时，因酸效应，配体的配位能力下降；酸度太小时，又导致金属离子的水解反应的发生。

【实验用品】

1. 仪器

试管，试管架，电热板。

2. 试剂

$FeSO_4(0.05\ mol \cdot L^{-1})$，$NaOH(2.0\ mol \cdot L^{-1})$，$FeCl_3(0.03\ mol \cdot L^{-1})$，$K_4[Fe(CN)_6](0.1\ mol \cdot L^{-1})$，$K_3[Fe(CN)_6](0.1\ mol \cdot L^{-1})$，$NH_4Fe(SO_4)_2(0.1\ mol \cdot L^{-1})$，$BaCl_2(0.1\ mol \cdot L^{-1})$，$NH_4SCN(0.5\ mol \cdot L^{-1}、0.03\ mol \cdot L^{-1}，饱和溶液)$，$AgNO_3(0.1\ mol \cdot L^{-1})$，$NaCl(0.5\ mol \cdot L^{-1})$，氨水 $(1.0\ mol \cdot L^{-1}、6.0\ mol \cdot L^{-1})$，$KBr(0.1\ mol \cdot L^{-1})$，$Na_2S_2O_3(1.0\ mol \cdot L^{-1})$，$KI(0.1\ mol \cdot L^{-1})$，$CuSO_4(0.05\ mol \cdot L^{-1})$，$HAc(6.0\ mol \cdot L^{-1})$，$NaF(饱和溶液)$，$NaCl(0.1\ mol \cdot L^{-1})$，$HNO_3(6.0\ mol \cdot L^{-1})$，$SnCl_2(0.1\ mol \cdot L^{-1})$，$Co(NO_3)_2(0.25\ mol \cdot L^{-1})$，戊醇，$NaNO_3(0.05\ mol \cdot L^{-1})$，

丁二酮肟(5%)。

【实验步骤】

1. 简单离子和配离子的区别

(1) 在两支试管中分别加入 5 滴 0.05 mol·L^{-1} $FeSO_4$ 溶液和 5 滴 0.1 mol·L^{-1} $K_4[Fe(CN)_6]$溶液，然后各加入 5 滴 2.0 mol·L^{-1} NaOH 溶液，振荡试管，观察现象[1]，说明原因。

(2) 在两支试管中分别加入 2 滴 0.03 mol·L^{-1} $FeCl_3$ 溶液和 2 滴 0.1 mol·L^{-1} $K_3[Fe(CN)_6]$溶液，然后各加入 2 滴 0.5 mol·L^{-1} NH_4SCN 溶液，观察现象[2]，说明原因。

2. 复盐和配盐

(1) 取两支试管，第一支试管中加入 5 滴 0.1 mol·L^{-1} $NH_4Fe(SO_4)_2$(铁铵矾)溶液，第二支中加入 5 滴 0.1 mol·L^{-1} $K_3[Fe(CN)_6]$溶液，然后两支试管中各加入 2 滴 0.5 mol·L^{-1} NH_4SCN 溶液[3]，振荡试管，观察现象，说明原因，写出反应的离子方程式。

(2) 在盛有 5 滴铁铵矾溶液的试管中，加入 2 滴 0.1 mol·L^{-1} $BaCl_2$ 溶液，观察现象[4]，说明原因，写出反应的离子方程式。

3. 配离子稳定性的比较

在盛有 10 滴 0.1mol·L^{-1} $AgNO_3$ 溶液的试管中，加入 10 滴 0.5 mol·L^{-1} 的 NaCl 溶液，静置、倾去上层清液[5]，按下列顺序连续实验：

(1) 边摇边滴加 6.0 mol·L^{-1} 的氨水至沉淀刚好溶解[6]。

(2) 逐滴加入 0.1 mol·L^{-1} KBr 溶液，并振荡试管，观察生成沉淀的颜色和状态。

(3) 静置、倾去上层清液，向沉淀中逐滴加入 1.0 mol·L^{-1} $Na_2S_2O_3$ 溶液，并振荡试管，至沉淀刚好溶解。

(4) 滴加 0.1 mol·L^{-1} KI 溶液后再观察有何现象。

根据实验现象比较$[Ag(NH_3)_2]^+$、$[Ag(S_2O_3)_2]^{3-}$的稳定常数($K_f^{\ominus}$)大小和 AgCl、AgBr、AgI 的溶度积常数($K_{sp}^{\ominus}$)的大小，验证配位平衡与沉淀平衡之间的竞争平衡关系。

4. 配位平衡的移动

1) 酸度对配位平衡的影响

a. $[Cu(NH_3)_4]^{2+}$的制备

取一支试管，先加入 5 滴 0.05 mol·L^{-1} 的 $CuSO_4$ 溶液，再加入 1 滴 1.0 mol·L^{-1} 氨水，观察现象。继续加入 6.0 mol·L^{-1} 氨水并不断振荡直至生成深蓝色溶液，

[1] 目的：对比 $[Fe(CN)_6]^{4-}$和 Fe^{2+}与 OH^-反应的异同。

[2] 目的：对比 SCN^- 与 Fe^{3+} 和 $[Fe(CN)_6]^{3-}$ 反应的异同。Fe^{3+} 与 NH_4SCN 反应得血红色的 $[Fe(SCN)_x]^{3-x}$，x 为 1~6，此为 Fe^{3+} 的特效反应，可用于鉴定 Fe^{3+} 的存在。

[3] 目的：检验 SCN^- 能否与配合物 $K_3$$[Fe(CN)_6]$和复盐 $NH_4Fe(SO_4)_2$ 溶液中的 Fe^{3+} 反应。

[4] 目的：验证 $NH_4Fe(SO_4)_2$ 溶液中 SO_4^{2-} 是否保持自由离子的化学性质，能否与 Ba^{2+} 反应生成 $BaSO_4$ 沉淀。

[5] 目的：将未反应完全的 Ag^+与 Cl^-去除，以免影响后续反应。

[6] 目的：防止氨水过量，难以生成 AgBr 沉淀。

[7] 目的: 提高 [Cu(NH₃)₄]²⁺ 的稳定性, 适量即可, 过多会影响后续实验。

[8] 不用硫酸和盐酸的原因在于, 避免引入 SO₄²⁻ 或 Cl⁻ 生成 Ag₂SO₄ 或 AgCl 沉淀。

[9] SnCl₂ 甘油溶液黏度较大, 需用力充分振荡才能反应完全。

再多加 3～5 滴就制成 $[Cu(NH_3)_4]^{2+}$ 溶液[7]。

b. HAc 对 $[Cu(NH_3)_4]^{2+}$ 稳定性的影响

逐滴加入 6.0 mol·L⁻¹ HAc 溶液, 边加边振荡, 观察试管内溶液有何变化, 说明原因。

2) 沉淀反应对配位平衡的影响

a. $[Ag(NH_3)_2]^+$ 的制备

取 5 滴 0.1mol·L⁻¹ AgNO₃ 溶液于试管中, 加入 1 滴 1.0 mol·L⁻¹ 氨水, 边加边振荡, 观察沉淀的生成和颜色。继续滴加 6.0 mol·L⁻¹ 氨水, 边加边振荡, 直至沉淀溶解, 再多加 5 滴 6.0 mol·L⁻¹ 氨水, 制成 $[Ag(NH_3)_2]^+$ 溶液。

b. $[Ag(NH_3)_2]^+$ 的竞争平衡

将所得溶液分装于两支试管中, 第一支试管中加入 5 滴 0.1 mol·L⁻¹ NaCl 溶液, 第二支试管中加入 3 滴 0.1mol·L⁻¹ KI 溶液, 观察比较现象, 加以说明。在第一支试管中再加入数滴 6.0 mol·L⁻¹ HNO₃ 溶液[8], 又有何现象发生, 解释原因。

3) 氧化还原反应对配位平衡的影响

取一支试管, 加入 5 滴 0.03 mol·L⁻¹ FeCl₃ 溶液, 再加入 1 滴 0.03 mol·L⁻¹ NH₄SCN 溶液, 摇匀后观察现象。再逐滴加入 0.1 mol·L⁻¹ SnCl₂ 甘油溶液, 边滴加边充分振荡[9], 观察并解释实验现象。

4) 配合物之间的转化

取一支试管加入 3 滴 0.03 mol·L⁻¹ FeCl₃ 溶液, 加入 1 滴饱和 NH₄SCN 溶液, 观察现象, 再滴加 NaF 饱和溶液, 边滴加边充分振荡, 观察并解释实验现象。

5. 配离子的掩蔽作用

取四支试管, 在每个试管中按照表 5-28 所列顺序加入相应试剂, 振荡摇匀, 观察四支试管中的现象, 说明原因。

表 5-28　配离子的掩蔽作用

序号	添加试剂					反应现象及方程式
	0.03 mol·L⁻¹ FeCl₃	0.25 mol·L⁻¹ Co(NO₃)₂	饱和 NaF	戊醇	饱和 NH₄SCN	
1	2 滴	—	—	1 mL	6 滴	
2	—	4 滴	—	1 mL	6 滴	
3	2 滴	4 滴	—	1 mL	6 滴	
4	2 滴	4 滴	10 滴	1 mL	6 滴	

6. 螯合物的形成

在试管中加入 0.05 mol·L⁻¹ Ni(NO₃)₂ 溶液 5 滴, 2.0 mol·L⁻¹ NaOH 溶液

1 滴[10]，再加入 2 滴 1%丁二酮肟溶液，观察现象，说明原因。

[10] 目的:控制螯合物生成反应的 pH 为碱性。

【思考题】

(1) 配合物和复盐的主要区别是什么？如何判断简单离子和配离子？

(2) 影响配位平衡的因素有哪些？配合物的生成会影响酸碱、沉淀及氧化还原平衡吗？举例说明。

(3) 什么是配离子的掩蔽作用？

【案例分析】

材料一：某同学在做 "HAc 对[Cu(NH$_3$)$_4$]$^{2+}$稳定性的影响"实验中，向自己制备的[Cu(NH$_3$)$_4$]$^{2+}$深蓝色溶液中滴加了很多 6.0 mol · L^{-1} 的 HAc 溶液，边加边振荡，但是未观察到溶液颜色明显变化。请分析什么原因导致上述情况发生。怎么解决？

材料二：某同学在做 "氧化还原反应对配位平衡的影响" 的实验中，向自己制备的血红色[Fe(SCN)$_x$]$^{3-x}$ 溶液中滴加了很多 0.1 mol · L^{-1} 的 SnCl$_2$ 甘油溶液，并充分振荡，却未观察到溶液颜色明显变化。请分析什么原因导致上述情况发生。怎么解决？

(撰写人　郑胜礼)

基础实验 19　氧化还原反应与电化学

【实验目的】

(1) 了解氧化还原反应与电极电势的关系。

(2) 掌握浓度、酸度对氧化还原反应和电极电势的影响。

(3) 了解原电池装置及其工作原理，学会原电池电动势的测定。

【实验原理】

1. 原电池

原电池是一种将化学能转变为电能的装置。在原电池中，氧化型物质及其相应的还原剂组成电对作原电池的电极。电极电势值低的电对作原电池的负极，电极电势值高的电对作原电池的正极。原电池正负电极电势差值即为原电池电动势，可由电压计测得。

$$E_{原电池}=\varphi_+ - \varphi_-$$

电对中每种物质浓度对电极电势大小的影响,可用能斯特(Nernst)方程定量表示。

电极反应　　　　　　　$a\mathrm{Ox}(氧化型)+ne^- \rightleftharpoons b\mathrm{Red}(还原型)$

$$\varphi = \varphi^{\ominus} + \frac{0.0591}{n} \lg \frac{[c(\text{Ox})/c^{\ominus}]^a}{[c(\text{Red})/c^{\ominus}]^b}$$

式中，φ 为一般状态下电极电势；$\varphi^{\ominus}$ 为标准状态下电极电势；n 为电极反应转移电子数；$c^{\ominus}$ 为标准浓度；$c(\text{Ox})$ 为电极反应中氧化侧的物质浓度；$c(\text{Red})$ 为电极反应中还原侧的物质浓度。

从该方程中可看出氧化型物质浓度增加或还原型物质浓度减小，电极电势增大。反之，电极电势减小。

2. 氧化还原反应进行的方向

氧化还原反应中，物质氧化或还原能力的大小可用氧化还原电对的电极电势来判断。电对的电极电势越大，其氧化型物质的氧化能力越强，还原型物质的还原能力越弱；反之，电极电势越小，则氧化型物质的氧化能力越弱，还原型物质的还原能力越强。通常情况下可直接用两电对的标准电极电势 $\varphi^{\ominus}$ 来判断反应进行的方向。

3. 酸度对氧化还原反应的影响

在涉及含氧酸根离子的氧化还原反应中，H^+ 或 OH^- 介入反应，属于反应物，因此，介质的酸度也会对 φ 值产生影响，导致氧化还原反应的产物不同。例如：

$$MnO_4^- + 8H^+ + 5e^- \rightleftharpoons Mn^{2+} + H_2O \qquad \varphi^{\ominus}_{MnO_4^-/Mn^{2+}} = 1.51\ V$$

$$MnO_4^- + 2H_2O + 3e^- \rightleftharpoons MnO_2 + 4OH^- \qquad \varphi^{\ominus}_{MnO_4^-/MnO_2} = 0.59\ V$$

$$MnO_4^- + e^- \rightleftharpoons MnO_4^{2-} \qquad \varphi^{\ominus}_{MnO_4^-/MnO_4^{2-}} = 0.55\ V$$

4. 中间氧化态化合物的氧化还原性

中间氧化态化合物一般既可作氧化剂，又可作还原剂。例如，H_2O_2 常用作氧化剂被还原成 H_2O 或 OH^-，但当遇到强氧化剂如 $KMnO_4$(在酸性溶液中)时，H_2O_2 又会作为还原剂被氧化。

5. 沉淀对电极电势的影响

根据能斯特方程，沉淀生成导致氧化型物质浓度减小时，氧化还原电对的电极电势会降低；反之，沉淀生成导致还原型物质浓度减小时，氧化还原电对的电极电势会升高。沉淀生成甚至会改变氧化还原反应的方向。

【实验用品】

1. 仪器

试管，试管架，烧杯(50 mL)，量筒(10mL、50 mL)，电压计，铜片电极，锌片电极，铁夹，铁架台，砂纸，盐桥，导线等。

2. 试剂

$CuSO_4$(0.1 mol · L^{-1}、0.5 mol · L^{-1})，$ZnSO_4$(0.5 mol · L^{-1})，KI(0.01 mol · L^{-1})，$FeCl_3$(0.1 mol · L^{-1})，KSCN(0.1 mol · L^{-1})，溴水，$FeSO_4$(0.1 mol · L^{-1})，H_2SO_4 (1 mol · L^{-1}、3 mol · L^{-1})，浓氨水，NaOH(3 mol · L^{-1})，$KMnO_4$(0.01 mol · L^{-1})，Na_2SO_3(s)，H_2O_2(3%)，淀粉(0.5%)，pH 试纸。

【实验步骤】

1. 原电池电动势(浓度对电极电势的影响)

离子浓度对原电池电动势的影响

在 2 只 50 mL 烧杯中分别注入 30 mL 0.5 mol · L^{-1} $ZnSO_4$，其中一只注入浓氨水，不断搅拌，直至生成的白色沉淀完全溶解，形成无色$[Zn(NH_3)_4]^{2+}$溶液为止，待用。

在另外 2 只 50 mL 烧杯中，分别注入 30 mL 0.5 mol · L^{-1} $CuSO_4$ 溶液，其中一只注入浓氨水，并不断搅拌，直至生成的蓝色沉淀完全溶解，形成深蓝色的 $[Cu(NH_3)_4]^{2+}$ 溶液为止，待用。

在 $ZnSO_4$ 溶液中插入锌片，在 $CuSO_4$ 溶液插入铜片组成两个电极，两溶液用盐桥相连(图 5-5)。用导线将锌片和铜片分别与电压计的负极和正极相接，测量原电池的电动势 E_1。按照表 5-29 中所示测定其他两组原电池电动势大小[1]，比较各组原电池电动势大小，并用能斯特方程解释上述实验结果，得出结论。

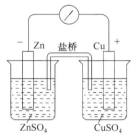

图 5-5 Cu-Zn 原电池

[1] 注意：换烧杯时将电极和盐桥清洗干净。

表 5-29 原电池的电动势

实验序号	原电池组成		原电池电动势	原电池电动势大小顺序
	阳极溶液	阴极溶液		
1	$CuSO_4$	$ZnSO_4$	E_1	
2	$[Cu(NH_3)_4]^{2+}$	$ZnSO_4$	E_2	
3	$CuSO_4$	$[Zn(NH_3)_4]^{2+}$	E_3	

2. 电极电势与氧化还原反应的方向

(1) 在一支试管中加入 5 滴 0.01 mol · L^{-1} KI 溶液，加 3 滴 0.1 mol · L^{-1} $FeCl_3$，混匀后再加 1 滴 0.5%淀粉溶液[2]，观察现象，解释原因。

(2) 在另一支试管中加入 5 滴 0.1 mol · L^{-1} $FeSO_4$ 溶液，加 2 滴溴水，边滴边摇，混匀后再加 2 滴 0.1 mol · L^{-1} KSCN 溶液[3]，观察现象，解释原因。

依据实验(1)、(2)两支试管中的反应现象比较电对 I_2/I^-、Fe^{3+}/Fe^{2+}、Br_2/Br^-

[2] 目的：指示是否有 I_2 单质生成。

[3] 目的：检验是否有 Fe^{3+} 生成，依此判断 Br_2 能否氧化 Fe^{2+}。

电极电势的大小，分别列出氧化剂 I_2、Fe^{3+}、Br_2 和还原剂 I^-、Fe^{2+}、Br^-的强弱顺序。

3. 酸度对氧化还原反应的影响

在三支试管中各加少量固体 Na_2SO_3，在第一支试管中加入 1.0 mol·L^{-1} H_2SO_4 溶液 2 滴，使溶液显酸性。第二支试管中加 2 滴去离子水，使溶液显中性。第三支试管中加入 3 mol·L^{-1} NaOH 溶液 2 滴，使溶液显碱性。然后向三支试管中分别滴加 0.01 mol·L^{-1} $KMnO_4$ 溶液，振荡，并观察三支试管中的实验现象，解释原因。

4. 沉淀对氧化还原反应的影响

在试管中加入 5 滴 0.1 mol·L^{-1} $CuSO_4$ 溶液，再加入 5 滴 0.01 mol·L^{-1} KI 溶液，观察沉淀的生成，加 0.5%淀粉溶液 1 滴，检验有无 I_2 生成。写出反应方程式，解释原因。

5. H_2O_2 的氧化性与还原性

(1) 取一试管，加入 5 滴 0.01 mol·L^{-1} KI 溶液和 1 mol·L^{-1} H_2SO_4 溶液 1 滴，控制溶液酸度，再逐滴加入 3% H_2O_2，振荡至溶液颜色变化。再加 1 滴 0.5%淀粉溶液，检验有无 I_2 生成。解释上述现象，写出反应方程式，说明 H_2O_2 在该反应中所起的作用。

(2) 取一试管，加入 2 滴 0.01 mol·L^{-1} $KMnO_4$ 溶液和 5 滴 3 mol·L^{-1} H_2SO_4 溶液，使溶液显酸性，然后逐滴加入 3% H_2O_2 并振荡，直至红色褪去。写出反应方程式，说明 H_2O_2 在该反应中的作用。

【思考题】

(1) 如何用电极电势来判断氧化还原反应进行的方向和顺序？
(2) 如何理解氧化剂与还原剂的相对性？
(3) 影响电极电势大小的因素有哪些？它们是如何影响电极电势大小的？
(4) 解释为什么 $KMnO_4$ 溶液能氧化 HCl 溶液中的 Cl^-却不能氧化 NaCl 溶液中的 Cl^-？
(5) 举例说明浓度和酸度对氧化还原反应方向的影响。

【案例分析】

某同学在做"酸度对氧化还原反应的影响"的实验时，$KMnO_4$ 与 Na_2SO_3 在碱性环境的试管中反应，本应是墨绿色溶液，结果出现棕褐色沉淀。造成上述现象的原因可能是什么？该如何避免上述现象的发生？

（撰写人　刘　波　张鞍灵）

基础实验 20　化学反应速率和化学平衡

【实验目的】

(1) 理解浓度、温度和催化剂对化学反应速率的影响。

(2) 熟悉浓度和温度对化学平衡的影响。

【实验原理】

1. 化学反应速率

化学反应速率可用单位时间内反应物或生成物浓度的改变来表示。化学反应速率的快慢，首先取决于反应物的性质，其次受外界条件——浓度、温度、催化剂等的影响。

1) 浓度对化学反应速率的影响

反应物浓度增加，单位体积内的活化分子数增加，化学反应速率加快。速率方程描述了反应物浓度与化学反应速率之间的定量关系，具体如下：

$$v=kc(A)^m c(B)^n$$

式中：v 为瞬时反应速率，单位 $mol \cdot s^{-1}$；k 为反应速率常数，其大小与反应物的性质、温度、催化剂有关；$m+n$ 为反应级数，数值越大，反应物浓度变化对化学反应速率的影响越显著；$c(A)$、$c(B)$分别为反应物 A 和 B 的浓度。

在酸性溶液中 KIO_3 与 $NaHSO_3$ 发生如下反应：

$$2IO_3^- + 5HSO_3^- \rightleftharpoons 5SO_4^{2-} + I_2 + 3H^+ + H_2O$$

其反应速率表达式为

$$v=kc(IO_3^-)^m c(HSO_3^-)^n$$

若实验中 KIO_3 过量，就可使 $NaHSO_3$ 彻底反应，反应终点产生的 I_2 可使淀粉变为蓝色。如果在溶液中预先加入淀粉指示剂，则可根据淀粉变蓝所需时间的长短来判断化学反应速率的快慢。

2) 温度对化学反应速率的影响

温度对反应速率常数的大小有显著影响，升高反应温度可以提高活化分子的百分数，加快化学反应速率，并不能影响反应的活化能。

温度与化学反应速率的关系可用阿伦尼乌斯(Arrhenius)公式来表示，即

$$k = Ae^{-\frac{E_a}{RT}}$$

3) 催化剂对化学反应速率的影响

催化剂可以改变反应历程，降低反应活化能，提高活化分子百分数，加快化学反应速率。

催化剂与反应物同相的催化反应为均相催化。例如，反应：

【阅读材料】
中国催化剂
之父闵恩泽

$$5H_2C_2O_4 + 2MnO_4^- + 6H^+ \rightleftharpoons 2Mn^{2+} + 10CO_2 \uparrow + 8H_2O$$

加入催化剂 $MnSO_4$ 后，溶液中 Mn^{2+} 的存在可加快 MnO_4^{2-} 紫红色褪色。

催化剂与反应物不同相的催化反应为多相催化。例如，往 H_2O_2 中加入少量 MnO_2 固体催化剂后，分解反应加剧：

$$2H_2O_2 \xrightarrow{\ MnO_2\ } 2H_2O + O_2 \uparrow$$

2. 化学平衡

在一定条件下，当可逆反应的正、逆反应速率相等，各组分浓度不随时间变化时，就达到了化学平衡。当外界条件改变时，正、逆反应速率不再相等，化学平衡就发生移动，根据勒夏特列(Le Chatelier)原理可以判断平衡移动的方向。

1) 浓度对化学平衡的影响

例如：

$$2K_2CrO_4(黄色) + 2H^+ \rightleftharpoons K_2Cr_2O_7(橙色) + 2K^+ + H_2O$$

当向体系中加入 H_2SO_4 后，反应物 H^+ 浓度增大，正反应速率加快，平衡向右移动，其结果是生成物浓度增大，溶液由黄色变为橙色；当向平衡体系中加入 NaOH 时，中和了溶液中的 H^+，降低了反应物浓度，正反应速率变慢，平衡向左移动，其结果是生成物浓度减少，溶液由橙色变为黄色。

2) 温度对化学平衡的影响

升高温度，吸热反应的化学平衡向正反应方向移动，降低温度，吸热反应的化学平衡向逆反应方向移动。例如：

$$2NO_2(g) \rightleftharpoons N_2O_4(g)$$
$$(棕红色) \qquad\quad (无色)$$

【实验用品】

1. 仪器

秒表，温度计(100℃)，烧杯(100 mL、200 mL)，量筒(10 mL、25 mL、50 mL)，NO_2 平衡仪。

2. 试剂

$KIO_3(0.05\ mol \cdot L^{-1})$，$H_2SO_4(2.0\ mol \cdot L^{-1})$，$MnSO_4(0.1\ mol \cdot L^{-1})$，$H_2C_2O_4$ $(0.1\ mol \cdot L^{-1})$，$KMnO_4(0.01\ mol \cdot L^{-1})$，$MnO_2$(固体)，$NaOH(2.0\ mol \cdot L^{-1})$，$K_2CrO_4$ $(0.1\ mol \cdot L^{-1})$，$FeCl_3$ 溶液$(0.1\ mol \cdot L^{-1})$，$NH_4SCN(0.1\ mol \cdot L^{-1})$，$H_2O_2$(3%)。

$0.05\ mol \cdot L^{-1}\ NaHSO_3$ 溶液：称 5 g 淀粉，以少量去离子水调成糊状，然后加入 100~200 mL 沸水，煮沸，冷却后加入 $NaHSO_3$ 溶液(5.2 g $NaHSO_3$ 溶于少量水中)，再加去离子水稀释至 1 L。

【实验步骤】

1. 浓度对化学反应速率的影响

量取 10 mL 0.05 mol · L^{-1} NaHSO$_3$ 溶液和 35 mL 去离子水置于小烧杯中。再按照表 5-30 中所列，量取一定体积的 0.05 mol · L^{-1} KIO$_3$ 溶液迅速倒入上述小烧杯中，并同时按下秒表计时，不断搅拌至溶液变蓝，立刻停止计时，记下溶液变蓝所需的时间，填入表 5-30。按照表 5-30 所列溶液体积，完成其他实验。

表 5-30　浓度对化学反应速率的影响

实验序号	体积/mL			溶液变蓝时间/s
	NaHSO$_3$	KIO$_3$	H$_2$O	
1	10	5	35	
2	10	10	30	
3	10	15	25	
4	10	20	20	

根据实验结果，说明反应物浓度对化学反应速率影响的规律，并用相关理论解释。

2. 温度对化学反应速率的影响

量取 10 mL 0.05 mol · L^{-1} NaHSO$_3$ 溶液和 30 mL 去离子水置于小烧杯中，量取 0.05 mol · L^{-1} KIO$_3$ 溶液 10 mL 于一试管中。将小烧杯和试管同时放入热水浴中加热，并用温度计测量溶液温度，待溶液温度比室温高 10℃时，迅速将试管中的 KIO$_3$ 溶液倒入装有 NaHSO$_3$ 溶液的小烧杯中[1]，立即搅拌，同时用秒表计时。用同样的方法测定比室温高 20℃、30℃时上述反应的反应速率。记下溶液变蓝所需的时间，填入表 5-31。

[1] 为保持溶液温度恒定，将小烧杯留在水浴中完成反应。

表 5-31　温度对化学反应速率的影响

实验序号	体积/mL			温度/℃	溶液变蓝时间/s
	NaHSO$_3$	KIO$_3$	H$_2$O		
1	10	10	30	室温	
2	10	10	30	室温+10	
3	10	10	30	室温+20	
4	10	10	30	室温+30	

根据上述实验结果，说明温度对化学反应速率的影响规律，并用相关理论解释。

3. 催化剂对化学反应速率的影响

1）均相催化

取两支试管，分别加入 $2.0\ mol \cdot L^{-1}$ H_2SO_4 溶液 $2\ mL$ 和 $0.1\ mol \cdot L^{-1}$ $H_2C_2O_4$ 溶液 $3\ mL$。其中一支试管中加入催化剂 $0.1\ mol \cdot L^{-1}$ $MnSO_4$ 溶液 $0.5\ mL$，另一支试管作为对照。然后再向两支试管各加入 $0.01\ mol \cdot L^{-1}$ $KMnO_4$ 溶液 3 滴[2]，边摇动试管边观察溶液颜色，比较两支试管中紫红色褪去的快慢。写出反应方程式。

[2] 目的：$KMnO_4$ 作氧化剂与还原剂 $H_2C_2O_4$ 反应。

2）多相催化

向试管中加入 3% H_2O_2 溶液 $3\ mL$，观察有无气泡产生。再向试管中加入少量 MnO_2 粉末，观察现象。用手指堵住试管口，待反应片刻后，再用火柴余烬插入试管检验生成的气体[3]，观察火柴梗的火星亮度是否有变化，是否有鸣爆现象。写出反应方程式，说明 MnO_2 在反应中的作用。

[3] 注意：火柴需燃烧至木梗处，且火焰熄灭后，趁木梗带有红色火星时伸入试管口，检验是否有氧气生成。

4. 浓度对化学平衡的影响

(1) 分别向两支试管中加入 $0.1\ mol \cdot L^{-1}$ K_2CrO_4 溶液 $1\ mL$，一支试管留下作对照，然后向另一支试管滴加 $2.0\ mol \cdot L^{-1}$ H_2SO_4 溶液，边滴边摇，当溶液由黄色变为橙色后，再滴加 $2.0\ mol \cdot L^{-1}$ $NaOH$ 溶液，边滴边摇，观察实验现象，说明颜色变化的原因，写出反应方程式。

(2) 加 $15\ mL$ 去离子水于小烧杯中，滴加 $0.1\ mol \cdot L^{-1}$ $FeCl_3$ 溶液和 $0.1\ mol \cdot L^{-1}$ NH_4SCN 溶液各 3 滴，得到浅红色溶液。将此溶液分装在三支试管中，第一支试管作对照，向第二支试管加入 $0.1\ mol \cdot L^{-1}$ $FeCl_3$ 溶液 2 滴，向第三支试管中加入 2 滴 $0.1\ mol \cdot L^{-1}$ NH_4SCN 溶液，摇匀后与第一支试管比较，观察颜色的变化，并解释其原因，写出反应方程式。

5. 温度对化学平衡的影响

将充有 NO_2 和 N_2O_4 混合气体的 NO_2 平衡仪两端分别置于盛有冷水和热水的烧杯中，观察平衡仪两端颜色的变化。根据实验结果，说明温度对化学平衡的影响。

【思考题】

(1) 根据实验结果说明浓度、温度和催化剂对化学反应速率的影响。
(2) 使化学平衡产生移动的因素有哪些？如何判断平衡移动的方向？

【案例分析】

材料一：某同学在做"用火柴余烬检测氧气"的实验中，他划着火柴并迅速伸进试管口，火柴却熄灭了，试分析火柴复燃实验失败的原因。

材料二：某同学在做"浓度对反应速率影响"的实验中，所测得的反应结束时间并没有像预期的那样，随反应物 KIO₃ 浓度增大而提前。请分析造成此现象可能的错误有哪些。

（撰写人　张鞍灵　刘　波）

基础实验 21　电导率法测定 BaSO₄ 的溶度积

【实验目的】

(1) 熟悉沉淀的生成、陈化、离心分离、洗涤等基本操作。
(2) 学习电导率仪的使用。
(3) 学习难溶电解质溶度积测定的一种方法。

【实验原理】

难溶电解质的溶解度很小，很难直接测定其溶液中离子浓度。但是，只要有溶解作用，溶液中就有电离出来的带电离子，一定条件下通过特定方法就可以测定难溶电解质饱和溶液中的各种离子浓度。常用的测定方法有目视比色法、分光光度法、电导法、电动势法。

本实验采用电导法，通过测定难溶电解质饱和溶液的电导或电导率，再根据电导率与浓度的关系，计算出难溶电解质的溶解度，从而换算出溶度积。

1. 电导和电导率

电解质溶液导电能力的大小,可以用电阻 R 或电导 G 来表示，两者互为倒数。在国际单位制(SI)中，电导的单位是 S，称为西门子。

$$S=A \cdot V^{-1} \quad (A 为安培，V 为伏特)$$

若导体具有均匀截面，其电导(G)与截面积(A)成正比，与长度(L)成反比，即

$$G = \kappa A/L$$

式中：κ 为比例常数，即电导率。

对于电导电极而言，两电极间距离 L 与电极面积 A 是一定的，所以对于电极而言，L/A 为常数，称为电导池常数或电极常数，其数值一般由制造厂给出，标在电极上。

对于电解质而言，κ 为电极面积为 1 m²、L 为 1 m 时，1 m³ 溶液的电导。

2. 摩尔电导率和溶度积

在一定温度下，相距 1 m 的两个平行电极之间，含有 1 mol 电解质的溶液具有的电导，称为摩尔电导率，以 Λ_m 表示，单位 S · m² · mol⁻¹。

若溶液浓度为 c (mol · m⁻³)，则含有 1 mol 电解质溶液的体积为

$$V=1/c \quad (m^3 \cdot mol^{-1})$$

这样，摩尔电导率 Λ_m 与电导率 κ 的关系为

$$\Lambda_m = \kappa V = \kappa/c \quad (\text{S} \cdot \text{m}^2 \cdot \text{mol}^{-1})$$

3. BaSO₄ 的溶度积

在硫酸钡饱和溶液中，存在下列平衡：

$$\text{BaSO}_4(\text{s}) \Longleftrightarrow \text{Ba}^{2+}(\text{aq}) + \text{SO}_4^{2-}(\text{aq})$$

在一定的温度下，其溶度积为

$$K_{sp}^{\ominus}(\text{BaSO}_4) = [c(\text{Ba}^{2+})/c^{\ominus}][c(\text{SO}_4^{2-})/c^{\ominus}]$$

因为硫酸钡的溶解度很小，它的饱和溶液可近似看作无限稀释的溶液，则

$$\Lambda_{\infty}(\text{BaSO}_4) = \Lambda_{\infty}(\text{Ba}^{2+}) + \Lambda_{\infty}(\text{SO}_4^{2-})$$

已知

$$\Lambda_{\infty}(1/2\text{Ba}^{2+}) = 63.64 \times 10^{-4} \text{ S} \cdot \text{m}^2 \cdot \text{mol}^{-1}$$

$$\Lambda_{\infty}(1/2\text{SO}_4^{2-}) = 79.80 \times 10^{-4} \text{ S} \cdot \text{m}^2 \cdot \text{mol}^{-1}$$

$$\Lambda_{\infty}(\text{BaSO}_4) = 2[\Lambda_{\infty}(1/2\text{Ba}^{2+}) + \Lambda_{\infty}(1/2\text{SO}_4^{2-})] = 286.88 \times 10^{-4} \text{ S} \cdot \text{m}^2 \cdot \text{mol}^{-1}$$

根据上式测得硫酸钡饱和溶液的电导率即可计算出 $c(\text{BaSO}_4)$。

$$c(\text{BaSO}_4) = \frac{\kappa(\text{BaSO}_4)}{\Lambda_{\infty}(\text{BaSO}_4)} (\text{mol} \cdot \text{m}^{-3}) = \frac{\kappa(\text{BaSO}_4)}{1000\Lambda_{\infty}(\text{BaSO}_4)} (\text{mol} \cdot \text{L}^{-1})$$

$$K_{sp}^{\ominus}(\text{BaSO}_4) = [c(\text{Ba}^{2+})/c^{\ominus}][c(\text{SO}_4^{2-})/c^{\ominus}] = \left[\frac{\kappa(\text{BaSO}_4)}{1000\Lambda_{\infty}(\text{BaSO}_4)}\right]^2$$

考虑实验用水电解产生的 H⁺ 和 OH⁻ 的干扰，上式修正为

$$K_{sp}^{\ominus}(\text{BaSO}_4) = \left[\frac{\kappa(\text{BaSO}_4) - \kappa(\text{H}_2\text{O})}{1000\Lambda_{\infty}(\text{BaSO}_4)}\right]^2$$

【实验用品】

1. 仪器

电导率仪，离心机，DJS-1 型铂光亮电极，离心管，试管，烧杯(100 mL、250 mL)。

2. 试剂

H₂SO₄(0.05 mol · L⁻¹)，BaCl₂(0.05 mol · L⁻¹)，AgNO₃(0.01mol · L⁻¹)。

【实验步骤】

1. BaSO4 沉淀的制备

在 100 mL 烧杯中加 0.05 mol·L⁻¹ H_2SO_4 溶液 30 mL，并加热近沸后开始边搅拌边滴加 $BaCl_2$ 溶液 30 mL[1]，加完后继续搅拌加热 5 min，小火保温 10 min 后，停止加热，静置陈化 1 h[2]，倾去上清液。将沉淀用离心法分离，弃去上清液，在离心管中加入热去离子水，用玻璃棒充分搅拌后，继续离心分离，将上清液转移至试管中，滴加 $AgNO_3$ 溶液检测是否有白色沉淀出现。若有则继续加入热去离子水重复上述沉淀洗涤的操作[3]。

2. BaSO4 饱和溶液的制备

在纯 BaSO4 沉淀中加入少量去离子水，将沉淀转移至 200 mL 烧杯中，加去离子水 80 mL，加热并均匀搅拌，持续煮沸 5 min 后停止加热。静置 10 min 后，将烧杯置于冷水浴中 5 min，再换冷水，继续水浴冷却[4]，直至室温，沉淀及上清液将用于测 BaSO4 饱和溶液的电导率。

3. 电导率的测定

(1) 开机。确认电极是否与仪器接好，打开电源开关，预热 30 min。

(2) 设置电极常数和常数数值。先按"电导率/TDS"键，再按"电极常数"键，进入设置状态。按"电极常数"键的"△"或"▽"，屏幕右下角数值在 10、1、0.1、0.01 之间转换。按"常数调节"键的"△"或"▽"，使屏幕中央显示数字与右下角显示数字的乘积等于电极本身所标识电极常数值，按"确认"键，完成电极常数的设置。

(3) 测量。将依次用去离子水清洗干净的电极插入待测液中，按"电导率/TDS"键，仪器进入测量状态，用玻璃棒搅拌溶液片刻，使溶液与电极充分接触，静置，仪器屏幕中央显示的数值即为所测溶液的电导率值。测定实验所用去离子水的电导率 $\kappa(H_2O)$ 以及刚制备的 BaSO4 饱和溶液的电导率 $\kappa(BaSO_4)$。

(4) 整理。实验完毕后，关闭仪器电源，用去离子水清洗电极，切勿碰触电极表面疏松的铂黑镀层，以免损坏。清洗干净后，将电极浸泡在去离子水中；若电极长期不用，晾干表面水分，套上保护瓶，收入盒中。

【实验数据记录与处理】

1. 数据记录(表 5-32)

表 5-32 电导率数据记录

项目	测定次数		
	I	II	III
室温/℃			
纯水电导率 $\kappa(H_2O)$/(S·m⁻¹)			

[1] 目的：减少 BaSO4 沉淀时杂质离子的吸附、包夹而形成杂质离子的共沉淀。

[2] 目的：结晶颗粒重结晶而变粗大。

[3] 目的：清洗沉淀表面吸附的 Cl^-。

[4] 目的：保证温度较低，使 BaSO4 尽快沉淀完全，达到饱和状态。

续表

项目	测定次数		
	I	II	III
硫酸钡电导率 $\kappa(BaSO_4)/(S \cdot m^{-1})$			
$c(BaSO_4)/(mol \cdot L^{-1})$			
$c(BaSO_4)_{平均}/(mol \cdot L^{-1})$			
相对平均偏差/%			
$K_{sp}^{\ominus}(BaSO_4)$			

2. 数据处理

$$K_{sp}^{\ominus}(BaSO_4) = \left[\frac{\kappa(BaSO_4) - \kappa(H_2O)}{1000 \Lambda_{\infty}(BaSO_4)} \right]^2$$

已知：$\Lambda_{\infty}(BaSO_4)=286.88\times10^{-4}$ S · m^2 · mol^{-1}。

【思考题】

(1) 制备 $BaSO_4$ 时，为什么要洗至无 Cl$^-$？

(2) 制备 $BaSO_4$ 饱和溶液时，溶液底部一定要有沉淀吗？

(3) 在测定 $BaSO_4$ 的电导率时，水的电导率为什么不能忽略？

【案例分析】

某同学在测定电导率时，测定纯水时的电导率读数正常，当测定 $BaSO_4$ 饱和溶液时，仪器读数显示不正常。试分析其中原因可能有哪些。

（撰写人　王海强　龚　宁）

基础实验22　磺基水杨酸合铁(Ⅲ)配合物的组成及其稳定常数的测定

【实验目的】

(1) 掌握比色法测定配合物的组成和配合物稳定常数的原理和方法。

(2) 学习图解法处理实验数据。

【实验原理】

测定配合物组成和稳定常数的方法有 pH 法、电位法、极谱法、分光光度法及核磁共振、电子顺磁共振等方法。其中分光光度法是测定配合物组成及其稳定常数的最常用的方法之一，其方法又分为等摩尔系列法、平衡移动法、直线法、斜率比法等。

本实验采用等摩尔系列法来测定配合物的稳定常数。

设金属离子 M 和配位剂 R 形成一种有色配合物 MR_m(电荷省略)，反应如下：

$$M + mR \rightleftharpoons MR_m$$

测定配合物的组成，就是确定 MR_m 中的 m 值。

等摩尔系列法是在保持每份溶液中金属离子的物质的量 n_M 与配体的物质的量 n_R 之和不变(即总的物质的量不变)的前提下，改变 n_M 与 n_R 的相对比值，配制一系列溶液，在这一系列的溶液中，一部分溶液中金属离子过量，而另一部分溶液中配体过量；在这两部分溶液中，配合物浓度都不可能达到最大值，只有当溶液中金属离子与配体的物质的量之比与配合物组成一致时，配合物的浓度才能达到最大。在 MR_m 的最大吸收波长下，测定每份溶液的吸光度 A，由于中心离子和配体基本无色，只有配合物有色，所以配合物的摩尔浓度越大，溶液颜色越深，其吸光度也就越大，当 A 达到最大，即 MR_n 浓度最大时，该溶液中 n_R/n_M 比值即为配合物的组成比 m。若以吸光度 A 为纵坐标，$n_M/(n_M + n_R)$ 为横坐标作图，绘出曲线如图 5-6 所示，从曲线外推的交点所对应的 $n_M/(n_M+n_R)$ 值，即可求出配合物的组成比，即 m 值。

$$配体摩尔分数 = \frac{配体物质的量}{总物质的量} = 0.5$$

$$中心离子摩尔分数 = \frac{中心离子物质的量}{总物质的量} = 0.5$$

$$m = \frac{配体摩尔分数}{中心离子摩尔分数} = 1$$

由此可知该配合物的组成(MR)。

最大吸光度 A 点可被认为 M 和 R 全部形成配合物时的吸光度，其值为 A_1。由于配合物有一部分解离，其浓度减小，所以实验测得的最大吸光度在 B 点，其值为 A_2，因此配合物的解离度 α 可表示为

$$\alpha = \frac{A_1 - A_2}{A_1}$$

配合物的表观稳定常数 K_f' 可由以下平衡关系导出，即

$$M + mR \rightleftharpoons MR_m$$

平衡浓度　　$c\alpha$　　$c\alpha$　　　　$c(1-\alpha)$

$$K_f' = \frac{[MR_m]}{[M][R]^m} = \frac{c(1-\alpha)}{c\alpha \cdot (c\alpha)^m} = \frac{1-\alpha}{c^m \cdot \alpha^{m+1}}$$

当配合物组成为 1:1 时，其表观稳定常数 K_f' 的关系式为

$$K_f' = \frac{[MR]}{[M][R]} = \frac{1-\alpha}{c\alpha^2}$$

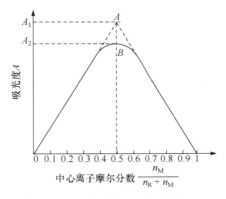

图 5-6　等摩尔系列法曲线

式中：c 为相应于 A 点的金属离子浓度。

等摩尔系列法要求在一定条件下，溶液中的金属离子与配体都无色，只有形成的配合物有色。磺基水杨酸溶液是无色的，Fe^{3+} 的浓度很小时溶液几乎无色，磺基水杨酸(简式为 H_3R)的一级解离常数 $K_1^{\ominus}=3\times10^{-3}$，与 Fe^{3+} 可以形成稳定的配合物，溶液 pH 不同生成配合物的组成也不同。pH 为 2～3 时，生成紫红色的螯合物 FeR(有一个配体)；pH 为 4～9 时，生成红色螯合物 $[FeR_2]^{3-}$(有 2 个配体)；pH 为 9～11.5 时，生成黄色螯合物 $[FeR_3]^{6-}$(有 3 个配体)；pH>12 时，有色螯合物被破坏而生成 $Fe(OH)_3$ 沉淀。

本实验将测定 pH=2～3 时所形成的紫红色的磺基水杨酸合铁(Ⅲ)配合物，用分光光度法测定配合物的组成和稳定常数。实验中用高氯酸 $HClO_4$ 来控制溶液的 pH 和作空白溶液，因为高氯酸不易与金属离子生成配合物。由朗伯-比尔定律可知，所测溶液的吸光度在液层厚度一定时只与配合物的浓度成正比。通过对溶液吸光度的测定，可求出该配合物的组成。

【实验用品】

1. 仪器

722s 型可见分光光度计，烧杯(50 mL)，容量瓶(100 mL)，移液管(10 mL)，玻璃棒，吸水纸。

2. 试剂

$0.01\ mol \cdot L^{-1}\ HClO_4$ 溶液：将 4.4 mL 70% $HClO_4$ 溶液加入 50 mL 水中，稀释到 5000 mL。

$0.0100\ mol \cdot L^{-1}$ 磺基水杨酸溶液：根据磺基水杨酸试剂的结晶水情况计算其用量，将准确称量的分析纯磺基水杨酸溶于 $0.01\ mol \cdot L^{-1}\ HClO_4$ 溶液中，用容量瓶定容至 1000 mL。

$0.0100\ mol \cdot L^{-1}\ NH_4Fe(SO_4)_2$ 溶液：用 $0.0100\ mol \cdot L^{-1}\ HClO_4$ 溶液将 4.8220 g $NH_4Fe(SO_4)_2 \cdot 12H_2O$(AR)溶解，用容量瓶定容至 1000 mL。

【实验步骤】

1. 溶液的配制

1) 配制 $0.0010\ mol \cdot L^{-1}\ Fe^{3+}$ 溶液

用移液管移取 10.00 mL $0.0100\ mol \cdot L^{-1}\ NH_4Fe(SO_4)_2$ 溶液，注入 100 mL 容量瓶中，用 $0.01\ mol \cdot L^{-1}\ HClO_4$ 溶液稀释至刻度[1]，摇匀，备用。

2) 配制 $0.0010\ mol \cdot L^{-1}$ 磺基水杨酸(H_3R)溶液

用移液管移取 $0.0100\ mol \cdot L^{-1}\ H_3R$ 溶液 10.00 mL，注入 100 mL 容量瓶中，用 $0.01\ mol \cdot L^{-1}\ HClO_4$ 溶液稀释至刻度，盖上容量瓶盖子，摇匀，备用。

[1] 目的：防止 Fe^{3+} 水解。

2. 系列配合物溶液吸光度的测定

1) 磺基水杨酸合铁(Ⅲ)系列溶液的配制

用移液管按表 5-33 中的体积分别移取各溶液，注入已编号的 100 mL 容量瓶中，再用 0.01 mol · L^{-1} HClO$_4$ 定容到 100 mL[2]，盖上容量瓶盖子，摇匀，待测吸光度用。

[2] 目的：防止 Fe^{3+} 水解，控制反应的 pH。

表 5-33　磺基水杨酸合铁(Ⅲ)系列溶液的配制

编号	$\dfrac{n_M}{n_R+n_M}$	0.0010 mol · L^{-1} Fe^{3+}体积/mL	0.0010 mol · L^{-1} 磺基水杨酸体积/mL	0.01 mol · L^{-1} HClO$_4$
0	0	0.00	10.00	
1	0.1	1.00	9.00	
2	0.2	2.00	8.00	
3	0.3	3.00	7.00	
4	0.4	4.00	6.00	0.01mol · L^{-1}
5	0.5	5.00	5.00	HClO$_4$定容至 100 mL
6	0.6	6.00	4.00	
7	0.7	7.00	3.00	
8	0.8	8.00	2.00	
9	0.9	9.00	1.00	
10	1.0	10.00	0.00	

2) 吸光度的测定

对其中的 5 号溶液进行波长扫描，得到吸收曲线，确定最大吸收波长。在最大吸收波长下，分别测定各待测溶液的吸光度，并按表 5-34 记录已稳定的读数。

表 5-34　磺基水杨酸合铁(Ⅲ)系列溶液吸光度的测定

$\dfrac{n_M}{n_M+n_R}$	吸光度 A			$\dfrac{n_M}{n_M+n_R}$	吸光度 A		
	1	2	3		1	2	3
0				0.6			
0.1				0.7			
0.2				0.8			
0.3				0.9			
0.4				1.0			
0.5							

【实验数据记录与处理】

1. 数据记录

实验数据记录在表 5-35 中。

表 5-35　磺基水杨酸合铁(Ⅲ)溶液配位数的测定

$\dfrac{n_{\mathrm{M}}}{n_{\mathrm{M}}+n_{\mathrm{R}}}$	0.0010 mol·L^{-1} Fe^{3+}体积/ mL	0.0010 mol·L^{-1}磺基水杨酸体积/mL	0.01 mol·L^{-1} HClO$_4$体积/mL	配位数	吸光度 A
0	0.00	10.00	90.00		
0.1	1.00	9.00	90.00		
0.2	2.00	8.00	90.00		
0.3	3.00	7.00	90.00		
0.4	4.00	6.00	90.00		
0.5	5.00	5.00	90.00		
0.6	6.00	4.00	90.00		
0.7	7.00	3.00	90.00		
0.8	8.00	2.00	90.00		
0.9	9.00	1.00	90.00		
1.0	10.00	0.00	90.00		

2. 数据处理

以吸光度 A 对中心离子摩尔分数作图，从图中找到最大吸收峰，求出配合物的组成和稳定常数。

【思考题】

(1) 用等摩尔系列法测定配合物组成时，为什么说溶液中金属离子的物质的量与配体的物质的量之比正好与配合物组成相同时，配合物的浓度最大？

(2) 在测定吸光度时，如果温度变化较大，对测得的稳定常数有何影响？

(3) 本实验为什么用 HClO$_4$ 溶液作空白溶液？为什么选用 500 nm 左右波长的光源来测定溶液的吸光度？

(4) 本实验使用分光光度计时要注意哪些操作？

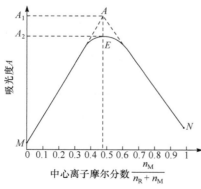

图 5-7　某同学绘制的等摩尔系列法曲线

【案例分析】

某同学根据在本实验中所测得数据绘制吸光度 A-中心离子摩尔分数曲线，如图 5-7 所示。

请分析造成此情况的原因。

（撰写人　单丽伟　侯婷婷）

基础实验 23 粗食盐的提纯

【实验目的】

(1) 学会用化学方法对粗食盐进行提纯。

(2) 掌握加热、溶解、常压过滤、减压抽滤、蒸发浓缩、结晶、干燥等基本操作。

(3) 学习并掌握千分之一电子天平的使用。

(4) 学习食盐中 Mg^{2+} 的定性检验方法。

【实验原理】

粗食盐中含有不溶性杂质和可溶性杂质。不溶性杂质(如泥沙等)可通过加去离子水溶解后过滤的方法除去；可溶性杂质主要是 Ca^{2+}、Mg^{2+} 和 K^+ 等，可选择适当的沉淀剂 NaOH 和 Na_2CO_3，与 Ca^{2+}、Mg^{2+} 生成沉淀后过滤除去。

千分之一电子
天平的使用

$$Ca^{2+} + CO_3^{2-} =\!=\!= CaCO_3 \downarrow$$

$$Mg^{2+} + 2OH^- =\!=\!= Mg(OH)_2 \downarrow$$

溶液中过量的沉淀剂 NaOH 和 Na_2CO_3 可以用盐酸中和除去。

粗食盐中的 K^+ 和上述的沉淀剂都不反应。由于 KCl 的溶解度大于 NaCl 的溶解度，且含量较少，因此在蒸发和浓缩过程中，NaCl 先结晶出来，而 KCl 则继续留在母液中，可以通过减压抽滤除去。

滤纸的折叠与
铺放

【实验用品】

1. 仪器

千分之一电子天平，烧杯(100 mL、250 mL)，量筒(10 mL、100 mL)，普通漏斗，铁环，铁架台，布氏漏斗，抽滤瓶，真空泵，蒸发皿，电热板，药匙，滴管，小试管，玻璃棒。

【阅读材料】
中国重化工业
之父范旭东

2. 试剂

粗食盐，HCl(2 mol·L^{-1})，NaOH(2 mol·L^{-1})，Na_2CO_3(饱和溶液)，镁试剂，滤纸，pH 试纸。

【实验步骤】

1. 粗食盐的称量和溶解

用千分之一电子天平称取 8.0 g 粗食盐，装入 100 mL 烧杯，加 30 mL 去离子水，搅拌并加热，使其充分溶解。粗食盐溶液静置冷却后，进行普通过滤，去除不溶于水的杂质，滤液收集到另一只干净烧杯中。用滴管取少量去离子水淋洗盛过粗食盐溶液的烧杯和玻璃棒，洗涤的水也经过滤收集[1]。最后用少量去离子水冲洗滤纸，将滤纸上残留的 NaCl 洗入滤液中。

2. Ca²⁺和 Mg²⁺的去除

在滤液中加入 2 mol·L⁻¹ NaOH 溶液约 1 mL 和饱和 Na₂CO₃溶液约 3 mL，使滤液 pH 约为 11[2]，搅拌后静置。

先取少量溶液过滤，将滤液用干净小试管收集 2～3 滴，向试管中滴加 1 滴 2 mol·L⁻¹ NaOH 溶液，再加入 1 滴镁试剂[3]，观察是否有蓝色沉淀生成。如有蓝色沉淀，需继续向烧杯的滤液中滴加 NaOH[4]，并再次检测 Mg²⁺是否沉淀完全，直至检测不出 Mg²⁺后，进行过滤。如无蓝色沉淀生成，将烧杯中的悬浊液进行普通过滤，弃去沉淀，保留滤液。

3. 中和过量的 NaOH 和 Na₂CO₃

在上述滤液中逐滴加入 HCl，充分搅拌，用 pH 试纸检验溶液的 pH 为 4～5 时为止，以除去过量的 NaOH 和 Na₂CO₃，生成的 H₂CO₃可在蒸发过程中挥发除去。

4. 蒸发浓缩

将滤液转移至洁净的蒸发皿中，用滴管取少量去离子水淋洗烧杯，洗涤液转移至蒸发皿中，将蒸发皿放在电热板上加热蒸发，待溶液浓缩至液面上有晶膜形成为止，切不可将溶液蒸干[5]。

5. 减压抽滤、干燥

将上述浓缩溶液冷却至室温后[6]，进行减压抽滤。安装抽滤装置时，先将滤纸平铺于布氏漏斗底部，用去离子水润湿滤纸，再将布式漏斗安装于抽滤瓶上。开始抽滤时，先打开真空泵，待滤纸紧贴于漏斗底部后，再将蒸发皿中的晶体转移至漏斗中[7]，尽量抽干母液。停止抽滤时，先拔掉抽滤瓶的抽气管，再关掉真空泵，避免倒吸。

将晶体收集于洁净的蒸发皿中，低温加热干燥，所得即为精制食盐。

6. 产品称量

所得精制食盐冷却至室温，称量。最后将精制食盐放入指定容器中。

【实验数据记录与处理】

实验数据记录于表 5-36 中。

表 5-36　精制 NaCl 产率

粗食盐质量/g	精制食盐质量/g	产率/%

---

[1] 目的：将烧杯和玻璃棒上残留的 NaCl 洗入滤液中，减少损失。

[2] 目的：将 Ca²⁺ 和 Mg²⁺ 以 CaCO₃ 和 Mg(OH)₂ 的形式充分沉淀出来。

[3] 目的：检验 Mg²⁺是否沉淀完全。

[4] 目的：将剩余的 Mg²⁺ 沉淀出来。

晶膜的形成过程

[5] 原因：若蒸干，KCl 和 NaCl 一起结晶析出，导致 NaCl 不纯。

[6] 目的：使 NaCl 充分从母液中结晶析出。

[7] 目的：防止晶体漏出。

【思考题】

(1) 加入 30 mL 水溶解 8 g 食盐的依据是什么？加水过多或过少有什么影响？

(2) 怎样除去实验过程中所加的过量沉淀剂 NaOH 和 Na_2CO_3？

(3) 在粗食盐的提纯中，两次普通过滤能否合并为一次过滤？

【案例分析】

材料一：某同学的过滤装置如图 5-8 所示，请指出图中的错误操作。

材料二：同学甲在调节溶液的 pH 时，先滴加了大量 HCl，发现 pH 偏低，然后又滴加了大量 NaOH，发现 pH 又偏高，如此反复，经过多次才将溶液的 pH 调到 4～5；同学乙也滴加了大量 HCl，使得 pH 偏低，考虑到 HCl 具有挥发性，他没有再滴加 NaOH 调整 pH，而是等蒸发浓缩时将 HCl 除去。请分析以上两位同学实验操作的不当之处。

图 5-8　某同学的过滤操作

（撰写人　王文己）

基础实验 24　原子及分子结构虚拟仿真实验

【实验目的】

(1) 认识并掌握 s、p 和 d 原子轨道的形状和节面等概念。

(2) 熟悉原子轨道能级顺序。

(3) 熟悉 σ 和 π 分子轨道的形成，掌握成键和反键轨道的区别。

(4) 熟悉同核双原子分子轨道能级顺序。

【实验原理】

1. 波函数与轨道

微观粒子具有波粒二象性、能量量子化、不确定关系等与宏观物体完全不同的运动特征。其运动特征遵循量子力学原理，运动状态用波函数 Ψ 描述。

在原子、分子中，描述电子运动状态的波函数是电子运动空间三维坐标的函数，其三维图像(3D 图像)在原子中为原子轨道，在分子中为分子轨道。波函数的平方 Ψ^2 以黑点图表示即为电子云，体现了电子在空间出现的概率分布情况。波函数体现了微观粒子的波动性，其值可为正或负，常称为"位相为正"或"位相为负"。同号位相(符号同为正或负)的波函数靠近可叠加，异号位相则相互抵消。

2. 原子轨道

(1) 量子数与原子轨道。解 H 原子的薛定谔方程，得到原子轨道的波函数

$\Psi_{n, l, m}$，其函数式由主量子数 n、角量子数 l 和磁量子数 m 确定。三个量子数取不同值时，得到不同原子轨道波函数 Ψ，其 3D 图像即为常见原子轨道图，包括 s、p、d 和 f 等四种。不同原子轨道的能级高低不同，电子填充时遵循能量最低原理、泡利不相容原理和洪德规则。

(2) 轨道的节面。波函数为一连续函数，因此其由正值变为负值时必有一值为 0。Ψ 值为 0 的面称为节面，如"哑铃形"p 轨道两球中间的节面。节面上 Ψ^2 处处为 0，意味着电子出现的概率为 0，即电子不可能在该处出现。一般同类轨道的节面越多，轨道能级也越高。

原子轨道中，节面分为径向节面和角节面，径向节面为球面，角节面为平面或锥面；节面数与主量子数 n 和角量子数 l 有关，径向节面数为 $n-l-1$，角节面数为 l。例如，3p 轨道中有一径向节面——球面和一角节面——锥面，即3p 轨道的形状是一大一小两个"哑铃"套在一起。

3. 分子轨道

(1) σ 型和 π 型分子轨道。分子由原子组成，原子靠近时原子轨道相互重叠形成 σ 和 π 等类型的分子轨道。σ 轨道由原子轨道"头碰头"而成，包括 s-s、s-p 及 p-p 等原子轨道组合方式；π 轨道由原子轨道"肩并肩"而成，主要有 p-p、d-p 等组合方式。σ 轨道的重叠程度比 π 轨道大，因此同类原子轨道形成的 σ 轨道比 π 轨道能级低。

(2) 成键轨道与反键轨道。原子轨道位相相同的部分重叠，形成能级降低的成键轨道；位相相反的部分相互削弱，形成能级升高的反键轨道。同组分子轨道中反键轨道的能级高，因为反键轨道比成键轨道多一个垂直于键轴的节面。电子若占据反键轨道则不利于成键。反键轨道符号是在成键轨道符号右上角加"*"表示，如 σ^* 或 π^*。此外，还有与原子轨道相比能级不变的分子轨道，称为非键轨道，用 n 表示。分子轨道按能级高低排布，其中的电子填充仍遵循能量最低原理、泡利不相容原理和洪德规则。

(3) 离域分子轨道。一般多原子分子中都为离域分子轨道，即分子中多数原子都对分子轨道有贡献，如丁二烯的离域 π 轨道。离域分子轨道也按一定的能级高低次序排列，如丁二烯中随着离域 π 轨道垂直于键轴节面的增加，轨道能级也升高。受光照时，基态最高占据分子轨道(HOMO)的电子会激发跃迁到更高能级的轨道。

【实验用品】

计算机，分子轨道与化学反应及过渡态虚拟仿真实验系统。

【实验步骤】

打开计算机，输入学院、专业、班级、学号、姓名，进入分子轨道与化学反应及过渡态虚拟仿真实验系统。点击"进入实验"开始虚拟仿真实验。

1. 原子轨道虚拟仿真实验

选择"开始任务模式"进入"原子轨道"模块，点击"开始实验"。

原子轨道虚拟
仿真实验

(1) 作 s、p、d 及 f 轨道图(原子轨道 3D 图像绘制)。选择一组合理的主量子数 n 和角量子数 l 值组合，点击"作图"，获得相应的原子轨道 3D 图像。点鼠标转动原子轨道 3D 图像，观察其形状及节面，观察径向分布图及轨道角度图。点击原子轨道 3D 图像的左右两侧三角，可显示简并轨道。

依次输入不同组合的主量子数 n 和角量子数 l 值，分别获得各类原子轨道 (s、p、d 和 f 轨道)的原子轨道 3D 图像、径向分布图及轨道角度图。

(2) 测试。完成 s、p 及 d 轨道测试题及原子轨道综合测试题。

(3) 原子轨道能级排序。点击各原子轨道并拖拽至能级图中进行排序。排序完毕，点击"结束实验"结束原子轨道虚拟仿真实验。

2. 分子轨道虚拟仿真实验

1) 分子轨道的形成

选择"分子轨道"模块，点击进入模块。

分子轨道虚拟
仿真实验

(1) σ 成键和 σ* 反键轨道的形成。选择 σ 轨道，进入 s-s、p-p 及 s-p 原子轨道形成的 σ 分子轨道,转动左侧的 σ 成键和 σ* 反键轨道 3D 图像,拖拽右侧"形成过程"图像下方的进度条，观察 σ 成键和 σ* 反键轨道的形成过程及区别。

(2) π 成键和 π* 反键轨道的形成。选择 π 轨道，进入 p-p 及 p-d 原子轨道形成的 π 分子轨道，转动左侧的 π 成键和 π* 反键轨道 3D 图像,拖拽右侧"形成过程"图像下方的进度条，观察 π 成键和 π* 反键轨道的形成过程及区别。

(3) 测试。完成 σ 和 π 分子轨道测试题及分子轨道综合测试题。

2) 分子轨道的能级排序

(1) 双原子分子分子轨道特征及能级次序。进行同核双原子分子 O_2 和异核双原子分子 CO 的轨道排序，将打乱顺序的分子轨道拖拽至相应能级处，观察各分子轨道特征及能级次序，然后进行基态分子电子填充。

(2) 多原子分子分子轨道特征及能级次序。进行多原子分子丁二烯的 π 分子轨道排序，观察各分子轨道特征及能级次序，将打乱顺序的 π 分子轨道拖拽至相应能级处。进行基态和激发态丁二烯 π 分子电子填充。

(3) 点击"结束实验"结束分子轨道虚拟仿真实验。

【思考题】

(1) 为什么原子轨道有三种 p 轨道和五种 d 轨道？

(2) 原子的 p 轨道有三个简并轨道 p_x、p_y 和 p_z，其中 p_z 能形成 σ 分子轨道，p_x 和 p_y 能形成 π 分子轨道。为什么一般情况下,p 轨道形成的 σ 成键轨道比 π 轨道能级低？

(3) 如何区分成键轨道和反键轨道？反键轨道的能级较高，那么反键轨道是不是不能被电子占据？

第6章 拓 展 实 验

拓展实验 1 荧光分光光度法测定维生素 B_2 含量

【实验目的】

(1) 掌握标准曲线法定量分析维生素 B_2 的基本原理。

(2) 了解荧光分光光度计的基本原理、结构及基本操作。

【实验原理】

荧光分光光度法具有灵敏度高、选择性强、需样量少、线性范围宽和方法简便等优点，它的测定下限通常比紫外-可见分光光度法低 2~4 个数量级。并且能提供激发光谱、发光光谱、发光强度、发光寿命、量子产率、偏振和各向异性等诸多信息，在生物、医药、环境和石油工业等领域都有广泛应用。

【阅读材料】
荧光分析法
简介

1. 荧光分光光度分析原理

1) 荧光

含有荧光基团的化学物质的分子中，电子大多处在基态能级，当其受光照射时，便吸收与它的特征频率一致的光线，跃迁到较高能级。跃迁的电子很快通过振动弛豫、内转换等方式释放能量后回落到第一电子激发态，再由第一电子激发态的最低振动能级回落到基态，在此过程中发出比吸收光波长长的光——荧光，释放出它们所吸收的能量。当激发光停止照射，荧光随之消失。

2) 荧光物质的特征光谱

由于荧光物质的结构不同，其吸收光的波长不同，发射出荧光的波长与强度也不同，任何荧光物质都具有两个特征光谱，激发光谱和荧光发射光谱。

激发光谱是当荧光发射波长一定时，以激发波长 λ_{ex} 为横坐标，荧光的发光强度 F 为纵坐标，荧光强度随激发波长而变化的关系曲线。

荧光发射光谱是使激发波长和强度不变，而让物质所产生的荧光通过发射分光系统分光，测定每一发射波长下的荧光强度 F，以发射波长 λ_{em} 为横坐标，荧光的发光强度 F 为纵坐标作图。

2. 荧光分光光度法定量分析基础

在一定频率和一定强度的激发光照射下，光吸收分数也不太大时，稀溶液体系所产生的荧光强度 F 与荧光物质的浓度呈线性关系，符合朗伯-比尔定律，这是荧光分光光度法定量分析的依据，可用公式表示：

$$F = 2.303\Phi I_0 \varepsilon b c$$

式中：Φ 为荧光量子效率；I_0 为入射光强度；ε 为荧光分子的摩尔吸光系数；b 为液槽厚度；c 为荧光物质的浓度。当入射光强度 I_0 一定时：

$$F = Kc$$

式中：K 为常数，表示低浓度下荧光强度与物质浓度成正比。

3. 维生素 B_2 荧光分光光度分析的理论基础

维生素 B_2(又称核黄素)是橘黄色无臭的针状结晶，易溶于水而不溶于乙醚等有机溶剂，在中性或酸性溶液中稳定，光照易分解，对热稳定。

维生素 B_2 分子中有三个芳香环(图 6-1)，具有平面刚性结构，因此它能够发射荧光。其溶液在 $430\sim440$ nm 蓝光的照射下，发出绿色荧光，荧光峰在 535 nm 附近，pH $= 6\sim7$ 时，荧光强度最大，而且其荧光强度与溶液中维生素 B_2 浓度呈线性关系，所以可以用荧光分光光度法测维生素 B_2 的含量。

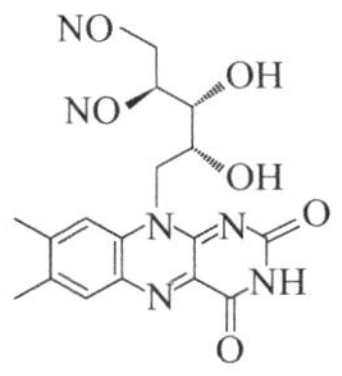

图 6-1 维生素 B_2 的分子结构式

维生素 B_2 在碱性溶液中经光线照射会发生分解而转化为另一种物质——光黄素，光黄素也是一种能发荧光的物质，其荧光比维生素 B_2 的荧光强得多，故测维生素 B_2 的荧光时溶液要控制在酸性范围内，且在避光条件下进行。

【实验用品】

1. 仪器

F-2500 荧光分光光度计，石英比色皿(1 cm)，容量瓶(50 mL)，移液管(5 mL)，烧杯(100 mL)，胶头滴管。

2. 试剂

维生素 B_2 标准溶液(10.0 $\mu g \cdot mL^{-1}$)，维生素 B_2 未知液，乙酸浓液(1%)，冰醋酸，重蒸去离子水。

【实验步骤】

1. 标准溶液的配制

精确称取 5.0 mg 维生素 B_2，用 1%乙酸溶液溶解，无损耗转移至 500 mL 棕色容量瓶中，用 1%乙酸溶液定容至刻度，摇匀备用。

用移液管分别移取 10.0 $\mu g \cdot mL^{-1}$ 维生素 B_2 标准溶液 0.00 mL、1.00 mL、2.00 mL、3.00 mL、4.00 mL、5.00 mL 置于 6 只 50 mL 的棕色容量瓶中，各加入 2.00 mL 冰醋酸[1]，再加入重蒸去离子水稀释至刻度，摇匀，配制成一系列维生素 B_2 标准溶液，分别标记为①②③④⑤⑥备用。

[1] 在重蒸去离子水加入前加，以保持酸性环境。

2. 待测液制备

移取 5.00 mL 维生素 B_2 未知液置于 50 mL 棕色容量瓶中,加入 2.00 mL 冰醋酸,用重蒸去离子水稀释至刻度,摇匀,标记为⑦备用。

3. 激发光谱和荧光发射光谱的绘制

设置 λ_{em} = 540 nm 为发射波长,在 250～500 nm 扫描 3.00 mL 标准溶液,记录荧光发射强度和激发波长的关系曲线,得到激发光谱。从激发光谱图上找出其最大激发波长 λ_{ex}。在此激发波长下,在 400～600 nm 扫描,记录发射强度与发射波长间的函数关系,得到荧光发射光谱。从荧光发射光谱上找出其最大发射波长 λ_{em}。

4. 标准溶液及样品的荧光测定

将激发波长固定在最大激发波长 λ_{ex},荧光发射波长固定在最大发射波长 λ_{em} 处。扫描上述 6 个标准溶液的荧光发射强度。数据记录于表 6-1 中。以溶液的荧光发射强度为纵坐标,标准溶液浓度为横坐标,制作标准曲线。

在同样条件下测定待测样品溶液的荧光强度,并由标准曲线确定待测试样中维生素 B_2 的浓度,计算稀释前样品溶液中维生素 B_2 的含量。

【实验数据记录与处理】

(1) 记录维生素 B_2 激发光谱图及最大激发波长 λ_{ex}。
(2) 记录维生素 B_2 荧光发射光谱图及最大发射波长 λ_{em}。
(3) 记录数据于表 6-1 中,并绘制标准系列溶液浓度与荧光发射强度的标准曲线图。

表 6-1　不同浓度标准溶液及待测溶液荧光强度数据记录

项目	标准系列溶液						待测⑦号样
	①	②	③	④	⑤	⑥	
维生素 B_2 标准溶液加入量/mL	0.00	1.00	2.00	3.00	4.00	5.00	5.00
维生素 B_2 的含量 /($\mu g \cdot mL^{-1}$)							
相对荧光强度(F)							

(4) 根据待测液的荧光强度,从标准工作曲线上求得其浓度,计算出试样(被测溶液稀释前溶液)中维生素 B_2 含量。

【思考题】

(1) 维生素 B_2 在 pH=6～7 时荧光最强,实验为何在酸性溶液中测定?
(2) 为什么维生素 B_2 溶液在测定时需要遮光?

(撰写人　余瑞金)

拓展实验 2　全自动间断化学分析仪测定饮用水中氨氮和亚硝酸盐氮含量

【实验目的】

(1) 了解饮用水质量标准。
(2) 学习水中氨氮和亚硝酸盐氮的相关检测方法。
(3) 学习全自动间断化学分析仪的使用。

【实验原理】

1. 生活饮用水水质标准

生活饮用水水质是直接关乎民生社稷和人民健康的基本问题，国家对生活饮用水的质量有着严格的规定，我国于 2006 年颁发了新的国家标准《生活饮用水卫生标准》(GB 5749—2006)及 13 个生活饮用水标准检验方法系列标准(GB/T 5750.1—2006～GB/T 5750.13—2006)。上述标准对饮用水的感官性状、物理性状、无机非金属、金属、消毒剂、消毒副产物、微生物、放射性物质、有机化合物、农药等物质含量及相关检测方法作出了严格的规定，具体指标见表 6-2。各级卫生行政部门按照标准规定对水源水、出厂水和居民经常用水点进行定期饮用水水质评价与监测，以确保居民饮用安全。

表 6-2　生活用水水质常规化学指标

项目	限值	项目	限值
pH	6.5～8.5	挥发酚类(以苯酚计)/(mg·L^{-1})	< 0.002
总硬度(以 CaCO$_3$ 计)/(mg·L^{-1})	<450	阴离子合成洗涤剂/(mg·L^{-1})	< 0.3
Al 含量/(mg·L^{-1})	< 0.2	硝酸盐(以 N 计)/(mg·L^{-1})	< 10
Fe 含量/(mg·L^{-1})	< 0.3	硫酸盐/(mg·L^{-1})	< 250
Mn 含量/(mg·L^{-1})	< 0.1	溴酸盐(用 O$_3$ 消毒)/(mg·L^{-1})	< 0.01
Cu 含量/(mg·L^{-1})	< 1.0	甲醛(用 O$_3$ 消毒)/(mg·L^{-1})	< 0.9
Zn 含量/(mg·L^{-1})	< 1.0	亚氯酸盐(用 ClO$_2$ 消毒)/(mg·L^{-1})	< 0.7
As 含量/(mg·L^{-1})	< 0.01	氯酸盐(用复合 ClO$_2$ 消毒)/(mg·L^{-1})	< 0.7
Cd 含量/(mg·L^{-1})	< 0.01	三氯甲烷/(mg·L^{-1})	< 0.06
Cr(Ⅵ)含量/(mg·L^{-1})	< 0.05	四氯化碳/(mg·L^{-1})	< 0.002
Pb 含量/(mg·L^{-1})	< 0.01	溶解性总固体/(mg·L^{-1})	< 1000
Hg 含量/(mg·L^{-1})	< 0.001	耗氧量(以 O$_2$ 计)/(mg·L^{-1})	3
Se 含量/(mg·L^{-1})	< 0.01	总有机碳(TOC)/(mg·L^{-1})	5
氟化物/(mg·L^{-1})	< 1.0	氰化物/(mg·L^{-1})	< 0.05

在对水质监测中常采用的化学分析方法有：滴定分析法、分光光度法、气相色谱法、液相色谱法、原子吸收分光光度法、荧光分光光度法等，具体实验方法可登录全国标准信息公共服务平台(http://std.samr.gov.cn)进入"国家标准全文公开系统"进行查阅。

2. 全自动间断化学分析仪

全自动间断化学分析是将比色分析法自动化的一种新兴的分析测试手段，该方法所用试剂仅是传统化学法的 1/30～1/20。它完全模拟人工比色法，将样品、试剂和显色剂加入比色皿中产生颜色反应，其浓度与颜色呈正比关系，经比色计检测透光强度，得到相应的峰值吸光度，再通过标准曲线自动计算得到相应的浓度。所有步骤通过进样臂和计算机控制，实现自动取样、自动取试剂、自动稀释超标样品、自动制作标准曲线、自动清洗比色皿、自动光学测试，在使用全自动间断化学分析仪过程中，操作者需要做的仅仅是放置好标样母液、样品、试剂，并设定好软件程序。从标样的配制、样品的测定、方法间的转换直至数据结果的输出，整个过程全自动化，该方法操作简单、重现性好、试剂消耗量少、人为误差小。

本实验将选择与饮用水水质密切相关，和地表水水质、农田灌溉用水水质、渔业养殖用水水质、海水水质都密切相关的两项指标氨氮含量和亚硝酸盐含量进行分析，实验采用全自动间断化学分析仪同时测定生活饮用水中氨氮和亚硝酸盐氮含量。

3. 氨氮含量的测定

水中氨氮指的是在水中以铵离子或者是游离的氨等形式存在的氮，其含量可以作为测定相关水体受到含氮有机化合物污染的重要指标。通常测定生活饮用水中的氨氮的方法有：酚盐分光光度法、水杨酸分光光度法、纳氏试剂比色法、气相分子吸收法、蒸馏滴定法、氨气敏电极法等。

本实验采用水杨酸分光光度法，在亚硝基铁氰化钠存在下，氨氮在碱性溶液中与水杨酸盐-次氯酸盐生成蓝色化合物，其色度与氨氮含量成正比。本法最低检测质量为 0.25 μg，若取 10 mL 水样测定，则最低检测质量浓度为 0.025 mg · L^{-1}。为防止水中 Ca^{2+}、Mg^{2+}沉淀，需加入柠檬酸或酒石酸等有机酸与之生成配合物。

4. 亚硝酸盐氮含量的测定

亚硝酸盐(含氮化合物)作为生态系统中氮循环的一个自然组成部分，广泛存在于天然水体中。但化肥的过度使用和水产养殖业可引起水体中的氮含量升高而污染水源。过量的亚硝酸盐进入人体可能会引起癌症，损害人体健康。

测定亚硝酸盐氮的方法有多种，本实验采用重氮偶合分光光度法。酸性条件下亚硝酸盐与对氨基苯磺酰胺发生重氮化反应后，再与 N-1-萘基乙二胺盐酸盐($C_{10}H_7NH_2CHCH_2 \cdot NH_2 \cdot 2HCl$)结合生成玫瑰红溶液。将经过反应显色后的待测样品与标准溶液比色,即可计算出样品中亚硝酸盐氮含量。本方法的检测下限为 0.001 mg·L^{-1}。

【实验用品】

1. 仪器

CleverChem Anna 全自动间断化学分析仪,Milli-Q Reference 超纯水系统,电子分析天平,容量瓶(50 mL、1000 mL),移液管(5 mL、10 mL),烧杯。

2. 试剂

1) 氨氮试剂

(1) 水杨酸钠-酒石酸钾钠混合溶液(5%):称取 5 g 水杨酸钠($C_7H_5O_3Na$)溶于 10 mL 超纯水中,再加入 16 mL 2 mol·L^{-1} NaOH 溶液,搅拌至完全溶解。另称取 5 g 酒石酸钾钠($NaKC_4H_4O_6 \cdot 4H_2O$)溶于超纯水中,与上述溶液合并,稀释至 100 mL,摇匀,置于棕色试剂瓶储于冰箱中,4℃冷藏保存。

(2) 亚硝基铁氰化钠溶液(10 g·L^{-1}):称取 0.50 g 亚硝基铁氰化钠(又名硝普钠)[$Na_2Fe(CN)_5NO \cdot 2H_2O$]溶于少量超纯水中,定容至 50 mL,摇匀,储于冰箱中,4℃冷藏保存。

(3) 二氯异三聚氰酸钠溶液(2 mg·mL^{-1}):称取 0.1 g 二氯异三聚氰酸钠溶于超纯水中,定容至 50 mL 摇匀,储于冰箱中,4℃冷藏保存。

(4) 氨氮标准溶液。

标准储备液[$\rho(NH_3\text{-}N)$ =1.00 g·L^{-1}]:将氯化铵(NH_4Cl)置于烘箱内,在 105℃烘烤 1 h,冷却后称取 3.8190 g,溶于超纯水中于容量瓶内定容至 1000 mL。

标准使用液[$\rho(NH_3\text{-}N)$ = 10.0 mg·L^{-1}]:吸取 10.00 mL 氨氮标准储备液,用超纯水定容至 1000 mL。使用时临时配制。

2) 亚硝酸盐氮试剂

(1) 对氨基苯磺酰胺溶液(10 g·L^{-1}):称取 1 g 对氨基苯磺酰胺($H_2NC_6H_4SO_3NH_2$)溶于 70 mL 浓盐酸溶液($V_{HCl原液}$: $V_{纯水}$ =1:6)中,用超纯水稀释至 100 mL。储于冰箱中,4℃冷藏保存。

(2) N-1-萘基乙二胺盐酸盐溶液(1.0 g·L^{-1}):称取 0.1 g N-1-萘基乙二胺盐酸盐,溶于超纯水中,定容至 100 mL。溶液转入棕色试剂瓶中,置于冰箱中,4℃冷藏保存。若试剂变色,则试剂失效。

(3) 亚硝酸钠标准溶液。

标准储备液[$\rho(NO_2\text{-}N)$ =50 mg·L^{-1}]:将亚硝酸钠在干燥器内干燥 24 h,称取 0.2463 g,溶于超纯水中,转移至 1000 mL 容量瓶中,加入 2 mL 三氯甲烷[1],定容至刻度,置于冰箱中,4℃冷藏保存。

标准使用液[$\rho(NO_2\text{-}N)$ = 0.50 mg·L^{-1}]:用移液管移取 10.00 mL 亚硝酸钠标准储备液于 1000 mL 容量瓶中,用超纯水定容至刻度,盖好盖子,摇匀,备用。

[1] 由于亚硝酸盐溶液富含氮营养,加入三氯甲烷防止微生物生长繁殖,以免影响氮含量。

【实验步骤】

1. 仪器准备

打开仪器预热 30 min，在教师指导下进入仪器工作界面，进入工作列表设置工作条件后，再进入标准物和质控物程序菜单进行设置。检查设置参数正确后，准备开始测试。

2. 氨氮检测

使用全自动间断化学分析仪，选择波长为 660 nm 测定样品吸光度。进行仪器参数设置，系统稳定时间设为 15 min，冲洗时间设为 90 s，标准曲线浓度范围设为 $0.00 \sim 1.00\ \mu g \cdot mL^{-1}$，吸取样品量水样体积设为 350 μL，进样时间设为 36 s，依次加入水杨酸钠-酒石酸钾钠混合溶液 50 μL 和亚硝基铁氰化钠溶液 25 μL，反应 36 s 后加入二氯异三聚氰酸钠溶液 25 μL，反应 600 s 后在 $\lambda = 660$ nm 条件下测定。每隔 10 个样品做 2 次自动清洗和 1 次基线校正。

按照测试参数的设定将水杨酸钠-酒石酸钾钠混合溶液、亚硝基铁氰化钠溶液、二氯异三聚氰酸钠溶液、$1000\ \mu g \cdot mL^{-1}$ 氨氮标准溶液和待测水样依次放入仪器相应的位置，激活分析项目，进行测试，记录实验结果。

3. 亚硝酸盐氮检测

使用全自动间断化学分析仪，进行仪器参数设置，测定样品吸光度。选择测定波长为 550 nm，标准曲线浓度范围设为 $0.001 \sim 0.250\ mg \cdot L^{-1}$，吸取样品体积设为 500 μL，进样时间设为 36 s，依次加入 $10\ g \cdot L^{-1}$ 对氨基苯磺酰胺溶液 80 μL，$1.0\ g \cdot L^{-1} N$-1-萘基乙二胺盐酸盐溶液 80 μL，反应 180 s 后开始测定。每隔 10 个样品做 2 次自动清洗和 1 次基线校正。

按照测试参数的设定将对氨基苯磺酰胺溶液、N-1-萘基乙二胺盐酸盐溶液、$0.50\ \mu g \cdot mL^{-1}$ 亚硝酸盐标准溶液和待测水样依次放入仪器相应的位置，激活分析项目，进行测试，记录实验结果。

【思考题】

(1) 为什么亚硝酸盐和氨氮标准溶液需要在低温下保存?

(2) 全自动间断分析仪有哪些优点和些缺点?

(3) 水中的氮含量指标过高说明水环境可能出现了什么问题?

（撰写人　龚　宁　帅　琪）

拓展实验 3　$CuSO_4 \cdot 5H_2O$ 的制备、大单晶培养及热重分析

【实验目的】

(1) 掌握 $CuSO_4 \cdot 5H_2O$ 的制备方法及大单晶培养方法。

(2) 掌握称量、溶解以及倾析法、水浴加热、趁热过滤、蒸发浓缩、冷却结晶、重结晶等基本操作。

(3) 学习了解 TA-60ws 热重分析仪的使用操作。

【实验原理】

1. $CuSO_4 \cdot 5H_2O$ 的制备

$CuSO_4 \cdot 5H_2O$ 俗名胆矾，蓝色晶体，易溶于水，而难溶于乙醇，在干燥空气中可缓慢风化，不同温度下会逐步脱水，将其加热至 260℃ 以上，可失去全部结晶水而成为白色的无水 $CuSO_4$ 粉末。

$CuSO_4 \cdot 5H_2O$ 的制备方法有多种，常见的有利用废铜粉焙烧氧化的方法制备硫酸铜(先将铜粉在空气中灼烧氧化成氧化铜，然后将其溶于硫酸而制得硫酸铜)；也有采用浓硝酸作氧化剂，用废铜与硫酸、浓硝酸反应来制备硫酸铜。本实验是通过粗 CuO 粉末和稀 H_2SO_4 反应来制备硫酸铜。反应式为

$$CuO + H_2SO_4 = CuSO_4 + H_2O$$

由于 $CuSO_4$ 的溶解度随温度的改变有较大变化，所以可以利用蒸发浓缩和冷却的方法得到 $CuSO_4 \cdot 5H_2O$ 晶体。

制备的粗硫酸铜含有一些可溶性和不溶性杂质。不溶性杂质可在溶解、过滤过程中除去，可溶性杂质常用化学方法除去。其中如 Fe^{2+} 和 Fe^{3+}，一般是先将 Fe^{2+} 用氧化剂(如 H_2O_2 溶液)氧化为 Fe^{3+}，然后调节溶液 pH≈4，再加热煮沸，以 $Fe(OH)_3$ 沉淀形式除去：

$$2Fe^{2+} + 2H^+ + H_2O_2 = 2Fe^{3+} + 2H_2O$$

$$Fe^{3+} + 3H_2O = Fe(OH)_3 + 3H^+$$

溶液中的可溶性杂质可根据 $CuSO_4 \cdot 5H_2O$ 的溶解度随温度升高而增大的性质，用重结晶法将一些杂质留在母液中而除去，得到纯度较高的水合硫酸铜晶体。

2. $CuSO_4 \cdot 5H_2O$ 结晶水的热重分析

$CuSO_4 \cdot 5H_2O$ 为蓝色晶体，受热时随着温度升高逐步失去结晶水，最后成为白色晶体：

$$CuSO_4 \cdot 5H_2O \longrightarrow CuSO_4 \cdot 3H_2O \longrightarrow CuSO_4 \cdot H_2O \longrightarrow CuSO_4$$

热重法是在程序控温下，测量物质的质量随温度或时间变化的关系的一种热分析方法。

热重法工作原理如下：在加热过程中，如果样品质量无变化，天平将保持初始的平衡状态。一旦样品有微小的质量变化，天平就失去平衡，传感器立即检测并输出失衡信号。这一信号经测重系统放大后，用以自动改变平衡复位器中的线圈电流，使天平又回到初始的平衡状态，即天平恢复到零位。平衡复位

器中的电流与样品质量的变化成正比，因此，记录电流的变化就能得到样品质量在加热过程中连续变化的信息，而样品温度或炉膛温度由热电偶测定并记录。经此法得到的样品质量随温度(或时间)变化的关系曲线即 TG 曲线(图 6-2)。

TG 曲线的纵坐标表示质量分数，向下表示质量降低；横坐标表示温度 T(℃和 K)或时间 t，从左向右表示 T 或 t 增加。TG 曲线能准确表示物质的质量变化及变化的速率，无论引起这种变化的是化学因素还是物理因素。

DTG 是 TG 曲线对温度坐标作一次微分计算得到的微分曲线(图 6-2)。DTG曲线上出现的各种峰对应着 TG 曲线的各个质量变化阶段。DTG 峰是样品质量变化速率的最大点，对应样品质量变化/分解过程的特征温度。

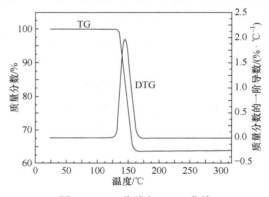

图 6-2　TG 曲线与 DTG 曲线

从 TG-DTG 曲线可分析试样组成、热稳定性、热分解温度、热分解产物和热分解动力学等有关数据。

3. 大单晶培养

防尘状态、室温下，将 $CuSO_4 \cdot 5H_2O$ 小晶体放入硫酸铜饱和溶液中，让其自然结晶，可得到 $CuSO_4 \cdot 5H_2O$ 大单晶，属于三斜晶体。

【实验用品】

1. 仪器

电子天平，电热板，蒸发皿(100 mL)，烧杯(100 mL)，滴管，玻璃棒，普通漏斗，布氏漏斗，抽滤瓶，真空泵，TA-60ws 热重分析仪，药匙，镊子，坩埚，研钵。

2. 试剂

CuO(粉末)，H_2SO_4(1 mol·L^{-1}、3 mol·L^{-1})，H_2O_2(3%)，NaOH(2mol·L^{-1})，滤纸，pH 试纸。

【实验步骤】

1. CuSO₄ · 5H₂O 粗品的制备与提纯

1) CuSO₄ · 5H₂O 粗品的制备

称取 2 g 粗 CuO 粉末备用。在洁净的蒸发皿中加入 10 mL 3 mol · L⁻¹ 的 H₂SO₄ 溶液，小火加热，边搅拌边用药匙慢慢撒入粗 CuO 粉末，待 CuO 不再反应，可加少许 3% 的 H₂O₂ 溶液，直到 CuO 反应完为止。若出现结晶，可随时补加少量去离子水[1]，反应完毕，趁热过滤[2]，并用少量去离子水冲洗蒸发皿及滤渣和滤纸，将洗涤液和滤液合并[3]，转移至洁净的蒸发皿中，放在水浴上加热，不断搅拌[4]，至液面出现晶膜时停止加热[5]。冷却后析出蓝色晶体即为粗品 CuSO₄ · 5H₂O。

用药匙将晶体取出，放在表面皿上，用滤纸轻压以吸干晶体表面的水分，称量，计算产率。

2) CuSO₄ · 5H₂O 的提纯

称取上述粗产品 5 g，放入 100 mL 烧杯中，加去离子水 20 mL，不断搅拌，加热使其溶解，可加入 2～3 滴 1 mol · L⁻¹ 的 H₂SO₄ 溶液加速溶解。

在溶液中慢慢加入 1 mL 3% 的 H₂O₂ 溶液[6]，加热，边搅拌边滴加 2 mol · L⁻¹ 的 NaOH 溶液来调节溶液 pH ≈ 4(用 pH 试纸检验)，再加热后放置[7]，倾析法过滤，将滤液直接用洁净的蒸发皿收集，并用少量去离子水冲洗烧杯、玻璃棒及滤渣，收集滤液。

在滤液中滴加 1 mol · L⁻¹ 的 H₂SO₄ 溶液，调节 pH ≈ 1～2，将溶液置于小火上缓慢蒸发[8]，浓缩至液面出现结晶膜时停止加热，稍微放置冷却后，再将蒸发皿放在盛有冷水的烧杯上冷却[9]，析出蓝色 CuSO₄ · 5H₂O 晶体，减压抽滤，尽量抽干，取出晶体，并用干净滤纸轻轻挤压晶体除去少量水分，将晶体称量，计算产率，将晶体和抽滤瓶中的母液分别倒入指定容器回收，以免污染环境。

2. CuSO₄ · 5H₂O 结晶水的热重分析

(1) 依次打开下列电源开关：稳压器、显示器、计算机主机、仪器测量单元。

(2) 确定实验用气体(推荐使用惰性气体，如氮气)，打开实验用气体钢瓶，调节低压输出压力为 0.05～0.1 MPa。

(3) 选择适用的空坩埚，打开进样器，用镊子将选择好的空坩埚放置在检测杆托盘上，关上进样器，停留数十秒，按下 "Display" 键至质量信号稳定后，再按下 "Zero" 键清零。

(4) 按 "OPEN/CLOSE" 键，打开进样器，用镊子将坩埚取下，装上提前研细、粒度在 200 目左右的 CuSO₄ · 5H₂O 样品 3～5 mg，保证样品平铺于坩埚底部，与坩埚接触良好。装好样品后，将坩埚重新放到样品盘上，关上进样器，准备测量。注意切勿将样品撒落在炉膛里。

(5) 在计算机上打开对应的测量软件，新建文件(此时不用称量)设置升温速

[1] 将晶体冲洗进入溶液中，避免过度加热失水。

[2] 趁热过滤前，先将漏斗放入热去离子水中温热，滤纸待过滤时再润湿。

[3] 目的：收集全部产物，避免到处沾染，损耗过大。

[4] 注意：随时滴加去离子水清洗蒸发皿四周出现的晶体，与蒸发皿溶液合并，避免晶体加热过度失水，也减少蒸发皿沾染晶体，造成损失。

[5] 水浴加热浓缩产品时表面有晶膜出现即可，不可将溶液蒸干。水浴蒸发浓缩的特点是慢，搅拌可加快蒸发，在中后期不能搅拌，否则晶体结晶颗粒细小。

[6] 双氧水应缓慢分次滴加，以免过量。滴加双氧水的滴管应放置好，避免沾染到皮肤和衣物上，而造成灼伤。

率、温度范围等参数，开始测量。

（6）当样品温度升到最高设定温度后，加热炉停止加热并开始自动降温。测量结束后保存测量数据，打开分析软件对测量结果进行数据处理。

（7）待样品温度降至室温，打开进样器，用镊子取出坩埚，注意动作要轻巧、平稳、准确，切勿将样品撒落在炉膛里面，处理样品残渣及坩埚，关闭各组件电源及总电源。

（8）清理仪器表面及桌面，做好清洁卫生。

3. $CuSO_4 \cdot 5H_2O$ 大单晶的培养

取一洁净小烧杯，配制成硫酸铜饱和溶液，将规则的小硫酸铜晶体作为晶种放入所配制的硫酸铜饱和溶液中，防尘，静置，待小晶体逐步长成大晶体，观察 $CuSO_4 \cdot 5H_2O$ 的晶形。

【实验数据记录与处理】

（1）$CuSO_4 \cdot 5H_2O$ 产率：＿＿＿＿＿＿＿＿＿％。

（2）$CuSO_4 \cdot 5H_2O$ 在升温过程中所获得的 TG-DTG 曲线。

（3）分析 $CuSO_4 \cdot 5H_2O$ 的热分解过程。

实验数据记录于表 6-3 中。

表 6-3　数据记录与处理

序号	温度范围/℃	失重质量/mg	失重质量占样品总质量比例/%	失去水分子数	分解方程式
1					
2					
3					
4					
结论	$CuSO_4 \cdot 5H_2O$ 晶体的脱水方式为＿＿＿＿＿＿＿＿＿＿＿＿＿＿				

【思考题】

（1）提纯 $CuSO_4 \cdot 5H_2O$ 产品时调节 pH≈4 的目的是什么？

（2）制备和提纯 $CuSO_4 \cdot 5H_2O$ 实验中，加热浓缩溶液时，是否可将溶液蒸干？为什么？

（3）分析 $CuSO_4 \cdot 5H_2O$ 的 TG 曲线第一个失重平台形成的原因。

（4）影响热重曲线的因素有哪些？

（撰写人　帅　琪）

[7] 其中若含有 Fe^{2+} 和 Fe^{3+} 则会以 $Fe(OH)_3$ 形式沉淀，可继续滴加 NaOH 溶液，检查是否沉淀完全。

[8] 注意：随时用滴管滴加去离子水清洗蒸发皿四周的晶体，令其与蒸发皿溶液合并，减少蒸发皿沾染晶体，造成产品损失。

[9] 避免蒸发皿骤冷炸裂。

拓展实验 4　壳聚糖的制备及其条件优化

【实验目的】

(1) 学习壳聚糖的制备方法。

(2) 学习微波水热法及微波水热反应仪的使用。

(3) 了解红外光谱仪的使用方法及用途。

【实验原理】

甲壳素(chitin)是一种天然高分子化合物，系统名为(1,4)-2-乙酰氨基-2-脱氧-D-葡萄糖，主要存在于低等动物，特别是节肢动物，如虾、蟹和昆虫的外壳，以及某些植物和菌、藻类细胞壁中，是自然界中产量仅次于纤维素的第二大可再生资源。利用虾、蟹外壳来制作甲壳素和壳聚糖是减少水产品产生的废弃物，提高水产品附加值的有效途径。

【阅读材料】第二大生物资源：甲壳素

甲壳素的分子结构式如图 6-3 所示。

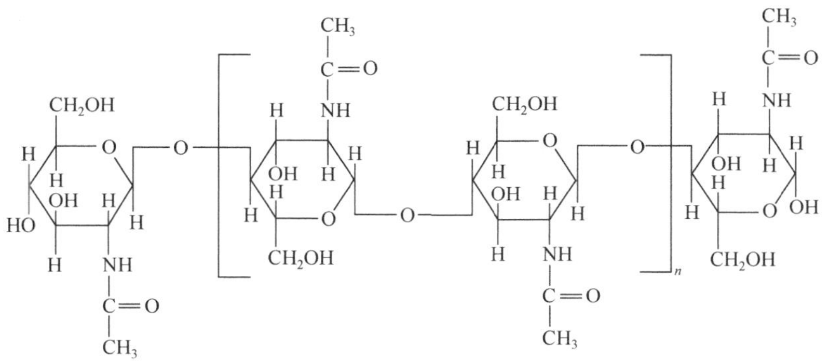

图 6-3　甲壳素的分子结构示意图

纯甲壳素是一种无毒无味的白色或灰白色半透明固体，分子中强大的氢键作用导致天然甲壳素构造坚固，化学性质稳定，不溶于水、酸、碱和一般的有机溶剂，使其应用范围非常有限。但是，甲壳素分子通过水解或酶解脱去一部分或全部 C2 位上的乙酰基得到壳聚糖(chitosan)，其结构式如图 6-4 所示。图中，x 为脱乙酰度，通常为 50%～100%。

甲壳素分子脱乙酰化后形成壳聚糖。壳聚糖分子结构中的游离氨基，能溶于部分稀酸，是自然界中唯一碱性多糖，具有无毒、生物相容性好、可生物降解以及吸附性、抑菌性、吸湿保湿性等特点，在食品、生物、农业、水处理等领域展现出广阔的应用前景。

壳聚糖制备过程其实是甲壳素脱乙酰化的过程。众所周知，乙酰基可在强酸或强碱条件下水解脱去，但由于甲壳素、壳聚糖分子中糖苷键对碱较为稳定，

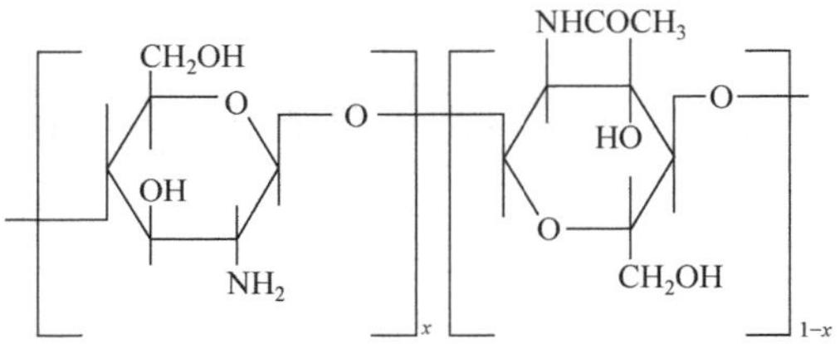

图 6-4 壳聚糖的分子结构示意图

在强酸条件下极易断裂，因此甲壳素脱乙酰化反应多采用强碱法。强碱法需要高浓度的碱溶液和较长的反应时间来完成甲壳素的脱乙酰化，这势必需消耗大量的碱，不仅占用大量原材料且造成环境污染。探索环境污染小，成本低的壳聚糖制备方法是壳聚糖生产中亟待解决的问题。

本实验采用微波水热法用于壳聚糖的制备。微波水热法作为一种环境友好的合成方法，将其用于壳聚糖的制备，以期能缩短反应时间、节约能耗、减小污染、提高壳聚糖的品质。

壳聚糖的品质常用脱乙酰度(degree of deacetylation，缩写为 D.D)和黏均分子量的大小来衡量。

脱乙酰度是指壳聚糖分子链上脱乙酰基链节的质量分数，一般用自由氨基的含量表示。其值越大，说明壳聚糖分子链上自由氨基的含量越高，由于氨基质子化而使壳聚糖在稀酸溶液中带电基团越多。脱乙酰度的高低，直接关系到壳聚糖在稀酸中溶解能力、黏度、絮凝能力、抑菌性等。通常用酸碱滴定法测定壳聚糖的脱乙酰度。

壳聚糖是一种高分子化合物，其相对分子质量不是均一值，而是多分散性的。高分子化合物的相对分子质量测定方法有很多，有黏度法、小角激光光散射法、质谱法、沸点升高法、蒸气压渗透法等，本实验采用黏度法测量相对分子质量，该方法所测得的相对分子质量称为黏均分子量。

【实验用品】

1. 仪器

烧杯(200 mL)，移液管，锥形瓶(250 mL)，容量瓶(100 mL)，碱式滴定管(50 mL)，分析天平，微波水热反应仪，高压反应釜，集热式磁力加热搅拌器，傅里叶变换红外光谱仪，乌氏黏度计(毛细管内径为 0.57 mm)，温度计(分度为0.1℃)，秒表(分度为 0.1 s)，恒温槽(±0.5℃)，砂芯漏斗(3#)，抽气泵。

2. 试剂

甲壳素，氢氧化钠，盐酸，溴酚蓝，NaCl+CH₃COOH 混合溶液(0.2 mol·L⁻¹ NaCl + 0.3 mol·L⁻¹ CH₃COOH)。

【实验步骤】

取一定质量的甲壳素，按一定投料比加入一定浓度的 NaOH 溶液，室温下搅拌碱化，然后将溶液倒入高压反应釜，将反应釜置于微波水热反应仪中，反应一段时间后，用去离子水洗至中性，60℃左右烘干即可得到壳聚糖。将其粉碎，过 60 目筛，用于测定脱乙酰度。

1. 壳聚糖制备的条件优化

设计单因素实验，分别考察 NaOH 溶液的质量分数、微波功率、反应温度、反应时间、甲壳素和 NaOH 溶液的投料比对壳聚糖的脱乙酰度的影响。按照实验步骤"2.壳聚糖脱乙酰度的测定"中的方法，测定各个设计实验条件下所制备产物的脱乙酰度值。脱乙酰度值越大意味着甲壳素转化为壳聚糖的比例越大，产品的酸溶性越好，所对应的实验条件即为最佳实验条件。

1) 确定最佳 NaOH 溶液浓度

分别采用 10%、20%、30%、40%、50%(质量分数)的 NaOH 溶液 100 mL 作为反应液，加入 1.0 g 甲壳素，在 800 W、40℃下反应 120 min 后，用去离子水洗至中性，60℃烘干即可得到壳聚糖。将其粉碎，过 60 目筛。分别测定上述条件下所制备产物的脱乙酰度值，值大者所对应的 NaOH 溶液浓度为选择浓度。

2) 确定最佳微波功率

用 1)中优化浓度的 NaOH 溶液 100 mL 作为反应液，加入 1.0 g 甲壳素，分别在 400 W、500 W、600 W、700 W、800 W 且 40℃下反应 120 min 后，水洗至中性，室温下晾干即可得到壳聚糖。将其粉碎，过 60 目筛。分别测定上述条件下所制备产物的脱乙酰度值，值大者所对应的微波功率为最佳微波功率。

3) 确定最佳反应时间

用 1)中优化浓度的 NaOH 溶液 100 mL 作为反应液，加入 1.0 g 甲壳素，在 2)中优化的微波功率下 40℃分别反应 60 min、120 min、180 min、240 min、300 min 后，用去离子水洗至中性，60℃烘干即可得到壳聚糖。将其粉碎，过 60 目筛。分别测定上述条件下所制备产物的脱乙酰度值，值大者所对应的反应时间为最佳反应时间。

4) 确定最佳反应温度

用 1)中优化浓度的 NaOH 溶液 100 mL 作为反应液，加入 1.0 g 甲壳素，在 2)中优化的微波功率下分别于 30℃、40℃、50℃、60℃、70℃下反应 3)中优化的时间后，用去离子水洗至中性，60℃烘干即可得到壳聚糖。将其粉碎，过 60 目筛。分别测定上述条件下所制备产物的脱乙酰度值，值大者所对应的反应温度为最佳反应温度。

5) 确定甲壳素和 NaOH 溶液的最佳投料比

用 1)中优化浓度的 NaOH 溶液 100 mL 作为反应液，将甲壳素与 NaOH 溶液按投料比 1∶50、1∶100、1∶200、1∶300、1∶400 投入反应釜，于 1)、2)、

3)、4)中优化后的条件进行反应后，用去离子水洗至中性，60℃烘干即可得到壳聚糖。将其粉碎，过 60 目筛。分别测定上述条件下所制备产物的脱乙酰度值，值大者所对应的投料比为甲壳素和 NaOH 溶液的最佳投料比。

2. 壳聚糖脱乙酰度的测定

1) $0.1 \, mol \cdot L^{-1}$ HCl 和 $0.1 \, mol \cdot L^{-1}$ NaOH 标准溶液的配制和标定
具体操作详见本书"基础实验 2 酸碱标准溶液的配制与标定"。

2) 脱乙酰度的测定

准确称取上述各个实验条件下制得干燥壳聚糖样品 0.2 g，置于 250 mL 的锥形瓶中，用移液管准确加入标定好的 $0.1 \, mol \cdot L^{-1}$ HCl 标准溶液 30 mL，在室温下搅拌使其全部溶解，加入 5 滴溴酚蓝试剂，用已标定好的 $0.1 \, mol \cdot L^{-1}$ NaOH 标准溶液进行滴定，滴至溶液变成蓝色，记录 NaOH 标准溶液的消耗体积，平行测定 3 次。

3. 壳聚糖的红外光谱表征

采用溴化钾压片法制样，用傅里叶变换红外光谱仪在 $4000 \sim 400 \, cm^{-1}$ 的范围分别对甲壳素和最佳条件下制备的壳聚糖进行红外表征，所有扫描都在室温下进行。对比两者的红外光谱，观察壳聚糖图谱在 $1572 \, cm^{-1}$ 附近的酰胺 II 带特征振动吸收峰(游离氨基的 N—H 面内弯曲振动)强度是否明显强于甲壳素，$1654 \, cm^{-1}$ 附近酰胺 I 带 C=O 特征吸收峰(C=O 伸缩振动)强度是否明显弱于甲壳素。

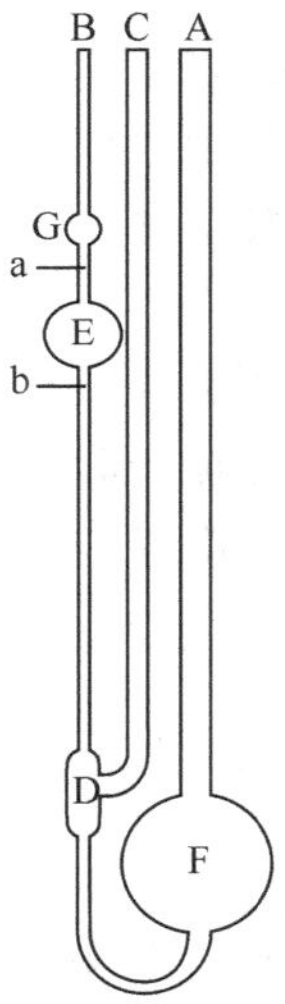

4. 壳聚糖黏均分子量的测定

(1) 黏度计的洗涤：用无水乙醇将黏度计(图 6-5)浸泡，再用去离子水冲洗 3 次，反复流洗毛细管部分，洗后烘干备用。

(2) 壳聚糖溶液的配制：精确称取 0.02 g、0.05 g、0.1 g、0.15 g 最佳条件下制备的壳聚糖溶解于 50 mL NaCl+CH₃COOH 混合溶液中，用 3#砂芯漏斗过滤，弃去初滤液约 1 mL，其余溶液过滤到 100 mL 容量瓶中，定容至刻度，放入恒温槽恒温待用[1]。

图 6-5 乌氏黏度计

[1] 容量瓶及玻璃砂芯漏斗用后立即洗涤，砂芯漏斗需用含有 30% NaNO₃ 的硫酸溶液洗涤，再用蒸馏水清洗后，烘干待用。

(3) 温度调节：调节恒温槽温度至 (25 ± 0.05) ℃，在黏度计的 B 管和 C 管都套上橡皮管，然后将其垂直放入恒温槽，使水面完全浸没 G 球，并用吊锤检查是否垂直。

(4) 溶液流出时间的测定：用移液管移取容量瓶中过滤好的壳聚糖溶液 15 mL 由 A 管注入黏度计中恒温 15 min，进行测定。将 C 管用夹子夹紧使之不漏气，在 B 管处用洗耳球将溶液从 F 球经 D 球、毛细管、E 球抽至 G 球 2/3 处，解去 C 管夹子，让 C 管通气，此时 D 球内的溶液即回流入 F 球，使毛细管以上的液体悬空。毛细管以上的液体下落，当

液面流经 a 刻度时，立即按秒表计时，当液面降至 b 刻度时停表，测得刻度 a、b 之间的液体流经毛细管所需时间。重复上述操作 3 次，3 次测定时间不大于 0.3 s，取 3 次的平均值为 t_1。然后依照此法，依次测定其他浓度的每份溶液流经毛细管的时间 t_2、t_3、t_4。

(5) 溶剂流出时间的测定：用去离子水洗净黏度计，反复流洗黏度计的毛细管部分。用溶剂(去离子水)洗 1～2 次，然后由 A 管加入约 15mL 溶剂。用同法测定溶剂流出时间 t_0。

【实验数据记录与处理】

1. 脱乙酰度的测定

1) 样品中氨基的含量(A)的计算式

$$A = \frac{(c_1V_1 - c_2V_2) \times 0.016}{M \times (100\% - W)} \times 100\%$$

式中：c_1 为盐酸标准溶液的浓度(mol·L^{-1})；V_1 为加入盐酸标准溶液的体积(mL)；c_2 为氢氧化钠溶液的浓度(mol·L^{-1})；V_2 为消耗氢氧化钠溶液的体积(mL)；M 为壳聚糖的质量(g)；W 为样品的含水量；0.016 为 1 mL 1 mol·L^{-1} 盐酸溶液相当的氨基的量(g)。

2) 样品中脱乙酰度(B)的计算式

$$B = \frac{A}{9.94\%} \times 100\%$$

式中：B 为脱乙酰度(%)；A 为样品中氨基的含量(%)。

2. 壳聚糖黏均分子量的测定

(1) 壳聚糖溶液相对黏度 η_r 计算式：

$$\eta_r = \frac{t_1}{t_0}$$

式中：η_r 为相对黏度；t_1 为溶液流出时间；t_0 为溶剂流出时间。

(2) 增比黏度(黏度相对增量)，用 η_{sp} 表示，是相对于溶剂而言的溶液黏度增加的分数：

$$\eta_{sp} = \frac{t_1 - t_0}{t_0}$$

(3) 比黏度(黏数)，对于高分子溶液，黏度相对增量往往随溶液浓度增加而增大，常用比黏度表示溶液的黏度。其计算公式为

$$比黏度 = \eta_{sp}/c$$

将不同浓度代入，依次计算得到 4 个比黏度。

(4) 特性黏度[η]，给定聚合物在给定溶剂和温度下，特性黏度值仅与溶质

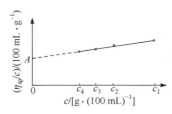

图 6-6　特性黏度[η]的测定

相对分子质量有关，与溶液浓度无关，将比黏度对浓度作图(图 6-6)，可得到一条直线，将此直线外推至与纵坐标相交，此时截距即为[η]。也可通过计算获得，计算公式为

$$[\eta] = K\bar{M}^{\alpha}$$

式中：K 为比例常数；α 为扩张因子，与溶液聚合物分子形态有关；$\bar{M}$ 为黏均分子量。

本实验中，$K=1.64\times10^{-3}\mathrm{cm}^3 \cdot \mathrm{g}^{-1}$，$\alpha=0.93$(陈鲁生文献值)。

【思考题】

将壳聚糖黏均分子量测定实验的测量数据记入表 6-4 中。

表 6-4　壳聚糖黏均分子量实验数据

壳聚糖溶液浓度/(mg · L^{-1})	流出时间(t)/s	η_r	η_{sp}	η_{sp}/c
0				
0.5				
1				
2				
4				

(1) 壳聚糖脱乙酰度说明了壳聚糖的什么性质?

(2) 黏均分子量的高低能说明高分子物质的哪些性质?

(3) 还有哪些农、牧、渔业的废弃物可以制备成壳聚糖?

【参考文献】

陈鲁生, 周武, 姜云生. 1996. 壳聚糖粘均分子量的测定. 化学通报, (4): 57-59.

蒋挺大. 壳聚糖. 2001. 北京: 化学工业出版社.

刘长霞. 2013. 壳聚糖制备方法进展及评述. 沧州师范学院学报, 29(2): 51-52.

杨俊玲, 周春于, 于振东. 2018. 壳聚糖的制备及其条件优化. 科技通报, 34(11): 92-95.

Wang W, Bo S Q, Li S Q, et al. 1991. Determination of the Mark-Houwink equation for chitosans with different degrees of deacetylation. International Journal of Biological Macromolecules, 13(5): 281-285.

（撰写人　黄瑞华）

拓展实验 5　水热法合成锐钛矿相 TiO$_2$ 纳米棒及其表征

【实验目的】

(1) 学习水热法合成锐钛矿相 TiO$_2$ 纳米棒。

(2) 学习纳米材料的表征方法。

(3) 研究 TiO_2 纳米棒的性质。

【实验原理】

1. 合成材料简介

二氧化钛(TiO_2)的同质异形体有锐钛矿、金红石和板钛矿，其中仅锐钛矿具有优异的光催化活性。二氧化钛纳米微粒作为一种特殊构型的无机纳米功能材料，具有许多常规 TiO_2 所不具备的特殊性质，如分散性好、比表面积大、各向异性、熔点低、表面张力大、紫外线吸收能力强等。

锐钛矿相 TiO_2 纳米棒作为光催化剂、催化剂载体、光电转换材料、涂层材料，在化工、环保、化妆品、陶瓷及军工等领域得到了广泛的应用。例如，利用 TiO_2 纳米棒的光催化活性，可制成太阳能电池，将太阳能转变成电能；也可以用于降解水中的有机污染物、氧化有毒的无机化合物、杀灭细菌。

基于其介电性能，可制造高档温度补偿陶瓷电容器以及光敏、热敏、气敏、湿敏、压敏等敏感原件；利用其对紫外线的强吸收作用以及无毒、无味、对皮肤无刺激的特性，将其广泛应用到各种防晒化妆品的生产中。

【阅读材料】
水热合成法
简介

2. 合成方法简介

纳米粒子的制备方法有很多种，其中水热法是利用水热反应制备纳米材料的一种有效方法。水热反应是指在高温、高压下，以高压反应釜为反应容器在水溶液或蒸气等流体中进行有关化学反应的总称。水热法有如下优点：能耗较低、适用性广，既可以制备超微粒子，也可得到尺寸较大的单晶，还可以制备无机陶瓷薄膜；反应在液相快速对流中进行，产率高、物相均匀、纯度高；通过对压力、时间、溶液成分、pH 的调节和前驱物、矿化剂的选择，还可以有效地控制反应和晶体生长特性；反应在密闭的容器中进行，可控制反应气氛而形成合适的氧化、还原反应条件，获得其他手段难以取得的亚稳相。基于上述优点，水热法被广泛应用于合成各种晶型的纳米微粒。

本实验采用水热法制备锐钛矿相 TiO_2 纳米棒，并对产物进行结构表征和性质研究。

3. 表征方法简介

1) X 射线衍射法

X 射线衍射(X-ray diffraction，XRD)法是对材料进行 X 射线衍射，晶体结构导致入射 X 射线束衍射到许多特定方向，通过测量这些衍射光束的角度和强度，分析其衍射图谱，产生晶体内电子密度的三维图像。根据电子密度，可以确定晶体中原子的平均位置，以及它们的化学键和各种其他信息，获得材料的成分、材料内部原子或分子的结构或形态等信息，用于确定晶体的原子和分子结构。

2) 透射电子显微镜

透射电子显微镜(transmission electron microscope，TEM)，简称透射电镜，是将经加速和聚集的电子束投射到非常薄的样品上，电子与样品中的原子碰撞而改变方向，从而产生立体角散射。散射角的大小与样品的密度、厚度相关，因此可以形成明暗不同的影像，影像将在放大、聚焦后在成像器件(如荧光屏、胶片以及感光耦合组件)上显示出来。

透射电子显微镜的分辨率比光学显微镜高得多，可以达到 0.1～0.2 nm，放大倍数为几万至几百万倍。透射电子显微镜在许多科学领域都是重要的分析工具，如癌症研究、病毒学、材料科学，以及纳米技术、半导体研究等。

3) 激光纳米粒度/Zeta 电位分析仪

激光纳米粒度/Zeta 电位分析仪(laser nanometer particle size/Zeta potential analyser，PSDA)是将待测样品均匀地展现于激光束中，通过颗粒的衍射或散射光的空间分布(散射谱)来分析颗粒大小的仪器，测试过程不受温度变化、介质黏度、试样密度及表面状态等因素的影响。激光纳米粒度/Zeta 电位分析仪作为一种新型的粒度测试仪器，已经在粉体加工、应用与研究领域得到广泛的应用。

4) 紫外-可见光谱

紫外-可见光谱(ultraviolet-visible spectroscopy，UV-Vis)，是利用物质分子吸收光谱区(10～800 nm)的辐射来对物质进行分析测定的方法。这种分子吸收光谱产生于分子轨道上的电子吸收紫外-可见光辐射的特定波长能量后，在电子能级间跃迁，利用物质的分子或离子对紫外和可见光的吸收所产生的紫外-可见光谱及吸收程度，对物质的组成、含量和结构进行分析、测定、推断。该方法具有灵敏度高、准确度好、选择性优、操作简便、分析快速等特点，广泛用于有机和无机化合物的定性和定量测定。

【实验用品】

1. 仪器

磁力搅拌器，高速离心机，聚四氟乙烯内衬的不锈钢高压反应釜(50 mL)，X 射线衍射仪，透射电子显微镜，激光纳米粒度/Zeta 电位分析仪，UV-Vis 分光光度计，铜网，烧杯，洗瓶。

2. 试剂

$Ti(SO_4)_2 \cdot 8H_2O(AR)$，氨水(28%)，$H_2O_2$ 水溶液(30%)，去离子水，标签纸，pH 试纸，称量纸。

【实验步骤】

1. 纳米 TiO_2 的合成

称取 0.24 g $Ti(SO_4)_2 \cdot 8H_2O$ 溶于 30 mL 去离子水中，加入 2 mL 氨水(28%)，

室温下磁力搅拌 4 h, 得到白色 Ti(OH)₄ 沉淀。以 6000 r·min⁻¹ 的速度离心分离后, 用去离子水清洗沉淀, 重复清洗离心操作 4 次, 以除去过量的氨水和其他杂质离子, 如 NH_4^+ 和 SO_4^{2-}。

将 100 mL 去离子水加入清洗好的沉淀中, 再加入 0.5 mL H_2O_2 水溶液 (30%), 室温下磁力搅拌 2 h 至沉淀完全溶解, 得到浅黄色溶胶——过氧钛酸 (PTA), 取 25 mL 的 PTA 溶胶置于 50 mL 的高压反应釜中, 于 110℃下水热反应 12 h, 再将高压反应釜自然冷却到室温, 得到 TiO_2 纳米棒的水溶胶。

2. TiO_2 纳米棒的表征及光学性质研究

(1) 将 TiO_2 纳米棒水溶胶冻干, 得到纳米棒冻干粉, 用 X 射线衍射仪对冻干粉进行分析, 确定 TiO_2 纳米棒的晶体结构。

(2) 将 TiO_2 纳米棒水溶胶稀释 1000 倍, 取 20 μL 滴加在铜网上, 自然干燥, 利用透射电子显微镜技术分析纳米棒的平均长度和宽度, 鉴定其形貌特征。

(3) 利用激光纳米粒度/Zeta 电位分析仪测定 TiO_2 纳米棒在水溶液中的平均水合直径和 ζ 电位。

(4) 将 TiO_2 纳米棒水溶胶用蒸馏水稀释 500 倍, 利用 UV-Vis 分光光度计扫描其吸收光谱曲线和透射光谱曲线, 研究其对紫外线的吸收能力和对可见光的透过能力。

【实验数据记录与处理】

(1) TiO_2 纳米棒的 XRD 图及分析。
(2) TiO_2 纳米棒的 TEM 图及分析。
(3) TiO_2 纳米棒水溶胶在 200~400 nm 范围的 UV-Vis 吸收光谱及分析。
(4) TiO_2 纳米棒水溶胶在 400~800 nm 范围的 UV-Vis 透射光谱及分析。
实验数据记录在表 6-5 中。

表 6-5 数据记录

样品表征指标	数据记录	样品表征指标	数据记录
晶型		平均长度/nm	
平均宽度/nm		形貌	
平均水合直径/nm		ζ 电位/mV	
A(280 nm)		T/%(600 nm)	

【结果与讨论】

通过上述表征, 对产品的晶型、形貌、粒径分布进行分析和讨论, 并对产物对光的吸收范围和吸收能力进行分析评价。

【思考题】

(1) 查阅文献，列举除了水热法以外，合成 TiO_2 纳米棒的方法还有哪些？各有什么优缺点？

(2) 查阅资料，简述纳米 TiO_2 在农业中的应用案例。

（撰写人　李晓舟）

拓展实验6　微波辅助水热合成多孔配位聚合物 MOF-5 及其表征

【实验目的】

(1) 了解什么是配位聚合物、配位聚合物的特点及其常用合成方法。

(2) 学习微波辅助水热合成技术及微波反应系统的使用方法。

(3) 熟悉无机化合物的表征方法。

【实验原理】

1. 多孔配位聚合物

【阅读材料】
多孔配位聚
合物简介

配位聚合物(coordination polymer)通常是指金属离子中心和有机配体通过自组装而形成的具有周期性网络结构的金属有机框架晶体材料。多孔配位聚合物通常是指由过渡金属离子或金属簇与有机配体利用分子组装和晶体工程的方法得到的具有单一尺寸和形状空腔的配位聚合物，这类化合物集多孔性、孔道可设计性和客体选择性三种特性于一身，有望在分离纯化、催化、微反应器、负离子交换和复合功能材料等方面展现广阔的应用前景。

1999 年，美国密歇根大学的 Yaghi 教授通过将三乙胺扩散到硝酸锌和对苯二甲酸(H_2BDC)的 *N,N*-二甲基甲酰胺(DMF)-氯苯(C_6H_5Cl)溶液中，并在溶液中加入少量双氧水，制得由对苯二甲酸连接八面体构型的$[Zn_4O]^{6+}$四核次级构筑单元构筑的具有开放三维孔洞结构的多孔配位聚合物 $[Zn_4O(1,4\text{-}BDC)] \cdot 8(DMF) \cdot (C_6H_5Cl)$，该化合物称为 MOF-5，含有直径分别为 15.1 Å 和 11.0 Å 的两种孔腔。

此外，MOF-5 中的连接子 BDC 可以被类似的芳香二羧酸根"取代"，从而组装出结构相同但微孔大小不同的系列微孔配位聚合物，其有效孔尺寸为 3.8～28.8 nm，孔结构所占的体积也达到了 55.8%～91.1%。

目前国内外许多科学家对 MOF-5 的储存、催化、半导体性能等进行了研究，尤其在吸附方面，表现出非常好的 H_2、CH_4、CO_2、N_2 等气体以及有机蒸气吸附性能，是一种良好的潜在储存材料。在性能研究的同时，有关 MOF-5 合成方法的研究也是多种多样，传统配位聚合物的合成方法主要有扩散法和溶剂热法，上述方法大多是在以酰胺等为介质的溶剂热条件下合成的，其缺点是时间长、能耗高。例如，溶剂热法通常要求 2～4 d 的时间，而扩散法甚至可能需要几周的时间。

本实验采用微波辅助水热合成技术进行 MOF-5 的合成，研究反应时间、溶剂、温度因素对化合物产率及形貌特征的影响。

2. 微波合成法

微波合成法是近年来兴起的一门合成新技术，已经渗透到有机合成、无机合成、分析化学、非均相催化、采油、冶金、环境污染治理等众多化学领域。

微波是频率在 300 MHz～300 GHz，即波长为 1 mm～1 m 范围的电磁波，在促进化学反应进行中，它具有以下一些特点：①加热速度快，热能利用率高。由于微波能够深入物质的内部，而不是依靠物质本身的热传导，因此只需要常规方法百分之一到十分之一的时间就可完成整个加热过程。②反应灵敏。常规加热法要达到一定温度需要一段时间，微波加热可通过调整微波输出功率，控制物质的加热状况无惰性地改变。③产品质量高。相比其他加热方法，微波加热温度更加均匀。对于有的物质还可以产生一些有利的物理或化学作用。因此，与传统加热方法相比，微波加热具有快速、均质、节能等特点。

【实验用品】

1. 仪器

电子分析天平，磁力搅拌器，高速离心机，微波快速反应系统，聚四氟乙烯内衬的不锈钢高压反应釜(50 mL)，真空冻干机，光学显微镜，X 射线衍射仪，扫描电子显微镜，热重分析仪，量筒(10 mL)，烧杯(50 mL)，圆底烧瓶(25 mL)，冷凝管，样品瓶，洗瓶。

2. 试剂

对苯二甲酸，无水 N, N-二甲基甲酰胺或 N, N-二乙基甲酰胺(AR)，无水 N-甲基吡咯烷酮(AR)，$Zn(NO_3)_2 \cdot 6H_2O(AR)$，标签纸，pH 试纸，称量纸。

【实验步骤】

1. 传统合成法

(1) 称取 0.298 g $Zn(NO_3)_2 \cdot 6H_2O$ 和 0.055 g 对苯二甲酸，加入盛有 10 mL 无水 N,N-二甲基甲酰胺[1]的 25 mL 圆底烧瓶中，将混合物在 130℃下搅拌回流 4 h，然后自然冷却到室温，将所得产物用无水 N, N-二甲基甲酰胺洗涤，干燥后得白色产物，计算产率，观察产物的形貌特征。

[1] 也可买市售试剂加入少量 $CaCl_2$，密封静置24 h。

(2) 称取 0.298 g Zn(NO$_3$)$_2$·6H$_2$O 和 0.055 g 对苯二甲酸，加入盛有 10 mL 无水 N-甲基吡咯烷酮的高压反应釜中，并在 115℃下保持 12 h，然后以每小时 4℃降温到室温，将所得产物用无水 N-甲基吡咯烷酮洗涤，干燥，计算所得产物的产率，观察其形貌特征。

2. 微波合成法

(1) 称取 0.298 g Zn(NO$_3$)$_2$·6H$_2$O 和 0.055 g 对苯二甲酸，加入盛有 10 mL N-甲基吡咯烷酮的 50 mL 溶样杯中，用磁力搅拌器搅拌至反应液为澄清液。将样品装入高压反应釜中，放入微波快速反应系统[2]，设置微波快速反应系统加热程序[3]。控制加热温度为 105℃，保持 15 min，然后自然冷却到室温，待反应物冷却到室温后方可打开高压反应釜。产物用无水 N-甲基吡咯烷酮洗涤 2～3 次，真空干燥，计算产率。

(2) 按照步骤(1)中的方法改变控温时间为 30 min、45 min、60 min，计算所得产物的产率，观察产物的形貌特征。

(3) 按照步骤(1)和(2)的方法改变控温分别为 120℃、130℃，重复实验，计算所得产物的产率，观察产物的形貌特征。

比较传统合成法和微波合成法中不同温度、时间条件下，产物的产率、形状、尺寸等。

3. 产品表征

(1) 将产品用真空冻干机干燥，用 X 射线衍射仪对冻干粉末样品进行分析，确定晶体结构。在光学显微镜下挑选合适的晶体进行 X 射线单晶结构分析，比较配位聚合物晶体结构与 MOF-5 的模拟 XRD 谱图在 2θ = 6.8°、9.6°、13.7° 和 15.3°处的特征峰是否一致。

(2) 将冻干产品用 TG-DTG 方法进行实验(空气气氛，10℃·min^{-1})，测定配位聚合物的热稳定性。

(3) 将产品稀释 1000 倍，取 20 μL 滴加在载物台上，自然干燥，利用扫描电子显微镜技术分析产品，鉴定其形貌特征。

【实验数据记录及处理】

(1) MOF-5 的 X 射线衍射谱图。
(2) MOF-5 的 TG-DTG 分析谱图。
(3) MOF-5 的 SEM 图。

【思考题】

(1) 微波合成的优点是什么？是否所有溶剂都可用于微波快速反应系统中？
(2) 为什么要用干燥的溶剂洗涤最终产物？能否用水洗涤？

【参考文献】

Battern S R, Robson R. 1998. Interpenetrating nets: ordered, periodic entanglement. Angewandte Chemie International Edition, 37: 1460-1494.

Champness N R, Schroder M. 1998. Extended networks formed by coordination polymers in the solid state. Current Opinion in Solid State Materials Science, 3: 419-424.

Choi J S, Son W J, Kim J, et al. 2008. Metal-organic framework MOF-5 prepared by microwave heating: factors to be considered. Microporous and Mesoporous Materials, 116: 727-731.

Eddaoudi M, Kim J, Rosi N, et al. 2002. Systematic design of pore size and functionality in isoreticular MOFs and their application in methane storage. Science, 295: 469-472.

Li H, Eddaoudi M, O'Keeffe M, et al. 1999. Design and synthesis of an exceptionally stable and highly porous metal-organic framework. Nature, 402, 276-279.

Lu C M, Liu J, Xiao K F, et al. 2010. Microwave enhanced synthesis of MOF-5 and its CO_2 capture ability at moderate temperatures across multiple capture and release cycles. Chemical Engineering Journal, 156: 465-470.

Ni Z, Masel R I. 2006. Rapid production of metal-organic frameworks via microwave-assisted solvothermal synthesis. Journal of the American Chemical Society, 128: 12394-12395.

（撰写人 刘 波）

拓展实验 7 $NaGd(WO_4)_2$：Eu^{3+}纳米荧光粉的水热合成及荧光性质研究

【实验目的】

(1) 进一步熟悉水热法合成稀土掺杂纳米荧光粉。
(2) 利用配位滴定法测定样品中金属离子的含量。
(3) 进一步了解对无机材料进行表征的一般方法。
(4) 利用荧光光谱仪研究铕掺杂的荧光粉的光致发光性质。

【实验原理】

钨酸盐是一类非常重要的无机功能材料，被广泛用于光催化、电致发光、光致发光和气敏等领域。传统的双钨酸盐的合成大多采用高温固相法，但此方法反应条件较为苛刻，制备的颗粒粒径较大且不均匀。

铕离子荧光粉的一个很重要的性质就是光致发光。铕(Ⅲ)的电子构型为[Xe]4f^6，电子受激后，配体产生瞬时偶极，使稀土离子以配体的振动产生光子-声子偶合作用，使 f 态中混入了 d 态，使宇称禁阻选律部分被解除，使 f-f 跃

【阅读材料】光致发光材料简介

迁成为可能。由于 4f 轨道受其外围 $5s^2 5p^6$ 电子的有效屏蔽，受周围环境及配体的影响非常小，所以 f-f 跃迁产生的是线状光谱。但 f-f 跃迁的吸收强度很低。当铕(Ⅲ)与具有高吸光系数的钨酸根结合在一起时，通过分子内有效的能量传递，可获得强发光的三价铕荧光粉。铕(Ⅲ)配合物的发光过程是钨酸钆钠中的 $[WO_6]^{6-}$ 多面体吸收紫外光，再将能量传递给铕(Ⅲ)的共振能级，继而发生铕(Ⅲ)从激发态回到基态时发射出的特征荧光。铕(Ⅲ)的 $^5D_0$ 发射能级的跃迁，一般只分析 $^5D_0 \rightarrow {}^7F_J$ $(J = 0 \sim 4)$ 的跃迁，对应的发射峰的位置分别在 ~ 578 nm、~591 nm、~616 nm、~654 nm、~701 nm(图 6-7)，其中，发射强度比较强的跃迁一般是 $^5D_0 \rightarrow {}^7F_1$ 和 $^5D_0 \rightarrow {}^7F_2$，如果以 $^5D_0 \rightarrow {}^7F_1$ 跃迁为主，则配合物发橙色荧光，如果以 $^5D_0 \rightarrow {}^7F_2$ 跃迁为主，则发红色荧光。

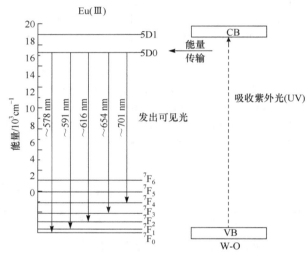

图 6-7　钨酸根与 Eu^{3+} 的能级图以及能量传递过程

CB. 导带；VB. 价带；W-O. 钨酸盐中的[WO]结构基团

本实验中，首先制备铕和钆的氯化物，利用配位滴定法，测定其中金属离子的含量，然后通过水热法合成纳米荧光粉，利用文献已有的 X 射线粉末衍射法测试其结构，并与测定的标准卡片比较，判断所得结构与文献报道的结果是否一致；通过测定该纳米荧光粉的荧光光谱，学习掺杂的稀土铕(Ⅲ)发光的发光机理及发光性质。

【实验用品】

1. 仪器

聚四氟乙烯内衬的不锈钢高压反应釜(25 mL)，磁力搅拌器，电子分析天平(万分之一)，旋转蒸发仪，荧光光谱仪，循环水泵，滴定管(10 mL)，移液管(2 mL)，容量瓶(25 mL)，玻璃棒，洗耳球，烧杯，量筒(10 mL)，洗瓶，圆底烧瓶(50 mL)，锥形瓶(50 mL)，结晶皿(100 mL)，普通漏斗，表面皿，球形冷凝管，温度计，金属刮刀，金属小勺，磁子，样品瓶，吸管等。

2. 试剂

钨酸钠(>98%)，氧化铕(99.9%)，氧化钆(99.9%)，浓盐酸(36%)，过氧化氢(30%)，NaOH 溶液($0.1mol \cdot L^{-1}$)，乙醇(95%)，EDTA 标准溶液($0.02\ mol \cdot L^{-1}$)，二甲酚橙指示剂(0.2%)，HAc-NaAc 缓冲溶液(pH=5.7)，去离子水，标签纸，pH 试纸，称量纸。

【实验步骤】

1. $EuCl_3 \cdot nH_2O$ 的制备

称取氧化铕(Eu_2O_3)约 0.7 g，加入 50 mL 圆底烧瓶中，加入 5 mL 去离子水、1 mL 浓盐酸，搅拌，水浴 70℃左右加热，反应过程中可加入数滴过氧化氢以加快溶解速度。待溶液澄清后，用旋转蒸发仪旋蒸至有固体析出，然后加入 10 mL 去离子水，重复旋 2～3 次，直至最后一次溶液的 pH 在 4 左右。最后将样品放在表面皿中，用红外灯烘干，称量并计算产率。

2. $GdCl_3 \cdot nH_2O$ 的制备

称取氧化钆(Gd_2O_3)约 0.7 g，加入 50 mL 圆底烧瓶中，加入 5 mL 去离子水、1 mL 浓盐酸，搅拌，水浴 70℃左右加热，反应过程中可加入数滴过氧化氢以加快溶解速度。待溶液澄清后，用旋转蒸发仪旋蒸至有固体析出，然后加入 10 mL 去离子水，重复旋 2～3 次，直至最后一次溶液的 pH 在 4 左右。最后将样品放在表面皿中，用红外灯烘干，称量并计算产率。

3. 配位滴定法测定所得样品中金属离子 Eu^{3+} 和 Gd^{3+} 的含量

1) $EuCl_3$ 溶液的配制和浓度分析

准确称取 0.600 g 所得的 $EuCl_3 \cdot nH_2O$ 样品，放入小烧杯中，加适量去离子水，使其溶解，然后转移至 25 mL 的容量瓶中，定容，以备用。

用移液管吸取配制的 $EuCl_3$ 溶液 2 mL 于 50 mL 锥形瓶中，加入 5 mL HAc-NaAc 缓冲溶液及 1～2 滴二甲酚橙指示剂，用 EDTA 标准溶液滴定至溶液由红紫色变为亮黄色。平行测定 3 次，取平均值计算溶液中 Eu^{3+} 浓度，推算出制得的 $EuCl_3 \cdot nH_2O$ 中的 n 值。

2) $GdCl_3$ 溶液的配制和浓度分析

准确称取 0.600 g 所得的 $GdCl_3 \cdot nH_2O$ 样品，放入小烧杯中，加适量去离子水，使其溶解，然后转移至 25 mL 容量瓶中，定容，以备用。

用移液管吸取配制的 $GdCl_3$ 溶液 2 mL 于 50 mL 锥形瓶中，加入 5mL HAc-NaAc 缓冲溶液及 1～2 滴二甲酚橙指示剂，用 EDTA 标准溶液滴定至溶液由红紫色变为亮黄色。平行测定 3 次，取平均值计算溶液中 Gd^{3+} 浓度，推算出制得的 $GdCl_3 \cdot nH_2O$ 中的 n 值。

4. 0.50 mol·L^{-1} 钨酸钠溶液的配制

准确称量钨酸钠(Na$_2$WO$_4$·2H$_2$O)样品 8.2462 g 溶于 50.0 mL 去离子水中,配制为 0.50 mol·L^{-1} 钨酸钠溶液。

5. NaGd(WO$_4$)$_2$:Eu^{3+}的水热合成

反应方程式:

$$2Na_2WO_4 + GdCl_3 \Longrightarrow NaGd(WO_4)_2 + 3NaCl$$

(1) 量取 2 mL 0.5 mol·L^{-1} 的钨酸钠放入烧杯中,然后加入 10 mL 的去离子水,放在磁力搅拌器上匀速搅拌至完全混合。

(2) 将 1 mL 0.48 mol·L^{-1} 的氯化钆和 1 mL 0.02 mol·L^{-1} 的氯化铕混合均匀,再逐滴加入钨酸钠溶液,产生白色沉淀;用 1.0 mol·L^{-1} 的 NaOH 溶液调节溶液的 pH 为 8,并持续搅拌一段时间,使沉淀完全。

(3) 将上述悬浊液转移到 25 mL 的聚四氟乙烯内衬的不锈钢高压反应釜(填充度为 75%)中,在 200℃恒温 3 h。

(4) 反应结束。冷却至室温,打开反应釜,过滤,用蒸馏水和乙醇洗涤所得到白色粉末状待测样品。最后用红外灯烘干所得的样品,称量并计算产率。

6. 纳米荧光粉材料的表征

1) X 射线粉末衍射分析

室温下测定样品的 X 射线粉末衍射图谱,并与 X 射线单晶衍射数据转化成的标准卡片进行比较。分析 XRD 结果计算颗粒的平均粒径,判断合成的荧光粉结构。

平均粒径的计算公式:

$$D = 0.9 \lambda/\beta \cos\theta$$

式中:D 为粒径;λ 为入射 X 射线波长(Cu 靶 0.1542 nm);θ 为布拉格角(以度计);β 为 θ 角处衍射峰的半高宽(以弧度计),θ 角处衍射峰的半高宽与粒径成反比,当 β 增大时,粒径减小。

2) 纳米荧光粉的荧光性质测定

由于稀土化合物发光强度较强,也可在荧光光谱仪检测之前直接在 254 nm 的紫外灯下目测观察,初步判断样品颜色和发光强度。再利用荧光光谱仪测定纳米荧光粉 NaGd(WO$_4$)$_2$:Eu^{3+}的光致发光性质。

首先将分析波长设定为 616 nm,在 200～450 nm 范围记录样品的激发谱,根据激发谱选用激发波长(一般选最强峰位,但倍频峰要除外),然后利用此波长的能量激发,在 500～750 nm 范围记录样品的发射谱,寻找其最大发射波长的位置,将此波长设为分析波长,重复刚才的操作,直到所设定的分析波长与最终得到的最大发射峰的峰位一致,最后将实验数据存盘,用 Origin 2016 程序对其处理,作出合适的谱图以满足分析目的。

【思考题】

(1) 如何确定 $EuCl_3 \cdot nH_2O$ 中金属离子含量？依据的是什么？

(2) 在旋转蒸发制备 $EuCl_3 \cdot nH_2O$ 的时候，应注意的问题有哪些？

(3) 一般掺铕的荧光粉的发射波长为多少？如何选择激发波长？

【参考文献】

赵文新. 2011. 软化学方法制备稀土掺杂的钨酸盐发光材料. 长春: 长春理工大学.

Blasse G, Grabmaier B C. 1994. Luminescent Materials. Heidelberg: Springer-Verlag.

Esteban-Betegón F, Zaldo C, Cascales C. 2010. Hydrothermal Yb^{3+}-doped $NaGd(WO_4)_2$ nano- and micrometer-sized crystals with preserved photoluminescence properties. Chemistry of Materials, 22 (7): 2315-2324.

Liao J, Qiu B, Lai H. 2009. Synthesis and luminescence properties of Tb^{3+} : $NaGd(WO_4)_2$ novel green phosphors. Journal of Luminescence, 129 (7): 668-671.

Yu R, Mi Noh H, Kee Moon B, et al. 2014. Photoluminescence characteristics of Sm^{3+}-doped Ba_2CaWO_6 as new orange-red emitting phosphors. Journal of Luminescence, 152: 133-137.

（撰写人　余瑞金）

第7章　设计性实验

设计实验1　市售各种品牌食用碱质量的测定

【实验目的】

(1) 学习双指示剂法分析测定食用碱组成和含量的具体方法。

(2) 了解如何将经典化学分析方法应用在具体分析工作中。

【实验原理】

食用碱又称碱面，能使木耳、黄花菜等干货原料迅速胀发，软化纤维，去除发面团的酸味，嫩化肉类，适当使用可为食品带来极佳的色、香、味、形，以增进人们的食欲。

食用碱主要组成是碳酸钠(Na_2CO_3，俗称纯碱)，可能会因吸收空气中的 CO_2 而混有碳酸氢钠 ($NaHCO_3$，俗称小苏打)，同时含有少量惰性杂质。为检验碱面样品是否混入工业混合碱，我们还应考虑含有 $NaOH$ 的可能性。一般可采用酸碱滴定双指示剂法，用盐酸标准溶液对食用碱的组成和含量进行分析测定。

可能涉及的化学反应方程式为

第一化学计量点：
$$Na_2CO_3 + HCl \Longrightarrow NaCl + NaHCO_3$$
$$NaOH + HCl \Longrightarrow NaCl + H_2O$$

第二化学计量点：
$$NaHCO_3 + HCl \Longrightarrow NaCl + CO_2\uparrow + H_2O$$

第一化学计量点产物为 $NaHCO_3$，第二化学计量点产物为 H_2CO_3。设第一化学计量点消耗的盐酸标准溶液体积为 V_1，第二化学计量点消耗的体积为 V_2，根据 V_1、V_2 的数值判断食用碱的组成及含量。

【实验用品】

1. 仪器

电子分析天平，量筒，容量瓶，烧杯，移液管，锥形瓶，酸式滴定管(型号根据实验需要确定)。

2. 试剂

食用碱，无水碳酸钠(Na_2CO_3)，盐酸溶液，酚酞指示剂(0.2%)，甲基橙指示剂(0.1%)。

【实验要求】

结合本课程所学的"混合碱组成和含量的测定"设计实验方案，方案内容要求：

(1) 设计预实验方案，以确定所购买食用碱中碱的大致含量。

(2) 根据滴定实验一般要求，即标准溶液的浓度($0.01 \sim 1.0 \ mol \cdot L^{-1}$)及标准溶液体积($20 \sim 30 \ mL$)，计算确定本实验所需称量食用碱样品量，写出计算过程。

(3) 根据滴定实验一般要求，即样品液体消耗量 25 mL 左右，以及预实验所确定的食用碱样品量，通过计算确定所需试剂的浓度及用量，写出计算过程。

(4) 通过计算第一化学计量点和第二化学计量点物质溶液 pH，结合指示剂变色范围，确定所需指示剂的浓度和种类，写出计算和推理过程。

(5) 根据滴定实验要求，选择仪器的种类及型号、试剂的浓度和种类。

(6) 写出测定实验的仪器种类及型号、试剂的浓度和种类以及实验的操作具体步骤。格式参考基础实验部分。

(7) 实验需给出至少三种市售品牌食用碱的组成分析和含量测定结果，并对各食用碱的质量给予科学评价。

(8) 依据上述设计的实验方案，经教师批阅后实施实验，记录实验数据并撰写实验报告。

【思考题】

食用碱的质量与哪些因素有关？如何对所测样品质量进行评价？

【参考文献】

达古拉. 2009. 微量滴定法测定食用碱的组成. 内蒙古民族大学学报, 15(4): 144-146.

华中师范大学. 2001. 分析化学(上册). 3 版. 北京: 高等教育出版社.

刘晓庚, 刘琴, 彭冬梅, 等. 2017. 食用碱组成分析与组分含量测定的综合实验设计与教学实践. 化学教育, 38(18): 70-73.

(撰写人 王建萍)

设计实验 2 市场各种饮料有效酸度的测定

【实验目的】

(1) 了解测定复杂样品有效酸度的原理和方法。

(2) 熟悉 pH 计法测定有效酸度的方法。

(3) 了解饮料口感酸度与 pH 的差异。

【实验原理】

酸味是食品的风味之一，且与其他味觉有协调作用，位于食品几大风味之首。酸味剂除风味调节作用外，有增进食欲、促进消化吸收的作用，还有抗氧化、防褐变、防腐等作用。

食品中酸性成分分为总酸度和有效酸度两种。总酸度指食品中所含未解离酸的浓度和已解离酸的浓度，其大小可用滴定法来测定，故又称"可滴定酸度"。有效酸度指被测溶液中 H^+ 的活度，反映的是已解离酸的浓度。由于酸味的形成主要是氢离子在口腔中刺激了人的味觉神经后产生，所以测定食品的有效酸度往往比测定总酸度更具有实际意义。

市场饮料品种大致可分为碳酸饮料、果蔬汁饮料、蛋白饮料、茶饮料、咖啡饮料等，产品种类繁多。饮料的成分极为复杂，不同饮料是由不同的糖或甜味剂、风味剂、酸味剂、果蔬汁、维生素、膳食纤维、矿物质、果胶、氨基酸、色素等调制而成，大部分饮料有色且透明度差。

常用的测定溶液有效酸度的方法有比色法和 pH 计法两种。比色法对溶液透明度要求很高，不适用于果汁、果蔬汁等饮料 pH 测定。而 pH 计法不受试样本身颜色及澄清度的影响，同时具有准确度高、操作简便等优点，其测定值可准确到 0.01pH 单位。因此，pH 计法适用于各类饮料、果蔬及其制品，在食品检验中得到广泛的应用。

食品口感的酸味是由 H^+ 刺激口腔黏膜形成，食品中的 H^+ 为酸味定位基。而市售饮料的主要呈味物质是糖和酸，糖和酸的配比直接影响饮料的口味，因此口感酸度与所测 pH 大小并不一致。

【实验用品】

1. 仪器

量筒，容量瓶，烧杯，pH 计，市场购置饮料。

2. 试剂

校正 pH 计时所需标准缓冲溶液。

【实验要求】

(1) 查找文献和相关资料及产品标签，了解果蔬汁饮料的物理化学性质和组成成分，确定是否有干扰 pH 计测定的物质，如果有如何去除。

(2) 设计预实验方案，以确定是否需要对饮料进行稀释，以及稀释倍数。

(3) 根据实验所需确定所用仪器种类及规格。

(4) 参考本书第 3 章及基础实验 15 中关于 pH 计的使用方法，设计实验方案，写出具体实验步骤。

(5) 实验需给出至少十种市售品牌饮料的 pH 测定结果，并对各饮料的口感酸度给予评价，比较口感酸度大小顺序与所测 pH 大小顺序。

(6) 写出实验方案，交教师批阅。

(7) 根据教师批阅方案实施实验，记录实验数据并撰写实验报告。

【思考题】

(1) pH 计使用的温度范围是什么？酸度范围是什么？碱度范围是什么？

(2) 测定碱性溶液时，校正 pH 计所用标准缓冲溶液是哪种？

(3) 导致饮料口感酸度大小顺序与所测 pH 大小顺序不一致的主要原因是什么？

(4) 如何配制 pH=4.00 的标准缓冲溶液？

【参考文献】

陈树枫, 李康. 2008. 氯化钾作为离子强度调节剂在快速测定 pH 值中的应用. 现代纺织技术,
　　(3): 47-49.
李春燕, 赖陆峰. 2006. pH 计的使用及维护. 教学仪器与实验, (3): 52-53.
崔波. 2014. 饮料工艺学. 北京: 科学出版社.
张勤, 童诚, 赵炳先. 2015. 影响酸度计示值准确性及稳定性的因素分析. 化学分析计量, (4):
　　92-93.

（撰写人　杨玉琛）

设计实验 3　植物体内磷的测定

【实验目的】

(1) 学习分光光度法在实际生产科研中的综合应用。

(2) 学习科学监测作物营养水平，指导农业施肥的方法。

(3) 学习农产品及饲料的品质鉴定。

【实验原理】

磷是植物所必需的营养元素，参与植物体内多种代谢，促进碳水化合物的合成、转化和运输。土壤中的磷主要以难溶性化合物或有机态形式存在，移动性差，不易被植物吸收。施磷对提高作物产量和品质有明显的效果，但过量施用磷肥会导致水体富营养化，因此及时有效地监测植物体内的磷含量对指导和促进农业生产至关重要。

在进行生物样品(植物、动物样品)中的无机元素的测定时，需要对环境样品进行消解处理。消解处理的作用是破坏有机化合物、溶解颗粒物，并将各种价态的待测元素氧化成单一高价态或转换成易于分解的无机化合物。

常用的消解方法有湿式消解法和干灰化法。根据消解法使用的消解氧化剂分为硝酸消解法、硝酸-高氯酸消解法等。

测定植物体内的总磷含量，需先将植物体通过如硫酸-双氧水消化或微波等消解法处理，将有机磷转化为无机磷，然后采用相应的方法测定，如分光光度法。硫酸-双氧水消化法即植物样品经 H_2SO_4-H_2O_2 消煮，由于强烈的氧化作用，植物体内的有机磷被转化为无机磷，所得的提取液用于总磷的测定。

微波消解法是一种利用微波能加热而快速分解样品的技术，是利用微波加热封闭容器中的消解液和试样，在高温增压条件下使各种样品快速溶解。与传统方法消解相比，具有速度快、环境友好、待测元素不易损失、溶剂消耗少、空白值低等优点，特别适应于测定易挥发元素的样品分解。

【实验用品】

1. 仪器

电子分析天平，分光光度计，容量瓶(50 mL)，移液管(5 mL、10 mL、20 mL)，消煮管，微波消解仪。

2. 试剂

磷标准溶液(浓度自定)，实验所需其他试剂。

【实验要求】

(1) 查阅文献，了解植物体内所含元素及磷元素分布状况和含量范围，根据实验误差范围要求，确定测定实验所用试样用量及磷标准溶液等试剂的用量及溶液浓度。

(2) 参阅文献，选一种植物样品消解法，设计实验方案，处理样品。要求处理过程的操作相对简单，试剂易购得，安全问题较小。

(3) 合理利用分光光度法，设计实验方案，测定植物样品的总磷含量。查阅相关数据，进行植物磷含量的品质鉴定。

(4) 写出完整的实验方案，提交教师批阅后，实施实验。

(5) 根据实验方案和实验结果，撰写实验报告。

(6) 附两种植物样品的消化法步骤：

(i) 硫酸-双氧水消解法：称取磨细干样品 0.1000～0.2000 g 放入 100 mL 消煮管内，加浓 H_2SO_4 5 mL，使样品和浓 H_2SO_4 混匀，放入微波消解仪加热，文火微沸 5 min，取出消煮管，冷却，加 5 滴 30% H_2O_2，温度升至 200℃再煮，30 min 后取下冷却再加 5 滴 30% H_2O_2，温度升至 300℃继续消煮(不能超过 320℃)，至消化液清亮透明为止。若消化液未清亮，再加 2 滴 H_2O_2 煮沸 5 min，并除去多余 H_2O_2。消煮完毕后，取出消煮管冷却，用少量蒸馏水少量多次地将全部消化液洗入 50 mL 容量瓶内，定容。

(ii) 微波消解：准确称取 0.5000 g 试样置于聚四氟乙烯内罐中，用少量水冲洗罐壁，加入 5 mL HNO_3、1 mL H_2O_2，摇匀，旋紧密封盖，按表 7-1 程序运行。消解结束后，待冷却到室温后取出内罐，将消解后的样品溶液转移至 50 mL 容量瓶中，用去离子水定容。酸度尽可能与标准溶液的酸度一致，以消除酸度对分析结果的影响。同时做空白实验。

表 7-1 微波消解程序

步骤	温度/℃	升温速率/(℃/min)	保持时间/min
1	0～100	10	3
2	100～150	10	3
3	150～180	10	5

【思考题】

(1) 查阅文献，比较硫酸-双氧水消解法和微波消解法消解植物样品各有何特点。

(2) 如何获得分光光度法所用的空白试剂?

【参考文献】

刘宁, 张世涛, 何红波, 等. 2010. 微波消化-ICP-AES 法测定植物样品中硫、磷. 分析实验室,
　　29: 323-325.
王雪晴, 阮文渊, 易可可. 2016. 植物体内磷素状况测定方法的研究进展. 植物生理学报, 52
　　(9): 1327-1332.

（撰写人　蒲　亮）

设计实验 4　钙加锌口服液中钙和锌含量的测定

【实验目的】

(1) 学习配位滴定法在实际生活中的应用。
(2) 熟悉多个金属离子的连续滴定操作。

【实验原理】

钙能够调节细胞生理功能, 促进骨骼形成, 而且对于维持细胞的生理状态、参与血液凝固过程, 也有巨大贡献。其来源也比较广泛, 不同食物的钙含量与生物利用率也不尽相同; 锌是构成多种蛋白质所必需的, 其普遍存在于食物中。钙加锌口服液的主要功能成分是葡萄糖酸钙、乳酸钙和乳酸锌, 可为人体补充钙和锌。然而补充过量的钙和锌, 都会对人体造成严重的危害, 因此对口服液中的钙和锌含量应严格限定。

钙加锌口服液中钙和锌含量的测定方法有配位滴定法、高锰酸钾滴定法和原子吸收法等, 其中高锰酸钾滴定法步骤烦琐, 原子吸收光谱法测定精度高、准确性好, 但对操作技术要求高, 成本也高。本实验宜采用配位滴定法, 通过调节样品溶液的 pH 以及选择合适的指示剂, 用 EDTA 标准溶液连续滴定, 对 Ca^{2+} 和 Zn^{2+} 进行分别测定。

【实验用品】

1. 仪器

电子分析天平, 量筒, 容量瓶, 烧杯, 移液管, 锥形瓶, 酸式滴定管(型号根据实验需要确定)。

2. 试剂

碳酸钙($CaCO_3$), EDTA, EBT 指示剂, 连续滴定所需指示剂, 控制溶液 pH 所需缓冲溶液。

【实验要求】

(1) 查找文献和相关资料, 了解葡萄糖酸钙、乳酸钙和乳酸锌的物理化学性质, 确定其

属于配合物还是可溶盐。

(2) 查阅文献确定滴定 Ca^{2+} 和 Zn^{2+} 各自合适的 pH 范围,确定滴定 Ca^{2+} 和 Zn^{2+} 各使用什么指示剂,确定 EDTA 夺取金属离子的最佳 pH 范围。

(3) 计算滴定所需试剂的浓度范围,基准物质的质量,并在报告中注明上述计算过程。

(4) 设计测定实验所购钙加锌口服液中 Ca^{2+} 和 Zn^{2+} 的含量的实验方案,写出具体实验步骤。

(5) 依据上述设计的实验方案,经教师批阅后实施实验,记录实验数据并撰写实验报告。

【思考题】

(1) 服用过量的钙和锌对人体有哪些危害?

(2) 利用配位滴定法连续滴定两种金属离子,应满足哪些条件?

(撰写人　李晓舟)

设计实验 5　废锌锰干电池的综合利用

【实验目的】

(1) 熟悉无机化合物的实验室制备、提纯、分析等方法与技能。

(2) 了解废锌锰干电池综合利用的意义和有效成分的回收利用方法。

【实验原理】

电池种类主要包括普通锌锰电池、碱性锌锰电池、镍镉电池、铅酸蓄电池、镍氢电池、锂电池等。电池中主要污染物为重金属(汞、镉、铅、镍、锌)及酸、碱电解质溶液。重金属对环境及人体健康有很大危害,废酸、废碱电解质溶液可使土壤酸化或碱化,引起环境污染。

日常所用干电池主要为锌锰干电池,其负极为电池壳体的锌电极,正极为 MnO_2 包围的石墨电极,为增加导电能力,还填有碳粉。电解质为氯化锌及氯化铵的糊状物。回收废干电池可获得多种物质:Zn、MnO_2、$ZnCl_2$、NH_4Cl 和碳棒等。我国干电池生产年消耗锌接近 25 万吨,约为年锌总产量的 15%,其资源价值十分可观。如果合理回收,不仅避免资源浪费,也保护了环境。

回收利用废旧锌锰干电池的主要方法有干法、湿法和生物法。本实验将研究用湿法回收。回收时将电池中的黑色混合物溶于水,过滤,滤液为含 $ZnCl_2$ 和 NH_4Cl 的混合溶液,滤渣含碳粉、MnO_2 等。NH_4Cl 可根据其与 $ZnCl_2$ 溶解度不同进行提取。滤渣可通过加热脱去碳粉和有机化合物,得到 MnO_2,锌皮可用于制取锌及锌盐。

【实验用品】

1. 仪器

电子分析天平,量筒,漏斗,烧杯,蒸发皿,减压过滤装置。

2. 试剂

粗 $CuSO_4$，H_2SO_4，HCl，NaOH，H_2O_2，$NH_3 \cdot H_2O$，KSCN，pH 试纸(型号根据实验需要确定)，其他所需试剂。

【实验要求】

(1) 查阅文献，了解废锌锰干电池的综合利用现状。

(2) 滤液中提取 NH_4Cl。查阅文献，完成下列设计方案，包括实验步骤、实验仪器及型号、试剂种类、试剂浓度及用量，教师批阅后实施实验。

(i) 设计提取及纯化 NH_4Cl 的实验方案。

(ii) 设计对产品 NH_4Cl 的定性检验，要求验证 NH_4^+ 和 Cl^- 的存在，并验证是否有杂质存在。

(iii) 设计产品中 NH_4Cl 含量的测定方法。

(3) 从黑色混合物的滤渣中提取 MnO_2。查阅文献，完成下列设计方案，包括实验步骤、实验仪器及型号、试剂种类、试剂浓度及用量，并实施实验。

(i) 设计精制 MnO_2 的实验方案。

(ii) 设计验证 MnO_2 的催化作用的实验方案及实验步骤。

(iii) 设计氧化还原滴定法测定产品中 MnO_2 含量的实验方案及实验步骤。

(4) 从锌壳制备 $ZnSO_4 \cdot 7H_2O$。查阅文献，完成下列设计方案，包括实验步骤、实验仪器及型号、试剂种类、试剂浓度及用量，并实施实验。

(i) 设计以锌单质制备 $ZnSO_4 \cdot 7H_2O$ 的实验方案。

(ii) 设计定性验证 $ZnSO_4 \cdot 7H_2O$ 的实验方案，验证其含有 SO_4^{2-} 和 Zn^{2+}，不含 Fe^{3+} 和 Cu^{2+}。

(iii) 设计配位滴定法测定产品中 $ZnSO_4 \cdot 7H_2O$ 的含量的实验方案。

【思考题】

(1) 查阅有关文献，比较干法、湿法和生物法回收利用废旧锌锰干电池各有何特点。

(2) 从废电池中可以回收哪些有用物质？

(撰写人　许河峰　景占鑫)

附　　录

附录1　常用仪器及其用途

1. 容器类

名称	图例	规格、用途及注意事项
试管		规格：以外径(mm)×长度(mm)表示不同规格。 用途：性质实验中，作为少量试剂溶解或反应的容器。可直接用火加热。 注意事项：加热需用试管夹夹持，加热时内容物不应超过试管容积的1/3，不需加热时不超过1/2，加热试管内的固体物质时，管口应向下倾斜，以防凝结水回流至试管底部而使试管破裂。
烧杯		规格：按容积分为多种规格，如20 mL、50 mL、100 mL、250 mL、500 mL和1000 mL等，也分为低型、高型、有刻度、无刻度等。 用途：混合、配制溶液，加热、蒸发、浓缩溶液，化学反应以及少量物质的制备等。 注意事项：加热时应垫石棉网，也可选用水浴、油浴或沙浴等加热方式，使其受热均匀。加热时内容物不得超过烧杯容积的2/3，加热腐蚀性液体时应加盖表面皿。加热后不能放在湿冷的桌面上，以防炸裂。
离心管		规格：按容积分为1 mL、5 mL、10 mL、15 mL和25 mL等多种规格。按形状分为尖底离心管、尖底刻度离心管、圆底离心管、圆底刻度离心管。按材料分为玻璃离心管和塑料离心管。 用途：用于固液分离。 注意事项：不能直接用火加热，只能水浴加热。
锥形瓶 (三角瓶)		规格：按容积分为多种规格，如50 mL、150 mL、250 mL、500 mL和1000 mL等。 用途：滴定分析中盛放被滴定溶液，反应时便于摇动，在滴定操作中常用作容器。 注意事项：不可长时间加热，不可使温度变化过于剧烈，加热后不能放在湿冷的桌面上，以防炸裂。
试剂瓶		规格：有广口、细口、无色、棕色等几种，容积有50 mL、100 mL、500 mL和1000 mL等。 用途：分装多种化学试剂，广口瓶用于盛放固体试剂，细口瓶用于盛装液体试剂，棕色瓶用于盛放避光试剂。 注意事项：每个试剂瓶上都必须贴有标签，标明内存试剂的名称、浓度、纯度等。瓶塞不可调换，应保持原配。使用时瓶塞应倒置桌面上。不可加热。
称量瓶		规格：以外径(mm)×高度(mm)表示。常分低型和高型。 用途：差减称量时称取一定质量的试样，也可用于较低温度下烘干试样。 注意事项：平时要洗净、烘干，存放在干燥器内以备随时使用。不能加热，瓶盖不能互换。称量时不可用手直接拿取，应戴手套或垫以洁净纸条。

2. 过滤仪器

名称	图例	规格、用途及注意事项
普通漏斗		规格：按口径分为 30 mm、40 mm 和 60 mm 等。按形状分为长颈、短颈。 用途：用于固液分离的过滤操作，承放滤纸。也常用于向小口容器倾倒液体。 注意事项：不能加热，热过滤时选短颈漏斗，必要时用漏斗套。不得用火直接加热。
砂芯漏斗		规格：按砂芯孔径(μm)大小分为 G1～G6 六个型号，号数越大，孔径越小，相应的孔径为 30～0.6 μm。 用途：玻璃砂芯滤器常与滤瓶配套进行减压过滤。根据孔径大小不同，可过滤从粗沉淀物到细菌范围的不同物质。 注意事项：使用时应根据需要选择漏斗型号。注意避免碱液和氢氟酸的腐蚀，相匹配的滤瓶能耐负压，不能加热。
布氏漏斗		规格：根据上口直径大小(mm)或容量(mL)分为多种型号。 用途：常内垫滤纸，用于固液分离中的减压抽滤。 注意事项：与抽滤瓶配套使用。不能用火加热。过滤时，滤纸要与漏斗内隔板贴紧，防止滤液由滤纸边上漏滤。防止抽气管水倒流。
抽滤瓶		规格：以容量(mL)表示。 用途：与布氏漏斗配套减压抽滤使用，用于晶体和粗颗粒类沉淀的固液分离。 注意事项：与布氏漏斗配套使用。不能加热。

3. 量器类

名称	图例	规格、用途及注意事项
移液管和吸量管		规格：移液管仅标识一个容积，按标识容积分为 10 mL、20 mL、25 mL 和 50 mL 等。吸量管标识一系列刻度，按最大标识容积分为 1 mL、2 mL、5 mL 和 10 mL 等。 用途：精确量取转移一定体积的溶液。 注意事项：使用时，洗净的移液管要用吸取液洗涤 3 次，放液时应使液体自然流出，流完后保持移液管垂直，容器倾斜 45°，停靠 15 s。移液管上无"吹"字样时，残留于管尖的液体不必吹出，但移液管上有"吹"字样时，需将残留于管尖的液体吹出。

名称	图例	规格、用途及注意事项
容量瓶		规格：按照标识容积分为 10 mL、25 mL、50 mL、100 mL、250 mL、500 mL 及 1000 mL 等。 用途：精确配制准确浓度的溶液或溶液的定量稀释。 注意事项：瓶塞与瓶体间要求密封性好，瓶塞不能互换。不能久储溶液，特别是碱性溶液。不能加热，不能在其中溶解固体样品，不可用毛刷刷洗。
滴定管		规格：按照最大标识容积分为 25 mL 和 50 mL。按用途分为酸式和碱式两种。 用途：主要用于滴定分析，滴加滴定液；也可定量取放一定体积的溶液。氧化性溶液只能用酸式滴定管装。见光易分解的溶液宜用棕色滴定管。 注意事项：不可加热及量取热的液体。使用前要检查其是否漏水，装标准溶液前要用该标准溶液洗涤 3 次，将标准溶液装满滴定管后，应排尽管下部气泡，读数时视线要与溶液凹面最低处保持水平。
量筒(量杯)		规格：按最大标识容积分为 5 mL、10 mL、25 mL、50 mL、100 mL、300 mL 和 1000 mL 等。按材质分塑料制和玻璃制。 用途：量筒和量杯用于量取浓度和体积要求不高的溶液。 注意事项：不可加热，不可量热的液体，不可溶解固体试剂，不可用作反应容器。

4. 其他类

名称	图例	规格、用途及注意事项
表面皿		规格：以上口径(mm)大小表示。 用途：盖在蒸发皿、烧杯等容器上，以免溶液溅出或灰尘落入，有时用于放置 pH 试纸测定溶液 pH。 注意事项：不能直接加热。直径要略大于所盖容器。
蒸发皿		规格：以上口径(mm)或容积(mL)大小表示。 用途：溶液的蒸发、浓缩和结晶。 注意事项：加热时液体不超过蒸发皿容积的 2/3，使用后忌骤冷。平时应洗净、烘干。
结晶皿		规格：以上口径(mm)或容积(mL)表示。 用途：用于蒸发浓缩溶液，进行结晶。 注意事项：加热时液体不超过结晶皿容积的 2/3，使用后忌骤冷。

名称	图例	规格、用途及注意事项
比色皿		规格：包括石英和普通玻璃两种，按照宽度分为 0.5 cm、1.0 cm、2.0 cm 和 2.5 cm 等规格。 用途：用于分光光度分析测定。 注意事项：不可加热，不可用毛刷刷洗，使用时要保持器壁尤其透明面的透明度。
干燥器		规格：以内径(mm)表示。 用途：保存干燥物质，可用来存放需防潮的小型贵重仪器，保证烘干的称量瓶、坩埚等物质在干燥环境中冷却。 注意事项：使用时需在沿边上涂抹一薄层凡士林以免漏气。开启时，使顶盖向水平方向缓缓移动。要随时注意更换干燥剂。
酒精灯		规格：以容积(mL)表示。 用途：少量溶液的中低温短时间加热。 注意事项：严禁以灯点灯，严禁长时间加热，添加酒精时，必须熄灭火焰，待灯体冷却后添加。为避免酒精洒出需使用漏斗。
滴管		规格：以管长(cm)或容积(mL)表示。类型有玻璃的、塑料的、有刻度的、无刻度的。 用途：在配制溶液、化学反应或固液离心分离时，取少量的液体。 注意事项：使用时不可平放或斜放，以防滴管中的试液流入胶头。滴加试剂时，必须将其悬空于管口或容器口的上方，禁止将管尖伸入管内或容器内，以防管端碰壁黏附其他物质。
滴瓶		规格：按容积分有 50 mL、100 mL 等。按颜色分有无色和棕色等。 用途：用来盛放用量很小的溶液的容器。 注意事项：滴管与瓶子配套，不可互换。不可长时间放碱性溶液，不可久置强氧化剂，见光易分解的试剂需装入棕色滴瓶中。
洗瓶		规格：以容积(mL)表示。 用途：盛放纯水，可挤出细流，用于用去离子水洗涤、配制溶液、定容等操作。 注意事项：不可盛放或配制溶液，时常清洗，保持该仪器清洁。
坩埚钳		规格：按其长度(cm)分类，金属质地。 用途：取放加热坩埚、蒸发皿等。 注意事项：放置时，尖嘴部分朝上以免沾污。不要和化学药品接触，以免腐蚀。

续表

名称	图例	规格、用途及注意事项
试管夹		用途：试管加热时用，常见的为木质或竹质。 注意事项：加热时注意避开火焰，以免烧损。
试管架		规格：按孔径大小和孔数多少分类。有塑料、铝质、不锈钢和木质。 用途：放试管用。
石棉网		规格：以边长(cm)表示。 用途：加热时使用，网中央的石棉是热的不良导体，使物体受热均匀。 注意事项：使用时勿沾水，以免造成石棉脱离和铁丝的锈蚀。
铁架台		用途：固定或放置仪器，如滴定管、分液漏斗、普通过滤漏斗等。

附录 2　不同温度时水的饱和蒸气压

温度/℃	饱和蒸气压/Pa	温度/℃	饱和蒸气压/Pa
0	610.5	21	2486.5
1	656.7	22	2643.4
2	705.8	23	2808.8
3	757.9	24	2983.4
4	813.4	25	3167.2
5	872.3	26	3360.9
6	935.0	27	3564.9
7	1001.7	28	3779.6
8	1072.6	29	4005.4
9	1147.8	30	4242.9
10	1227.8	31	4492.3
11	1312.4	32	4754.7
12	1402.3	33	5030.1
13	1497.3	34	5319.3
14	1598.1	35	5622.9
15	1704.9	36	5941.2
16	1817.7	37	6275.1
17	1937.2	38	6625.1
18	2063.4	39	6991.7
19	2196.8	40	7375.8
20	2337.8		

附录 3　弱酸、弱碱在水中的解离常数(298 K)

弱酸或弱碱	分子式	$K_a^{\ominus}$ 或 $K_b^{\ominus}$	$pK_a^{\ominus}$ 或 $pK_b^{\ominus}$
砷酸	H_3AsO_4	$6.3\times10^{-3}(K_{a1}^{\ominus})$	2.2
		$1.0\times10^{-7}(K_{a2}^{\ominus})$	7.0
		$3.2\times10^{-12}(K_{a3}^{\ominus})$	11.5
亚砷酸	H_3AsO_3	6×10^{-10}	9.22
硼酸	H_3BO_3	5.8×10^{-10}	9.24
碳酸	H_2CO_3	$4.2\times10^{-7}(K_{a1}^{\ominus})$	6.38
		$5.6\times10^{-11}(K_{a2}^{\ominus})$	10.25
铬酸	H_2CrO_4	$1.8\times10^{-1}(K_{a1}^{\ominus})$	0.74
		$3.2\times10^{-7}(K_{a2}^{\ominus})$	6.49
氢氰酸	HCN	6.2×10^{-10}	9.21
氢氟酸	HF	6.6×10^{-4}	3.18
氢硫酸	H_2S	$1.3\times10^{-7}(K_{a1}^{\ominus})$	6.88
		$7.1\times10^{-15}(K_{a2}^{\ominus})$	14.15
过氧化氢	H_2O_2	1.8×10^{-12}	11.75
亚硝酸	HNO_2	5.1×10^{-4}	3.29
磷酸	H_3PO_4	$7.6\times10^{-3}(K_{a1}^{\ominus})$	2.12
		$6.3\times10^{-8}(K_{a2}^{\ominus})$	7.20
		$4.4\times10^{-13}(K_{a3}^{\ominus})$	12.36
亚磷酸	H_3PO_3	$5.0\times10^{-2}(K_{a1}^{\ominus})$	1.30
		$2.5\times10^{-7}(K_{a2}^{\ominus})$	6.60
焦磷酸	$H_4P_2O_7$	$3.0\times10^{-2}(K_{a1}^{\ominus})$	1.52
		$4.4\times10^{-3}(K_{a2}^{\ominus})$	2.36
		$2.5\times10^{-7}(K_{a3}^{\ominus})$	6.60
		$5.6\times10^{-10}(K_{a4}^{\ominus})$	9.25
偏硅酸	H_2SiO_3	$1.7\times10^{-10}(K_{a1}^{\ominus})$	9.77
		$1.6\times10^{-12}(K_{a2}^{\ominus})$	11.80
硫酸	HSO_4^-	1.0×10^{-2}	1.99
亚硫酸	H_2SO_3	$1.3\times10^{-2}(K_{a1}^{\ominus})$	1.90

续表

弱酸或弱碱	分子式	$K_a^\ominus$ 或 $K_b^\ominus$	$pK_a^\ominus$ 或 $pK_b^\ominus$
亚硫酸	H_2SO_3	$6.3\times10^{-8}(K_{a2}^\ominus)$	7.20
甲酸	HCOOH	1.8×10^{-4}	3.74
乙酸	CH_3COOH	1.8×10^{-5}	4.74
草酸	$H_2C_2O_4$	$5.90\times10^{-2}(K_{a1}^\ominus)$	1.22
		$6.40\times10^{-5}(K_{a2}^\ominus)$	4.19
一氯乙酸	$CH_2ClCOOH$	1.4×10^{-3}	2.86
二氯乙酸	$CHCl_2COOH$	5.0×10^{-2}	1.30
三氯乙酸	CCl_3COOH	0.23	0.64
乳酸	$CH_3CHOHCOOH$	1.4×10^{-4}	3.86
苯甲酸	C_6H_5COOH	6.2×10^{-5}	4.21
邻苯二甲酸	$H_2C_8H_4O_4$	$1.1\times10^{-3}(K_{a1}^\ominus)$	2.95
		$3.9\times10^{-6}(K_{a2}^\ominus)$	5.41
苯酚	C_6H_5OH	1.1×10^{-10}	9.95
乙二胺四乙酸	H_6Y^{2+}	$0.13(K_{a1}^\ominus)$	0.9
	H_5Y^+	$3.0\times10^{-2}(K_{a2}^\ominus)$	1.6
	H_4Y	$1.0\times10^{-2}(K_{a3}^\ominus)$	2.0
	H_3Y^-	$2.1\times10^{-3}(K_{a4}^\ominus)$	2.67
	H_2Y^{2-}	$6.9\times10^{-7}(K_{a5}^\ominus)$	6.16
	HY^{3-}	$5.5\times10^{-11}(K_{a6}^\ominus)$	10.26
联氨	H_2NNH_2	$3.0\times10^{-6}(K_{b1}^\ominus)$	5.52
		$7.6\times10^{-15}(K_{b2}^\ominus)$	14.12
氨	NH_3	$1.76\times10^{-5}(K_b^\ominus)$	4.74
羟胺	NH_2OH	$9.1\times10^{-9}(K_b^\ominus)$	8.04
甲胺	CH_3NH_2	$4.2\times10^{-4}(K_b^\ominus)$	3.38
乙胺	$C_2H_5NH_2$	$5.6\times10^{-4}(K_b^\ominus)$	3.25
六亚甲基四胺	$(CH_2)_6N_4$	$1.4\times10^{-9}(K_b^\ominus)$	8.85
乙二胺	$H_2NCH_2CH_2NH_2$	$8.5\times10^{-5}(K_{b1}^\ominus)$	4.07
		$7.1\times10^{-8}(K_{b2}^\ominus)$	7.15

附录 4　难溶电解质溶度积常数(298 K)

化合物	溶度积($K_{sp}^{\ominus}$)	化合物	溶度积($K_{sp}^{\ominus}$)
AgBr	5.1×10^{-13}	CoS(β)	2.0×10^{-25}
AgCl	1.8×10^{-10}	Cr(OH)$_3$	6.3×10^{-31}
AgCN	1.2×10^{-16}	CuBr	5.3×10^{-9}
Ag$_2$CO$_3$	8.1×10^{-12}	CuCl	1.2×10^{-6}
Ag$_2$C$_2$O$_4$	3.4×10^{-11}	CuI	1.1×10^{-12}
Ag$_2$CrO$_4$	1.1×10^{-12}	Cu(OH)$_2$	2.2×10^{-20}
Ag$_2$Cr$_2$O$_7$	2.0×10^{-7}	CuCO$_3$	1.4×10^{-10}
AgI	8.3×10^{-17}	CuCrO$_4$	3.6×10^{-6}
AgOH	2.0×10^{-8}	Cu$_3$(PO$_4$)$_2$	1.3×10^{-37}
AgSCN	1.0×10^{-12}	Cu$_2$S	2.5×10^{-18}
Ag$_2$S	6.3×10^{-50}	CuS	6.3×10^{-36}
Ag$_2$SO$_4$	1.4×10^{-5}	FeCO$_3$	3.2×10^{-11}
Ag$_2$SO$_3$	1.5×10^{-14}	Fe$_4$[Fe(CN)$_6$]$_3$	3.3×10^{-11}
Ag$_3$PO$_4$	1.4×10^{-16}	Fe(OH)$_2$	8.0×10^{-16}
Al(OH)$_3$	1.3×10^{-33}	Fe(OH)$_3$	4×10^{-38}
BaCO$_3$	5.1×10^{-9}	FeS	6.3×10^{-18}
BaC$_2$O$_4$	1.6×10^{-7}	Hg$_2$Cl$_2$	1.3×10^{-18}
BaC$_2$O$_4\cdot$H$_2$O	2.3×10^{-8}	Hg$_2$Br$_2$	5.6×10^{-23}
BaCrO$_4$	1.2×10^{-10}	Hg$_2$CO$_3$	8.9×10^{-17}
BaF$_2$	1.0×10^{-6}	Hg$_2$S	1.0×10^{-47}
BaSO$_4$	1.1×10^{-10}	HgS(红)	4×10^{-53}
BaSO$_3$	8×10^{-7}	HgS(黑)	1.6×10^{-52}
Bi(OH)$_3$	4×10^{-31}	Hg$_2$SO$_4$	7.4×10^{-7}
Bi$_2$S$_3$	1×10^{-97}	KIO$_4$	3.71×10^{-4}
CaCO$_3$	2.8×10^{-9}	Li$_2$CO$_3$	8.15×10^{-4}
CaC$_2$O$_4\cdot$H$_2$O	4×10^{-9}	LiF	1.84×10^{-3}
CaCrO$_4$	7.1×10^{-4}	MgCO$_3$	3.5×10^{-8}
CaF$_2$	2.7×10^{-11}	Mg(OH)$_2$	1.8×10^{-11}
Ca(OH)$_2$	5.5×10^{-6}	MgF$_2$	6.5×10^{-13}
CaSO$_4$	9.1×10^{-6}	MnCO$_3$	1.8×10^{-11}
Ca$_3$(PO$_4$)$_2$	2.0×10^{-29}	Mn(OH)$_2$	1.9×10^{-13}
CdCO$_3$	5.2×10^{-12}	Ni(OH)$_2$	2.0×10^{-15}
Cd(OH)$_2$(新制)	2.5×10^{-14}	NiS(β)	1×10^{-24}
CdS	8.0×10^{-27}	NiS(γ)	2.0×10^{-26}
CoS(α)	4×10^{-21}	PbBr$_2$	4.0×10^{-5}

化合物	溶度积($K_{sp}^{\ominus}$)	化合物	溶度积($K_{sp}^{\ominus}$)
$PbCl_2$	1.6×10^{-5}	SrF_2	2.5×10^{-9}
PbC_2O_4	4.8×10^{-10}	$SrC_2O_4 \cdot H_2O$	1.6×10^{-7}
$PbCrO_4$	2.8×10^{-13}	$SrCO_3$	1.1×10^{-10}
$PbCO_3$	7.4×10^{-14}	$SrCrO_4$	2.2×10^{-5}
PbF_2	2.7×10^{-8}	$SrSO_4$	3.2×10^{-7}
$Pb(OH)_2$	1.2×10^{-15}	$Ti(OH)_2$	1×10^{-40}
PbS	8.0×10^{-28}	$ZnCO_3$	1.4×10^{-11}
$PbSO_4$	1.6×10^{-8}	$Zn(OH)_2$	1.2×10^{-17}
Pb_2S_3	2×10^{-93}	$ZnS(\alpha)$	1.6×10^{-24}
$Sn(OH)_2$	1.4×10^{-28}	$ZnS(\beta)$	2.5×10^{-22}
$Sn(OH)_4$	1×10^{-56}		
SnS	1.0×10^{-25}		

附录 5　实验室常用指示剂

1. 常用酸碱指示剂

指示剂	$pK_{HIn}^{\ominus}$	变色范围	颜色			配制方法
			酸色	过渡	碱色	
百里酚蓝 (第一变色范围)	1.7	1.2～2.8	红	橙	黄	0.1 g 溶于 100 mL 乙醇(20%)
百里酚蓝 (第二变色范围)	8.9	8.0～9.6	黄	绿	蓝	同上
甲基橙	3.4	3.1～4.4	红	橙	黄	0.1 g 溶于 100 mL 水中
溴甲酚绿	4.9	3.8～5.4	黄	绿	蓝	0.1 g 溶于 100 mL 水中
甲基红	5.0	4.4～6.2	红	橙	黄	0.1 g 溶于 100 mL 乙醇(60%)
溴百里酚蓝	7.3	6.0～7.6	黄	绿	蓝	0.1 g 溶于 100 mL 乙醇(20%)
酚酞	9.1	8.0～9.8	无	粉红	红	1.0 g 溶于 100 mL 乙醇(90%)
百里酚酞	10.0	9.4～10.6	无	淡蓝	蓝	0.1 g 溶于 100 mL 乙醇(90%)

2. 常用酸碱混合指示剂

指示剂溶液配方	颜色		变色点 pH	备注
	酸色	碱色		
1 份 0.1%甲基橙水溶液 1 份 0.25%靛蓝二磺酸钠水溶液	紫	绿	4.1	灯光下可滴定
3 份 0.1%溴甲酚绿 20%乙醇溶液 1 份 0.2%甲基红 60%乙醇溶液	酒红	绿	5.1	变色明显

指示剂溶液配方	颜色		变色点 pH	备注
	酸色	碱色		
1 份 0.1%中性红水溶液 1 份 0.1%甲基蓝水溶液	紫蓝	绿	7.1	保存于棕色瓶中
1 份 0.1%甲酚红钠盐水溶液 3 份 0.1%百里酚蓝钠盐水溶液	黄	紫	8.3	pH=8.2 玫瑰色 pH=8.4 紫色
1 份 0.1%百里酚蓝 50%乙醇溶液 3 份 0.1%酚酞 50%乙醇溶液	黄	紫	9.0	pH=9 绿色

3. 金属离子指示剂

指示剂	解离平衡和颜色变化	溶液配制方法
铬黑 T(EBT)	$H_2In^- \xrightleftharpoons{pK_{a2}^{\ominus}=6.3} HIn^{2-} \xrightleftharpoons{pK_{a3}^{\ominus}=11.6} In^{3-}$ 紫红　　　　　　蓝　　　　　　橙	0.5%水溶液
二甲酚橙(XO)	$H_2In^{4-} \xrightleftharpoons{pK_{a2}^{\ominus}=6.3} HIn^{5-}$ 黄　　　　　　红	0.2%水溶液
钙指示剂	$H_2In^- \xrightleftharpoons{pK_{a2}^{\ominus}=7.4} HIn^{2-} \xrightleftharpoons{pK_{a3}^{\ominus}=13.5} In^{3-}$ 酒红　　　　　　蓝　　　　　　酒红	0.5%乙醇溶液
吡啶偶氮萘酚(PAN)	$H_2In^+ \xrightleftharpoons{pK_{a1}^{\ominus}=1.9} HIn \xrightleftharpoons{pK_{a2}^{\ominus}=12.2} In^-$ 黄绿　　　　　　黄　　　　　　淡红	0.5%乙醇溶液
Cu-PAN(CuY-PAN 溶液)	$\underset{浅绿}{CuY + PAN} + \underset{浅绿}{M^{n+} \Longrightarrow MY} + \underset{红}{Cu\text{-}PAN}$	将 0.05 mol · L^{-1} Cu^{2+}溶液 10 mL、pH 为 5~6 的 HAc 缓冲溶液 5 mL、PAN 指示剂一滴混合，加热至 60℃左右，用 EDTA 滴至绿色，得到约 0.025 mol · L^{-1} 的 CuY 溶液。使用时取 2~3 mL 于试液中，再加数滴 PAN 溶液
磺基水杨酸	$H_2In \xrightleftharpoons{pK_{a1}^{\ominus}=2.7} HIn^- \xrightleftharpoons{pK_{a2}^{\ominus}=13.1} In^{2-}$ 无色	1%水溶液
钙镁试剂	$H_2In^- \xrightleftharpoons{pK_{a2}^{\ominus}=8.1} HIn^{2-} \xrightleftharpoons{pK_{a3}^{\ominus}=12.4} In^{3-}$ 红　　　　　　蓝　　　　　　红橙	0.5%水溶液

4. 氧化还原指示剂

指示剂	$\varphi^{\ominus}$/V [$c(H^+)$=1 mol · L^{-1}]	颜色变化		溶液配制方法
		氧化态	还原态	
中性红	0.24	红	无色	0.05%乙醇溶液
亚甲基蓝	0.36	蓝	无色	0.05%水溶液
变胺蓝	0.59(pH=2)	无色	蓝	0.05%水溶液
二苯胺	0.76	紫	无色	1%浓 H$_2$SO$_4$ 溶液
二苯胺磺酸钠	0.85	紫红	无色	0.5%水溶液
N-邻苯氨基苯甲酸	1.08	紫红	无色	0.1 g 指示剂加 20 mL 质量分数为 0.05 的 Na$_2$CO$_3$ 溶液，用 H$_2$O 稀释至 100 mL

续表

指示剂名称	$\varphi^{\ominus}/V$ $[c(\mathrm{H^+})=1\ mol\cdot L^{-1}]$	颜色变化		溶液配制方法
		氧化态	还原态	
邻二氮菲 Fe(Ⅱ)	1.06	浅蓝	红	1.485 g 邻二氮菲加 0.695 g FeSO$_4$·7H$_2$O 溶于 100 mL H$_2$O 中(0.025 mol·L^{-1})
5-硝基邻二氮菲 Fe(Ⅱ)	1.25	浅蓝	紫红	1.608 g 5-硝基邻二氮菲加 0.695 g FeSO$_4$·7H$_2$O, 溶于 100 mL H$_2$O 中(0.025 mol·L^{-1})

附录6　化合物的摩尔质量 $M(\mathrm{g\cdot mol^{-1}})$

化学式	M	化学式	M
AgBr	187.78	CaCl$_2$	110.99
AgCl	143.32	CaCl$_2$·H$_2$O	129.00
AgCN	133.89	CaF$_2$	78.08
Ag$_2$CrO$_4$	331.73	Ca(NO$_3$)$_2$	164.09
AgI	234.77	CaO	56.08
AgNO$_3$	169.87	Ca(OH)$_2$	74.09
AgSCN	165.95	CaSO$_4$	136.14
AlCl$_3$	133.34	Ca$_3$(PO$_4$)$_2$	310.18
Al(NO$_3$)$_3$	213.00	Ce(SO$_4$)$_2$	332.24
Al(OH)$_3$	78.00	Ce(SO$_4$)$_2$·2(NH$_4$)$_2$SO$_4$·2H$_2$O	632.54
Al$_2$O$_3$	101.96	CH$_3$COOH	60.04
Al$_2$(SO$_4$)$_3$	342.15	CH$_3$OH	32.04
Al$_2$(SO$_4$)$_3$·18H$_2$O	666.41	CH$_3$COCH$_3$	58.07
As$_2$O$_3$	197.84	C$_6$H$_5$COOH	122.11
As$_2$O$_5$	229.84	CH$_3$COONa	82.02
As$_2$S$_3$	246.02	C$_6$H$_5$OH	94.11
BaCO$_3$	197.34	C$_6$H$_5$COONa	144.09
BaC$_2$O$_4$	225.35	C$_6$H$_4$COOHCOOK	204.20
BaCl$_2$	208.24	(邻苯二甲酸氢钾)	
BaCl$_2$·2H$_2$O	244.27	(C$_9$H$_7$N)$_3$H$_3$PO$_4$·12MoO$_3$	2212.73
BaCrO$_4$	253.32	(磷钼酸喹啉)	
BaO	153.33	COOHCH$_2$COOH	104.06
Ba(OH)$_2$	171.35	COOHCH$_2$COONa	126.04
BaSO$_4$	233.39	CCl$_4$	153.82
BiCl$_3$	315.34	CO$_2$	44.01
BiOCl	260.43	Cr$_2$O$_3$	151.99
CaCO$_3$	100.09	Cu(C$_2$H$_3$O$_2$)$_2$·3Cu(AsO$_2$)$_2$	1013.79
CaC$_2$O$_4$	128.10	CuO	79.54

化学式	M	化学式	M
Cu_2O	143.09	H_2S	34.08
$CuSCN$	121.62	H_2SO_3	82.08
$CuSO_4$	159.61	H_2SO_4	98.08
$CuSO_4 \cdot 5H_2O$	249.69	$HgCl_2$	271.50
$FeCl_2$	126.75	Hg_2Cl_2	472.09
$FeCl_2 \cdot 4H_2O$	198.81	HgI_2	454.40
$FeCl_3$	162.20	HgO	216.59
$FeCl_3 \cdot 6H_2O$	270.29	HgS	232.65
$Fe(NO_3)_3$	241.86	$Hg_2(NO_3)_2$	525.19
$Fe(NO_3)_3 \cdot 9H_2O$	404.00	$Hg(NO_3)_2$	324.60
FeO	71.84	Hg_2SO_4	497.24
FeS	87.91	$HgSO_4$	296.65
Fe_2S_3	207.87	$KAl(SO_4)_2 \cdot 12H_2O$	474.39
$FeSO_4$	151.90	$KB(C_6H_5)_4$	358.32
$FeSO_4 \cdot 7H_2O$	278.02	KBr	119.01
$Fe_2(SO_4)_3$	399.88	$KBrO_3$	167.01
$FeSO_4 \cdot (NH_4)_2SO_4 \cdot 6H_2O$	392.15	KCN	65.12
Fe_2O_3	159.69	K_2CO_3	138.21
Fe_3O_4	231.53	KCl	74.56
$Fe(OH)_3$	106.87	$KClO_3$	122.55
H_3AsO_2	125.94	$KClO_4$	138.55
H_3AsO_4	141.94	K_2CrO_4	194.20
H_3BO_3	61.83	$K_2Cr_2O_7$	294.19
HBr	80.91	$KHC_2O_4 \cdot H_2C_2O_4 \cdot 2H_2O$	254.19
$H_2C_4H_4O_6$(酒石酸)	150.09	$KHC_2O_4 \cdot H_2O$	146.14
HCN	27.03	$KHC_8H_4O_4$	204.2
H_2CO_3	62.02	KH_2PO_4	136.09
$H_2C_2O_4$	90.03	KI	166.01
$H_2C_2O_4 \cdot 2H_2O$	126.07	KIO_3	214.00
$HCOOH$	46.03	$KIO_3 \cdot HIO_3$	389.92
HCl	36.46	$KMnO_4$	158.04
$HClO_4$	100.46	KNO_2	85.10
HF	20.01	K_2O	94.20
HI	127.91	KOH	56.11
HNO_2	47.01	$KSCN$	97.18
HNO_3	63.01	K_2SO_4	174.26
H_2O	18.02	$K_3Fe(CN)_6$	329.25
H_3PO_4	98.00	$K_4Fe(CN)_6$	368.35

续表

化学式	M	化学式	M
$MgCO_3$	84.31	Na_2SiF_6	188.06
$MgCl_2$	95.21	Na_2SO_3	126.04
MgC_2O_4	112.33	Na_2SO_4	142.04
$Mg(NO_3)_2 \cdot 6H_2O$	256.41	$Na_2SO_4 \cdot 10H_2O$	322.20
$Mg(OH)_2$	58.32	$Na_2S_2O_3$	158.11
$Mg_2P_2O_7$	222.60	$Na_2S_2O_3 \cdot 5H_2O$	248.19
MgO	40.31	$NH_2OH \cdot HCl$	69.49
$MgSO_4 \cdot 7H_2O$	246.47	NH_3	17.03
$MgNH_4PO_4$	137.33	NH_4Cl	53.49
$MnCO_3$	114.95	$(NH_4)_2CO_3$	96.086
$MnCl_2 \cdot 4H_2O$	197.91	$(NH_4)_2C_2O_4 \cdot H_2O$	142.11
$Mn(NO_3)_2 \cdot 6H_2O$	287.04	$NH_3 \cdot H_2O$	35.05
MnO	70.94	$NH_4Fe(SO_4)_2 \cdot 12H_2O$	480.18
MnO_2	86.94	$(NH_4)_2HPO_4$	132.05
MnS	87.00	$(NH_4)_3PO_4 \cdot 12MoO_3$	1876.53
$MnSO_4$	151.00	$(NH_4)_2S$	68.14
$MnSO_4 \cdot 4H_2O$	223.06	NH_4SCN	76.12
$Na_2B_4O_7$	201.22	$(NH_4)_2SO_4$	132.14
$Na_2B_4O_7 \cdot 10H_2O$	381.37	$NiC_8H_{14}O_4N_4$(丁二酮肟镍)	288.91
$NaBiO_3$	279.97	$NiCl_2 \cdot 6H_2O$	237.69
$NaBr$	102.90	NiO	74.69
$NaCN$	49.01	$Ni(NO_3)_2 \cdot 6H_2O$	290.79
Na_2CO_3	105.99	NiS	90.75
$Na_2C_2O_4$	134.00	$NiSO_4 \cdot 7H_2O$	280.85
$NaCl$	58.44	P_2O_5	141.95
NaF	41.99	$PbCO_3$	267.20
$NaHCO_3$	84.01	PbC_2O_4	295.22
NaH_2PO_4	119.98	$PbCl_2$	278.10
Na_2HPO_4	141.96	$PbCrO_4$	323.18
$Na_2H_2Y \cdot 2H_2O$(EDTA 二钠盐)	372.24	PbI_2	461.00
NaI	149.89	$Pb(NO_3)_2$	331.20
$NaNO_2$	69.00	PbO	223.19
$NaNO_3$	85.00	PbO_2	239.19
Na_2O	61.98	Pb_3O_4	685.57
Na_2O_2	77.98	$Pb_3(PO_4)_2$	811.54
$NaOH$	40.01	PbS	239.30
Na_3PO_4	163.94	$PbSO_4$	303.26
Na_2S	78.05	$PbCO_3$	267.20
$Na_2S \cdot 9H_2O$	240.18	$SbCl_3$	228.11

化学式	M	化学式	M
$SbCl_5$	299.02	$SrCO_3$	147.63
Sb_2O_3	291.52	SrC_2O_4	175.64
Sb_2S_3	339.72	$SrCrO_4$	203.61
SO_2	64.06	$Sr(NO_3)_2$	211.63
SO_3	80.06	$ZnCO_3$	125.39
SiF_4	104.08	ZnC_2O_4	153.40
SiO_2	60.08	$ZnCl_2$	136.30
$SnCO_3$	178.82	ZnO	81.39
$SnCl_2$	189.62	$Zn_2P_2O_7$	304.72
$SnCl_4$	260.50	ZnS	97.44
SnO_2	150.69	$ZnSO_4$	161.45
SnS	150.75		

附录7　相对原子质量

元素	符号	A_r	元素	符号	A_r	元素	符号	A_r
银	Ag	107.8682(2)	铕	Eu	151.964(1)	钼	Mo	95.94(1)
铝	Al	26.981538(2)	氟	F	18.9984032(5)	氮	N	14.00674(7)
氩	Ar	39.948(1)	铁	Fe	55.845(2)	钠	Na	22.989770(2)
砷	As	74.92160(2)	镓	Ga	69.723(1)	铌	Nb	92.90638(2)
金	Au	196.96655(2)	钆	Gd	157.25(3)	钕	Nd	144.24(3)
硼	B	10.811(7)	锗	Ge	72.61(2)	氖	Ne	20.1797(6)
钡	Ba	137.327(7)	氢	H	1.00794(7)	镍	Ni	58.6934(2)
铍	Be	9.012182(3)	氦	He	4.002602(2)	氧	O	15.9994(3)
铋	Bi	208.98038(2)	铪	Hf	178.49(2)	锇	Os	190.23(3)
溴	Br	79.904(1)	汞	Hg	200.59(2)	磷	P	30.973761(2)
碳	C	12.0107(8)	钬	Ho	164.93032(2)	镁	Pa	231.03588(2)
钙	Ca	40.078(4)	碘	I	126.90447(3)	铅	Pb	207.2(1)
镉	Cd	112.411(8)	铟	In	114.818(3)	钯	Pd	106.42(1)
铈	Ce	140.116(1)	铱	Ir	192.217(3)	镨	Pr	140.90765(2)
氯	Cl	35.4527(9)	钾	K	39.0983(1)	铂	Pt	195.078(2)
钴	Co	58.933200(9)	氪	Kr	83.80(1)	铷	Rb	85.4678(3)
铬	Cr	51.9961(6)	镧	La	138.9055(2)	铼	Re	186.207(1)
铯	Cs	132.90545(2)	锂	Li	6.941(2)	铑	Rh	102.90550(2)
铜	Cu	63.546(3)	镥	Lu	174.967(1)	钌	Ru	101.07(2)
镝	Dy	162.50(3)	镁	Mg	24.3050(6)	硫	S	32.066(6)
铒	Er	167.26(3)	锰	Mn	54.938049(9)	锑	Sb	121.760(1)

续表

元素	符号	A_r	元素	符号	A_r	元素	符号	A_r
钪	Sc	44.955910(8)	铽	Tb	158.92534(2)	钒	V	50.9415(1)
硒	Se	78.96(3)	碲	Te	127.60(3)	钨	W	183.84(1)
硅	Si	28.0855(3)	钍	Th	232.0381(1)	氙	Xe	131.29(2)
钐	Sm	150.36(3)	钛	Ti	47.867(1)	钇	Y	88.90585(2)
锡	Sn	118.710(7)	铊	Tl	204.3833(2)	镱	Yb	173.04(3)
锶	Sr	87.62(1)	铥	Tm	168.93421(2)	锌	Zn	65.39(2)
钽	Ta	180.9479(1)	铀	U	238.0289(1)	锆	Zr	91.224(2)

注：以 ^{12}C 为基准，元素的相对原子质量末位数的准确度加注在其后括号内。

附录 8　常见离子和化合物的颜色

1. 离子

1) 无色离子

阳离子：Na^+、K^+、NH_4^+、Ag^+、Mg^{2+}、Ca^{2+}、Ba^{2+}、Zn^{2+}、Cd^{2+}、Hg_2^{2+}、Hg^{2+}、Al^{3+}、Sn^{2+}、Sn^{4+}、Pb^{2+}、Bi^{3+}。

阴离子：BO_2^-、$C_2O_4^{2-}$、Ac^-、CO_3^{2-}、SiO_3^{2-}、NO_3^-、NO_2^-、PO_4^{3-}、MoO_4^{2-}、SO_3^{2-}、SO_4^{2-}、S^{2-}、$S_2O_3^{2-}$、F^-、Cl^-、ClO_3^-、Br^-、BrO_3^-、I^-、SCN^-、$[CuCl_2]^-$、$[FeF_6]^{3-}$。

2) 有色离子

离子	颜色	离子	颜色	离子	颜色
$[Cu(H_2O)_4]^{2+}$	蓝	$[Cr(NH_3)_6]^{3+}$	黄	$[Fe(CN)_6]^{3-}$	浅黄
$[Cu(NH_3)_4]^{2+}$	深蓝	CrO_4^{2-}	黄	$[Fe(NCS)_n]^{3-n}$	血红
$[CuCl_4]^{2-}$	黄	$Cr_2O_7^{2-}$	橙红	$[Co(H_2O)_6]^{2+}$	粉红
$[Cr(H_2O)_6]^{3+}$	紫	Mn^{2+}	浅粉	$[Co(SCN)_4]^{2-}$	蓝
$[Cr(H_2O)_6]^{2+}$	蓝	MnO_4^{2-}	绿	$[Co(CN)_6]^{3-}$	紫
$[Cr(H_2O)_4Cl_2]^+$	暗绿	MnO_4^-	紫	$[Co(NH_3)_6]^{2+}$	黄
$[Cr(H_2O)_5Cl]^{2+}$	蓝绿	$[Mn(NH_3)_6]^{2+}$	蓝	$[Ni(H_2O)_6]^{2+}$	亮绿
$[Cr(H_2O)_2(NH_3)_4]^{3+}$	橙红	$[Fe(H_2O)_6]^{2+}$	浅绿	$[Ni(NH_3)_6]^{2+}$	紫
$[Cr(H_2O)_4(NH_3)_2]^{3+}$	紫红	$[Fe(H_2O)_6]^{3+}$	浅紫	I_3^-	浅棕黄
$[Cr(H_2O)_3(NH_3)_3]^{3+}$	浅红	$[FeCl_6]^{3-}$	黄		
$[Cr(NH_3)_5H_2O]^{3+}$	橙黄	$[Fe(CN)_6]^{4-}$	黄		

2. 化合物

1）氧化物

化合物	颜色	化合物	颜色	化合物	颜色
CuO	黑	V_2O_3	黑	Fe_2O_3	砖红
Cu_2O	暗红	VO_2	深蓝	Fe_3O_4	黑
Ag_2O	暗棕	V_2O_5	红棕	CoO	灰绿
ZnO	白	Cr_2O_3	绿	Co_2O_3	黑
Hg_2O	黑褐	CrO_3	红	NiO	暗绿
HgO	红或黄	MnO_2	黑	PbO	黄
TiO_2	白或红	FeO	黑	Pb_3O_4	红

2）氢氧化物

化合物	颜色	化合物	颜色	化合物	颜色
$Zn(OH)_2$	白	$Fe(OH)_3$	红棕	$Ni(OH)_2$	浅绿
$Pb(OH)_2$	白	$Cd(OH)_2$	白	$Ni(OH)_3$	黑
$Mg(OH)_2$	白	$Al(OH)_3$	白	$Co(OH)_2$	粉红
$Sn(OH)_2$	白	$Bi(OH)_3$	白	$Co(OH)_3$	褐棕
$Sn(OH)_4$	白	$Sb(OH)_3$	白	$Cr(OH)_3$	灰绿
$Mn(OH)_2$	白	$Cu(OH)_2$	蓝		
$Fe(OH)_2$	白或苍绿	CuOH	黄		

3）卤化物及类卤盐

化合物	颜色	化合物	颜色	化合物	颜色
AgCl	白	CuCl	白	AgCN	白
AgBr	淡黄	$CuCl_2$	棕	$Ni(CN)_2$	浅绿
AgI	黄	$CuBr_2$	黑紫	$Cu(CN)_2$	浅棕黄
Hg_2Cl_2	白	CuI	白	CuCN	白
Hg_2I_2	黄褐	$CoCl_2$	蓝	AgSCN	白
HgI_2	红	$CoCl_2 \cdot 6H_2O$	粉红	$Cu(SCN)_2$	黑绿
$PbCl_2$	白	$CoCl_2 \cdot 2H_2O$	紫红	NaSCN	无色
$PbBr_3$	白	$CoCl_2 \cdot H_2O$	蓝紫		
PbI_2	黄	$FeCl_3 \cdot 6H_2O$	黄棕		

4) 硫化物

化合物	颜色	化合物	颜色	化合物	颜色
Ag_2S	灰黑	FeS	黑	Sb_2S_3	橙
HgS	红或黑	Fe_2S_3	黑	Sb_2S_5	橙红
PbS	黑	SnS	黑	MnS	肉
CuS	黑	SnS_2	金黄	ZnS	白
Cu_2S	黑	CdS	黄	As_2S_3	黄

5) 含氧酸盐

化合物	颜色	化合物	颜色	化合物	颜色
硫酸盐		PbC_2O_4	白	硅酸盐	
Ag_2SO_4	白	$FeC_2O_4 \cdot 2H_2O$	黄	$BaSiO_3$	白
$PbSO_4$	白	CoC_2O_4	粉	$CuSiO_3$	蓝
Hg_2SO_4	白	碳酸盐		$CoSiO_3$	紫
$CaSO_4$	白	Ag_2CO_3	白	$Fe_2(SiO_3)_3$	棕红
$BaSO_4$	白	$CaCO_3$	白	$MnSiO_3$	浅粉
$[Fe(NO)]SO_4$	深棕	$BaCO_3$	白	$NiSiO_3$	翠绿
$Cu(OH)_2SO_4$	蓝	$MnCO_3$	白	$ZnSiO_3$	白
$CuSO_4 \cdot 5H_2O$	蓝	$CdCO_3$	白	其他	
$CoSO_4 \cdot 7H_2O$	红	$Zn_2(OH)_2CO_3$	白	$Ag_2S_2O_3$	白
$Cr_2(SO_4)_3 \cdot 6H_2O$	绿	$FeCO_3$	白	$(NH_4)_2S_2O_3$	白
铬酸盐		$Cu_2(OH)_2CO_3$	暗绿	$(NH_4)_2S_2O_8$	白
Ag_2CrO_4	砖红	$Ni_2(OH)_2CO_3$	浅绿	$BaSO_3$	白
$PbCrO_4$	黄	$Hg_2(OH)_2CO_3$	红褐	$AgIO_3$	白
$BaCrO_4$	黄	磷酸盐		$Ni(IO_3)_2$	黄
$FeCrO_4 \cdot 2H_2O$	黄	$Ca_3(PO_4)_2$	白	$AgBrO_3$	白
$CaCrO_4$	黄	$CaHPO_4$	白	$Ba(IO_3)_2$	白
K_2CrO_4	黄	$Ba_3(PO_4)_2$	白	$Pb(IO_3)_2$	白
$(NH_4)_2CrO_4$	黄	$FePO_4$	浅黄	$KClO_4$	白
草酸盐		Ag_3PO_4	黄		
CaC_2O_4	白	$MgNH_4PO_4$	白		
$Ag_2C_2O_4$	白	$Cu_3(PO_4)_2 \cdot 5H_2O$	蓝绿		
MnC_2O_4	白	$CrPO_4 \cdot 6H_2O$	紫		

附录9　常用酸碱溶液的浓度、密度

名称	密度/(g · cm⁻³)	质量分数/%	摩尔浓度/(mol · L⁻¹)	名称	密度/(g · cm⁻³)	质量分数/%	摩尔浓度/(mol · L⁻¹)
浓硫酸	1.84	98	18.66	浓硫酸	1.84	98	18.66
稀硫酸	1.07	10	1.09	浓氢氟酸	1.13	40	23
浓盐酸	1.19	38	12.39	氢溴酸	1.38	40	7
稀盐酸	1.03	7	1.98	氢碘酸	1.70	57	7.5
浓硝酸	1.42	69.2	15.60	冰醋酸	1.05	99	17.5
稀硝酸	1.19	32	6.06	稀乙酸	1.04	30	5.18
稀硝酸	1.07	12	2.03	稀乙酸	1.01	12	2.03
浓磷酸	1.86	100	19.01	浓氢氧化钠	1.43	40	14.3
稀磷酸	1.25	40	5.12	稀氢氧化钠	1.07	8	2.17
浓高氯酸	1.67	70	11.6	浓氨水	0.91	28	14.8
稀高氯酸	1.12	19	2	稀氨水	0.96	9	5.08

附录 10　实验相关反应方程式

(1)　$2Ag^+(aq) + CrO_4^{2-}(aq) \rightleftharpoons Ag_2CrO_4(s)$

(2)　$Mg^{2+}(aq) + 2NH_3 \cdot H_2O(aq) \rightleftharpoons Mg(OH)_2(s) + 2NH_4^+(aq)$

(3)　$Mg(OH)_2(s) + 2NH_4^+(aq) \rightleftharpoons Mg^{2+}(aq) + 2NH_3 \cdot H_2O(aq)$

(4)　$Ca^{2+}(aq) + C_2O_4^{2-}(aq) \rightleftharpoons CaC_2O_4(s)$

(5)　$CaC_2O_4(s) + 2H^+(aq) \rightleftharpoons Ca^{2+}(aq) + H_2C_2O_4(aq)$

(6)　$CaC_2O_4(s) + 2HAc(aq) \rightleftharpoons Ca^{2+}(aq) + 2Ac^-(aq) + H_2C_2O_4(aq)$

(7)　$Ag_2CrO_4(s) + 2Cl^-(aq) \rightleftharpoons 2AgCl(s) + CrO_4^{2-}(aq)$

(8)　$Fe^{3+}(aq) + 3OH^-(aq) \rightleftharpoons Fe(OH)_3(s)$

(9)　$Fe^{3+}(aq) + xSCN^-(aq) \rightleftharpoons [Fe(SCN)_x]^{3-x}(aq)$

(10)　$AgCl(s) + 2NH_3(aq) \rightleftharpoons [Ag(NH_3)_2]^+(aq)$

(11)　$[Ag(NH_3)_2]^+(aq) + Br^-(aq) \rightleftharpoons AgBr(s) + 2NH_3(aq)$

(12)　$AgBr(s) + 2S_2O_3^{2-}(aq) \rightleftharpoons [Ag(S_2O_3)_2]^{3-}(aq) + Br^-(aq)$

(13)　$[Ag(S_2O_3)_2]^{3-}(aq) + I^-(aq) \rightleftharpoons AgI(s) + 2S_2O_3^{2-}(aq)$

(14)　$2Cu^{2+}(aq) + SO_4^{2-}(aq) + 2NH_3 \cdot H_2O(aq) \rightleftharpoons Cu_2(OH)_2SO_4(s) + 2NH_4^+(aq)$

(15)　$Cu_2(OH)_2SO_4(s) + 8NH_3 \cdot H_2O(浓) \rightleftharpoons 2[Cu(NH_3)_4]^{2+}(aq) + 2OH^-(aq) + SO_4^{2-}(aq)$
　　　　$+ 8H_2O$

(16)　$[Cu(NH_3)_4]^{2+}(aq) + 4HAc(aq) \rightleftharpoons Cu^{2+}(aq) + 4NH_4^+(aq) + 4Ac^-(aq)$

(17)　$2Ag^+(aq) + 2NH_3 \cdot H_2O(aq) \rightleftharpoons Ag_2O(s) + 2NH_4^+(aq) + H_2O$

(18)　$Ag_2O(s) + 4NH_3 \cdot H_2O(aq) \rightleftharpoons 2[Ag(NH_3)_2]^+(aq) + 2OH^-(aq) + 3H_2O$

(19)　$[Ag(NH_3)_2]^+(aq) + I^-(aq) \rightleftharpoons AgI(s) + 2NH_3(aq)$

(20)　$[Ag(NH_3)_2]^+(aq) + 2H^+(aq) \rightleftharpoons Ag^+(aq) + 2NH_4^+(aq)$

(21)　$Ag^+(aq) + Cl^-(aq) \rightleftharpoons AgCl(s)$

(22)　$[Ag(NH_3)_2]^+(aq) + Cl^-(aq) + 2H^+(aq) \rightleftharpoons AgCl(s) + 2NH_4^+(aq)$

(23)　$2[Fe(SCN)_6]^{3-}(aq) + Sn^{2+}(aq) \rightleftharpoons 2Fe^{2+}(aq) + Sn^{4+}(aq) + 12SCN^-(aq)$

(24)　$[Fe(SCN)_x]^{3-x}(aq) + 6F^-(aq) \rightleftharpoons [FeF_6]^{3-}(aq) + xSCN^-(aq)$

(25)　$Co^{2+} + xSCN^- \rightleftharpoons [Co(SCN)_x]^{2-x}$

(26)　$Fe^{3+} + 6F^- \rightleftharpoons [FeF_6]^{3-}(掩蔽Fe^{3+}的干扰)$

(27)　$2I^- + 2Fe^{3+} \rightleftharpoons I_2 + 2Fe^{2+}$

(28)　$2Fe^{2+} + Br_2 \rightleftharpoons 2Fe^{3+} + 2Br^-$

(29)　$2MnO_4^- + 5SO_3^{2-} + 6H^+ \rightleftharpoons 2Mn^{2+} + 5SO_4^{2-} + 3H_2O$

(30)　$2MnO_4^- + 3SO_3^{2-} + H_2O \rightleftharpoons 2MnO_2 + 3SO_4^{2-} + 2OH^-$

(31)　$2MnO_4^- + SO_3^{2-} + 2OH^- \rightleftharpoons 2MnO_4^{2-} + SO_4^{2-} + H_2O$

(32)　$2Cu^{2+} + 4I^- \rightleftharpoons 2CuI(s) + I_2$

(33)　$2I^- + H_2O_2 + 2H^+ \rightleftharpoons I_2 + 2H_2O$

(34)　$2MnO_4^- + 5H_2O_2 + 6H^+ \rightleftharpoons 2Mn^{2+} + 5O_2 \uparrow + 8H_2O$